可持续高密度城市发展探索
——当代香港城市规划与设计实践

任 超 编著

U0233125

中国建筑工业出版社

图书在版编目（CIP）数据

可持续高密度城市发展探索——当代香港城市规划与设计实践 /
任超编著 .— 北京：中国建筑工业出版社，2018.12
　ISBN 978-7-112-22923-9

　Ⅰ. ① 可… 　Ⅱ. ① 任… 　Ⅲ. ① 城市规划 - 建筑设计 - 研
究 - 香港 　Ⅳ. ① TU984.265.8

　中国版本图书馆 CIP 数据核字（2018）第 257410 号

　　责任编辑：王华月　张　磊
　　责任校对：焦　乐

可持续高密度城市发展探索——当代香港城市规划与设计实践
任　超　编著
*
中国建筑工业出版社出版、发行（北京海淀三里河路9号）
各地新华书店、建筑书店经销
北京建筑工业印刷厂制版
大厂回族自治县正兴印务有限公司印刷
*
开本：787×1092毫米　1/16　印张：17¾　字数：438千字
2019年1月第一版　　2019年1月第一次印刷
定价：**68.00**元
ISBN 978-7-112-22923-9
（33017）

序 一

香港，一座自然资源匮乏、人多地少的都会，若能地尽其用，达到可持续城市发展，实属不易。然而香港却位于全球宜居城市前列，拥有可与海南和台湾相比的生物多样性，在寸土寸金的情况下维持超过40%土地面积的郊野公园，开山填海养活750万居民。香港人面对困难、局限和掣肘时，唯有勤力打拼，这种"香港精神"背后体现的正是"精细化城市管理和先进可持续的规划理念"。

中国从改革开放以来的城镇化速度举世瞩目。今日城市发展已进入了转型关键时期，需要明确推进新型城镇化发展，尤其是城镇化布局和形态、建设和谐宜居城市以及生态环境优化，资源集约利用，走向生态文明。城市建设回归区域的生态和环境建设，吸引对生态环境极其敏感的创新创意人才流向具有良好生态和环境的区域。此议题是每个规划师、建筑师和决策者推动我国城市面向绿色可持续发展所不可回避的挑战和课题。

两年前，我曾为任超博士的另一本书《城市风环境评估与风道规划》作序，如今她再邀请我时，我欣然应允。任博士除了埋头研究工作，更重要的是她与香港政府各部门紧密合作，将研究成果与实践结合。书中各章节的作者有来自香港政府规划署、渠务署及香港房屋委员会的政策制定者以及环境局前任官员、规划设计人员、首席建筑师和高级工程师，也有来自业界香港绿色建筑议会、顾问公司以及建筑设计公司的一线实践人员。本书中所引的翔实数据、生动案例皆展示了香港可持续城市规划与发展管控的智慧。这些都值得中国其他城市借鉴和参考。望读者们可从此书中得到启迪！

吴志强
中国工程院院士
德国工程院院士　瑞典皇家工程科学院院士
2018 年 5 月 于同济校园

序 二

自 1990 年代，我作为建筑师并关注可持续发展，对香港的集约城市规划及高密度建筑环境设计实践，有参与、有科研、有体会。自 2012 年加入政府，作为环境局局长，推动香港可持续发展为责之所在，主要范畴涵盖应对气候变化、改善空气质量、加强都市节能、推动惜物减废，以及保护生物多样性等。

面对全球气候变化的严峻挑战，可持续城市规划及设计关乎人类共同的未来，当代城市急需低碳转型，节能节水节材，减碳减排减废，并加强气候变化适应及应变能力，保障城市宜居环境。香港作为经典集约城市，迈向可持续发展之路上见机遇，当然亦挑战处处。

纵观关于香港可持续城市发展的信息，往往散见于报刊与论坛等。我喜见任超博士担当编辑，著书整合香港在可持续城市规划及设计实践的知识及经验，一方面可给大众普及相关认知，另一方面，由于这本书将在内地出版，也可为其他中国城市的从政者、设计师及相关从业人员提供参考。

但愿大家共同建设低碳宜居城市，多些交流借鉴共进，造福众生，以至子孙后代。

黄锦星
中国香港特别行政区政府环境局局长

香港：弹丸之地、寸土寸金

地理上，香港多山地，多崎岖不平，主要由九龙半岛和大陆土地以及 263 个大小海岛组成，面积约为 1104km²。一直到 19 世纪中叶香港开埠前英国发现它时，还只是个约 1000 人的小渔村。在香港发展初期来自西方的物流贸易活动主要集中在维多利亚湾周边，然而经过 150 年的发展，这里发生了翻天覆地的变化，现在矗立着一幢幢高耸入云的楼宇（图 1）。目前约 740 万人口生活在约为 263km² 的市区里 [1]。香港平均人口密度为每平方公里 6540 人，而最密集的观塘区人口密度可达每平方公里 55200 人 [2]。除此之外，由于地形地貌限制，可作城市发展的土地不足，香港以集约式发展模式，特别是市区以高楼密布的水泥森林著称。香港目前有超过 8000 幢政府建筑物和设施，超过 42000 幢私人楼宇。其中超过 50 幢的超高楼宇高于 200m，而超过 150m 的高层楼宇也多于 270 幢 [2]。

香港以世界金融中心著称，它与东京、上海、洛杉矶及悉尼等大城市并列，是环太平洋地区的主要大都市之一。2016 年香港的 GDP 人均生产总值达到 43681.14 美元，是世界上吞吐量最大的货柜码头之一，同时也是著名跨国公司集中地。

图 1　维多利亚港海湾周边林立的高楼大厦

山水绕城、生态多样

除去熙熙攘攘的经济和国际贸易往来，香港超过 50% 的土地为郊野公园，还拥有亚洲最重要的湿地区域，为迁徙的鸟类及濒危白鳍豚提供栖息的家园。香港紧凑的领土内，你还能发现小渔村及完全原始未开发的区域，深水良港、迂回曲折的海岸线。香港的确是个错综复杂又富于多变的城市，在这里你既可以欣赏摩天楼和顶级奢侈品消费的现代城市生活一面，也可以远离喧嚣上山下海完全投入到大自然的怀抱。

香港位于中国东南沿海珠江三角洲的入海口。属于亚热带气候，每年十月到次年三月是一年中最好的月份，阳光富足，和风徐徐，日间气温舒适介于 10 ～ 20℃。然而其他时间，酷热超过 80% 的相对湿度，平均气温为 28℃，日温差较小。从菲律宾时不时刮起的热带气旋，会给香港带来强降雨以及超过 150km/h 的强风甚至是台风。

香港的可持续发展

香港特别行政区政府 1997 年展开了"香港二十一世纪可持续发展研究"，从而为后来相关措施奠定基础。从 1998 年香港特首的施政报告，环境可持续性已经开始被提上城市议题。香港建筑师协会特别设置"环境与可持续发展委员会"以协助涉及建筑环境相关事宜。随后，香港绿色建筑议会（Hong Kong Green Building Council）相继成立。如果浏览政府机构的相关网站以及各大企业网站，不难发现类似"我们是绿色的（We are Green）"标语的出现，以及强调在可持续方面的领先性的意识形态逐渐成型。香港目前面临城市气候变化、土地资源紧张、人口压力大等多方面的综合压力。香港政府、业界及学术界重视城市与环境的可持续发展，将社会经济、气候环境、城市规划等相关信息和统计数据纳入城市发展研究中，制定基于香港特定条件的优化发展策略，并总结公众参与意见、学术研究成果以及城市开发经验不断地对其可持续发展模式进行调整与更新。

因香港气候特性及环境限制，基本来说香港的楼宇设计并不难，但是将本地实践归入已知的社会、文化、城市、环境和可持续理论并非易事，毕竟"香港只有一个"。可以说"香港自身的独特性"造就了本地可持续设计的特殊性。有鉴于此，如何定义香港的可持续发展？又如何理解、评价以及借鉴它的经验？

本书简介

有关香港可持续城市规划与发展的信息，往往散见于不同的期刊。而有关香港城市规划的读本，比如 1986 年由香港政府屋宇地政署出版的《香港城市规划》，1997 年由三联书店出版的《香港城市规划导论》，1999 年香港大学出版社出版的《Town Planning in Hong Kong：A review of planning appeals》，1991 年出版的《城市规划条例全面检讨：摘要、咨询文件》，2000 年香港大学出版社出版的《Planning Buildings for a High-Rise Environment in Hong Kong：A review of building appeal decisions》。这些书大多出版于 2000 年以前，主要介绍香港城市规划发展历程、建构，以及相关条例文件等信息。

有鉴于此，我觉得非常有必要编著一本全面详细介绍香港当代城市可持续规划与设计实践的书。因此我联络熟悉的香港政府部门人员、建筑业界设计师、工程师以及相关学者。经过近两年的时间筹备、撰写、编辑完成。本书汇集了当代香港城市规划建设的策略与实践信息，注重介绍现阶段香港在协调城市发展的庞大压力与可持续建设方面的有益经验。尝试为读者提供以下问题的解答：如何从长期规划的层面落实城市的可持续发展是香港政府与居民关注的焦点议题。如何在高密度城市发展下保护生态环境多样性？如何提升通行效率缓解交通压力？如何将气候环境要素融入城市规划与建筑设计中？如何开展绿色建筑评估和实践？如何保障低收入人群的居住需求？如何平衡旧区重建与城市遗产活化等。

　　本书分为四个部分：第一部分主要介绍香港可持续城市规划与展望。第一章从城市国际排名出发，针对不同城市竞争力指标中的可持续发展元素对比，以解析香港可持续发展。第二章针对香港政府规划署刚刚完成的公众咨询项目《香港 2030＋：跨越 2030 年的规划远景与策略》来探讨未来长远城市空间规划与发展策略。第三章侧重香港总体城市规划与政策导向，以启德机场的开发为例，介绍如何规划新区的全过程，特别是其中针对填海与保护维多利亚海港的两方面探讨，以及具体规划实施时的细则，包括遗迹保护、城市设计层面的落实、空气流通评估等。

　　第二部分针对香港生态环境保护与控制。第四章主要介绍香港如何制定政策与行动计划，一方面从本土污染源头改善，如路边空气污染、船舶污染排放，以及管制发电厂；另一方面在区域层面，开展与广东省之间的合作，控制改善珠江三角洲的空气污染，从而全面提升公众健康。第五章主要介绍香港废物处理的政策与实施，包括废物收费、处理技术，厨余再造变废为宝等。第六章介绍香港作为一个海港多山地的城市，如何制定和实施防洪策略以及对未来气候变化极端降雨量及海平面上升应对的展望。第七章探讨和介绍了香港生物多样性。

　　第三部分探讨了香港城市交通规划与开发。第八章介绍香港交通以公共交通为主导（TOD）的运作模式，展示香港作为高密度城市应对庞大交通压力的有效经验，以及如何成为全球交通效率最高的地区之一。第九章通过介绍香港的轨道交通规划与发展，以商业原则经营与城市结合发展的香港轨道，以及轨道加物业的综合发展模式。而第十章针对港铁结合周边住宅项目开发与设计，着重介绍如何为大型公共交通站点开发项目制定设计原则，以及实际案例。

　　第四部分涵盖香港城市居住区空间规划与楼宇设计。第十一章介绍了香港城市气候评估与城市规划、城市设计及楼宇设计的结合与应用。第十二章介绍香港绿建环评系统以及评估流程，还有香港政府的政策对于绿色建筑的推动。第十三章分享了香港绿色建筑设计与实践案例，包括多种建筑类型：建造业议会零碳天地、小西湾综合大楼、香港高等科技教育学院新校园、市区重建局"焕然壹居"和高山剧场新翼，充分展示从场所营造、设计理念到绩效表现多方面的绿色建筑实践。第十四章介绍香港公屋与居屋的规划与设计，如何根据可持续发展原则规划设计公屋发展项目，特别介绍了香港房屋委员会独特的微气候研究以自然打造舒适居住环境，还有通用设计、小区租户参与规划与设计、减低市区热岛效应的绿化环境及相关措施，节约建材、排水设施等方面的细节。第十五章以"活化历史建筑伙伴计划"为例，介绍香港过去十年在建筑保护和可持续发展上所作出的努力和尝试。

　　可持续城市规划与发展的议题涵盖之广，本书无法一一完全囊括，特别是有关经济和社会活动方面的信息。在此请各位读者见谅。如果书中有任何存误，作为编者该负全责，欢迎读者指正。

任超
于香港

参考文献

[1]　香港统计处 . 2017 年人口估计 [互联网]. 香港：香港特区政府 , 2018[引用于 2018 年 4 月

26 日]. 撷取自网页：https: //www. censtatd. gov. hk/hkstat/sub/so150_tc. jsp.

[2] 香港特区政府环境局 . 香港都市节能蓝图 2015-2025[互联网]. 香港：香港政府 , 2015[引用于 2018 年 4 月 26 日]. 撷取自网页：http: //www. enb. gov. hk/sites/default/files/pdf/EnergySavingPlanTc. pdf.

[3] 维基百科 . (2010) . 香港位置 [互联网]. [引用于 2018 年 4 月 26 日]. 截取自网页：https: //zh. wikipedia. org/wiki/%E9%A6%99%E6%B8%AF#/media/File: China_Hong_Kong_4_levels_localisation. svg.

目　录

第一部分：香港可持续城市规划与展望

第一章　城市国际排名与环境可持续发展：
香港近年状况与展望

梁锦诚

　　环境可持续发展的目标一般为人所接受和支持。然而，节能、节水、改变能源供应结构等支持环境可持续发展的措施往往牵涉增量成本，使之无法完全通过市场机制落实，而需要政府建立制度和提供诱因来达成。要确保政府政策得到支持和持续落实，我们必须确立城市推动环境可持续发展的宏观驱动力，以及将有关目标分解到不同的领域以便实施。本文以香港为例，探讨城市环境可持续发展的诱因和目的，以及相关的绩效评估框架。随后，本文将通过分析香港在主要国家/城市排名中跟环境可持续发展相关部分的表现，来展示其跟城市国际竞争力和宜居度的关系。本文亦综合了香港近年在提升环境质量方面的最新政策，并以此显示国际排名研究结果和香港行动重点的一致性。在总结部分，本文倡议城市应长期追踪一系列国际普遍使用的指标，以更客观地了解自身在环境质量和可持续发展方面的表现，并以此形成改进的动力和目标。

一、引言

　　从事环境可持续发展的相关城市建设专业人员一般认同保护环境的自足价值。然而在资源有限、发展目标众多的社会，环境可持续发展措施的最终落实往往需要通过政府决策和行动来实现。这是由于节能、节水、改变能源供应结构等支持环境可持续发展的措施往往牵涉增量成本、较长的回报期和投资与受益主题不一致的情况，使之无法纯粹通过市场机制落实。

　　本文尝试以香港为例，介绍环境可持续发展在城市层面的驱动力和绩效评估指标，并探讨城市推动环境可持续发展的外溢价值。本文第二节介绍香港环境可持续发展的诱因和目的，以及相关的绩效评估框架。第三节分析主要的国家/城市排名中跟环境可持续发展相关的部分，并展示香港相对其他国家和城市的表现。由于篇幅关系，本文只讨论香港最强和最弱的环节。第四节则将通过分析香港在主要国家/城市排名中跟环境可持续发展相关部分的表现，来显示香港在这方面整体上的不足，并探索它对城市国际竞争力和宜居度的潜在影响。

　　为较客观衡量城市的发展质量，近年有不少机构进行城市指标、基准比较和排名研究，以协助城市吸引投资、管理增长和提升市民生活质量[1]。进行有关研究的机构包括国际组织、企业、传媒、大学和研究基金会以及非营利组织等。据统计，现时已有 200 个有关城市绩效的国际指标、基准比较和排名研究，牵涉的话题包括整体国际表现、商业/金

融 / 投资、经济增长表现、生活质量、品牌 / 声誉 / 影响力、基建与交通、文化与生活方式、知识 / 人才 / 创新、环境与可持续发展以及生活成本与承受力十个方面 [1]。

城市发展质量牵涉众多方面和组成部分，对之进行整体评价并不容易。城市排名则为公众和传媒提供了简单而直接的信息。绩效评估指标是大部分（但非全部）城市排名的基础 [2]。绩效评估指标的筛选、收集、加权和叠加形成了城市某方面发展水平的概括描述，并让城市通过相互比较了解自身水平和改善空间。

然而城市排名研究性质本身和实际操作过程也不无漏洞。绩效评估指标的选取往往反映了研究机构的特殊目的和取向，譬如一些宜居环境国际排名偏重了外派人员而非当地普罗大众的生活条件。计算总分时一些绩效评估指标的加权和叠加方法也显得过分简单或欠缺客观理据，譬如对所有绩效评估指标做等值处理。此外，由于部分绩效评估指标的定义因地而异（譬如郊野公园是否算做人均绿地），直接比较不同城市的结果显得不合理。为发挥国际排名对促进城市环境可持续发展的功能，本文在总结部分倡议城市应长期追踪一系列国际普遍使用的指标并按自身特殊情况进行综合，以更客观地了解自身在环境质量和可持续发展方面的表现，并以此形成改进的动力和目标。

二、香港环境可持续发展的诱因和目标

1. 国际义务

履行国际协议是香港推进环境可持续发展的其中一个推动力。香港作为中国的一部分，将参与落实中国在 2015 年联合国气候大会后的国际承诺（简称"巴黎协议"）。香港目标在 2030 年将碳强度（carbon intensity）相比 2005 年减低 65% ～ 70%，亦即达至 26% ～ 36% 的总体碳减排 [3]。此外，协议国需要每五年考虑和推出新政策和行动。现行香港减碳计划的实施将达至 2020 年减排 20% 的显著效果 [3]。

为达至有关目的，《香港气候行动蓝图 2030 ＋》[3] 提出了减低发电排放、增加可再生能源、提升建筑与基建的能源和碳排放效率、减低交通碳排放和适应气候变化五个方面的行动。同时拟通过鼓励政策和宣传推广来减低由于消费所带来的碳排放。

2. 发展愿景

政府和商界重视环境质量，其中原因包括优质环境有助吸引投资和人才，可借此落实城市的总体发展愿景。《香港 2030 ＋：跨越 2030 年的规划远景与策略》（《香港 2030 ＋》）提出"规划宜居的高密度城市"作为该规划三大元素之一，并引用了美世生活质量调查（Mercer Quality of Living Survey）的香港排名（详细内容见第三节）作为发展目标的概括性描述 [4]。在十大评核环节中，"医疗业健康考虑"和"自然环境"均与环境质量和可持续发展有关 [5]。由此可见，政府和商界的城市发展愿景，以及背后反映城市之间的竞赛，也间接成为提倡环境可持续发展的诱因。

然而某地点的环境质量提升和地球可持续发展的目标并非完全一致。从城市竞争力角度考虑环境问题，关注点一般会从保护地球转移到维护当地人群的利益。这是由于部分环境可持续发展的投入将外溢到城市 / 国家边界以外的地区，相反对其他地区造成的

环境破坏不一定会影响自身，因此有关投入将较难的得到优先处理。譬如物料隐含碳量（embodied carbon）和不牵涉废气排放的能源消耗等话题一般被忽略，而水质量、废弃物处理、空气质量和自然环境质量，以致应对极端气候的能力便成为关注点。

3. 本地诉求

香港的高密度发展带来了公共交通和城市空间的高效利用，间接达到了资源集约利用的可持续发展效果。而随着社会的进步和香港市民的环保意识日益增强，香港也逐渐形成了一股由下而上推动环保的力量。根据香港环保署网页显示，香港有 62 个推动环境保护和环境可持续发展的非营利组织，其中包括绿色和平和世界自然（香港）基金会等较广为人知的国际组织[6]。

除了环保团体外，商界也显出对环境质量和可持续发展的重视。除了不少"企业社会责任"活动跟环境保护相关外，商界也组织了关注环保的团体，其中包括商界环境议会、商界海港论坛等组织。此外，建造业议会也在 2012 年出资超过 2.4 亿港元在九龙湾建设了名为零碳天地的全港首个净零碳建筑[7]。

三、香港在环境可持续发展方面的主要国际排名

对于上述三个城市推动环境可持续发展的诱因，城市国际排名提供了参考指标和行动重点。政治团体、公民社会和传媒往往会运用城市较低的排名来鞭策政府；跨国企业往往在投资和外派员工到一个城市时查考有关的指标；政治领袖也往往会以城市排名作为政绩的体现或决策的参考。

城市排名的应用不无为人诟病，从标准的选取和加权到数据的来源和时效性均有质疑的空间[8]。然而由于城市表现的优劣往往缺乏统一的基准，而不同地区的城市也有着不同的地域局限，因此城市排名比较成了不完美但可操作的评价标准。如 Hausmann 和 Hidalgo 在《城市经济复合度排名》报告中指出，提供排名是"希望能通过其他城市的经验，厘清一个城市可达到的绩效水平区间"[9]。此外，由纽约前市长迈克尔·布隆伯格（Michael Bloomberg）发起的 C40 组织也是旨在通过城市对标来显示当代城市问题解决方案的最佳实践[10]。

香港在国际排名方面有着特别丰富的资料。这是由于香港既在城市排名中出现，也因为被看待为一个经济体而被收纳到不少国家排名内。以下是香港在跟环境可持续发展直接和间接相关的九个国际排名中的表现。选取这些国际排名的原则包括研究机构的知名度、研究重复进行的历史以及研究方法的透明度。通过这些排名研究，我们可以更了解香港在环境质量和可持续发展方面的总体水平、近年趋势和发展短板。

1. 直接与环境质量和可持续发展相关的指标

（1）全球足迹网络（Global Footprint Network）

全球足迹网络[11]测算不同国家的人均生态足迹，亦即持续支持一个人生存所需的地球表面面积。全球足迹网络的主要成员世界野生保护基金会香港分会于 2008 年、2010 年和 2013 年为香港进行专题研究，对香港生态足迹的构成以及香港可采取减低生态足迹的行动作出了

深入的分析。此研究的持续进行将有助香港了解导致高生态足迹的主要原因并以此对症下药。

香港的生态足迹为人均 4.7hm^2（2008），其人均生态足迹在全球 146 个国家和地区中排名第 26 位，亦即香港的人均消耗偏高。而由于香港面积较小，生物承载量仅为人均 0.03hm^2，生物承载量的短缺为 150 倍，只有 8 个国家的短缺量比香港高。报告更指出在香港家庭 42 个消费种类中，产生生态足迹的四大类分别为食物、电力／燃气／其他燃料、交通服务和衣服，有关方面应成为香港家庭减低环境影响的重点。

（2）西门子绿色城市指标（Green City Index）

西门子绿色城市指标[12]中的 30 个因子覆盖二氧化碳排放、能源、建筑物、土地利用、交通、水资源和排污、废弃物管理、空气质量和环境治理 9 个类别，其中定量和定性指标分别各占一半。指标将城市的表现分为五个绩效级别，分别从"远高于平均"到"远低于平均"，并没有提供绝对的排名。西门子绿色城市指标是少有针对环境可持续发展的综合性指标，研究报告中对不同城市进行了总体分析和个别城市的分析，并提供较有针对性的行动建议和案例借鉴。然而此研究并非每年进行，因此无法以此追踪城市表现的趋势。

香港在亚洲区大部分类别中均取得第 2 级"高于平均"类型（2011 年），在水资源方面只取得第 3 级"平均"水平，而在土地利用和建筑物方面则达到第 1 级"远高于平均"的水平。在土地利用和建筑物方面的高评分主要是由于高的人均绿地比例（105hm^2／人）以及相关的郊野公园和海岸公园保护政策。此外，严谨的开发控制、绿色建筑设计、节约用地和建筑节能的相关法例和标准也使香港排名较高。相反，由于人均耗水量和管网流失量较高，香港在水资源管理方面的排名则偏低。此外，报告指出香港较高的评分并非由于它的政策特别先进，而是因为它能贯彻执行已制定的政策。

2. 跟城市竞争力相关、内含环境可持续发展元素的指标

（1）Arcadis 可持续发展城市指标（Arcadis Sustainable Cities Index）

Arcadis 可持续发展城市指标[13]包括了"地球（Planet）"、"人类（People）"和"利润（Profit）"三大类别的指标，其中"地球"类的 11 个指标跟环境可持续发展最为相关。由于指标的关注话题是城市可持续发展，因此"地球"下使用的 7 类（环境风险、绿色空间、能源、空气污染、温室气体排放、废物管理、饮用水和卫生）11 个评价标准跟环境可持续发展息息相关。此外，由于此研究每年进行，城市可根据自己和目标比较城市的排名升降来审视在环境可持续发展的力度是否足够。

根据 2016 年的报告，香港的"地球"水平在 100 个城市中排名第 29 位，其中在绿色空间方面较为优越，而在空气污染和环境危机方面则稍为逊色。报告也进一步指出市区绿色空间质量有待提升，而环境危机（主要是台风）带来的潜在破坏则得到了较佳的控制。香港在 Arcadis 可持续发展城市的整体排名为 100 个城市中的第 16 位，反映了根据此指标，香港在环境可持续发展表现较逊色于其整体表现。

（2）IESE 城市动力指标（Cities in Motion Index）

IESE 城市动力指标[14]旨在从"经济"、"人力资源"、"科技"、"环境"、"国际联系"、"社会凝聚力"、"流动力与交通"、"管治"、"城市规划"和"公共管理"十个主要方面评价城市，其中"环境"方面包含二氧化碳排放、甲烷排放、自来水供应覆盖率、微细悬浮粒子浓度（PM2.5）、可吸入悬浮粒子浓度（PM10）和环境表现指标。此研究的目标在于

比较城市的发展动力与竞争优势，这可能影响到环境方面评估因子的选取，使之侧重于空气质量、食水供应和整体环境质量等跟营商环境和居住空间相关的内容，而没有包括如单位生产能耗和人均用水量等常见的、较具普世意义的环境可持续发展指标。

香港在城市动力指标中排名181个城市中的第39位（2016年），然而"环境"方面仅排名第62位。反映了根据此指标，香港在环境质量方面较逊色于其整体表现。

（3）IMD 世界竞争力年鉴（World Competitiveness Yearbook）

IMD 世界竞争力年鉴[15]每年对全球61个国家和地区以超过300个准则评核它们的竞争力。其中包括"经济表现"、"政府效率"、"商业效率"和"基础设施"四个范畴。其中"基础设施"下的"健康和环境"跟环境可持续发展最为相关，相关内容包括耗能强度、纸张和卡纸回收率、废水处理覆盖率、用水强度、二氧化碳排放量与浓度、可再生能源使用率、绿色科技应用、总生态容量、生态足迹、企业的可持续发展、污染问题、环境法律和生活质量。由于此研究的重点是比较城市的竞争力（尤其是经济竞争力），并没有对环境质量或可持续发展进行独立分析和排名，因此对此方面的参考价值不大。

香港的整体排名为第1位（2016年），"基础设施"的排名为第26位，但此年鉴并没有对"健康和环境"进行单独排名。

（4）森世界之都市综合力指标（Mori Global Power Cities Index）

森世界之都市综合力指标[16]旨在根据城市吸引创意人群和商业机构并运用他们的资源来保障经济、社会和环境发展的综合能力，来评估世界上的主要城市。指标由"经济"、"研发"、"文化交流"、"宜居度"、"环境"和"通达度"六个部分和70个指标组成。其中"环境"部分再细分为"生态"、"污染"和"自然环境"三个部分。此研究为城市提供了较有连续性和仔细的排名资料。每年的研究成果摘要除了提供总体排名外，更列出六个部分的分类排名，因此城市能追踪自身在"环境"和其他方面的表现。此研究更针对"企业管理者"、"研究员"、"艺术家"、"访客"和"居民"五类人群对指标进行再组合，以显示个别城市对不同使用者的适宜度。

香港的总体排名为40个城市中的第7位（2016年），环境的排名为第19位，反映香港在此方面稍为逊色。

（5）普华永道城市机遇报告（Cities of Opportunities Report）

普华永道城市机遇报告[17]通过"知识产权和创意"、"科技准备"、"城市门户"、"交通与基建"、"健康、安全与保安"、"可持续和自然环境"、"人口与宜居度"、"经济氛围"、"营商便利度"和"成本"10个环节和67个指标衡量30个主要城市的国际发展机遇。此研究提供了非常仔细的排名（总体、分环节、分指标）以及长期的追踪（7年），为30个目标城市提供丰富的参考资料和分析。而跟 IESE 城市动力指标的情况类近，此研究的目标可能影响到环境方面评估因子的选取，使之侧重自然灾害、热舒适度、废物回收、空气污染、公共公园空间和环境商业风险等跟营商和居住空间相关的内容。

香港的总体排名为第9位（2016年），"可持续和自然环境"则排名第17位，其中较优越的方面包括"自然灾害的应对能力"、"热环境舒适程度"，而将分数拉低的主要是"对自然灾害的暴露"、"公共公园空间"和"跟水有关的商业风险"。然而此指标或许忽略香港郊野公园的环境和社会功能，以及偏重跟水相关的风险（如台风和海岸线的侵扰），以导致香港在环境方面较低的排名。

3. 与城市宜居度相关、内含环境可持续发展元素的指标

作为日常用语，"宜居城市"和"环境可持续发展"给人较强的联想。然而"环境可持续发展"侧重于物理环境的质量，而"宜居城市"则关注人的生活质量，其中包括环境和非环境的部分，甚至由于人类通过运用环境资源来提升生活质量而对环境造成破坏。举例说，在《经济学人》属下的经济学人信息社（Economist Intelligence Unit）每年颁布的宜居度排名中，30个评价因子里只有"湿度/温度"和"气候对访客带来的不适"跟环境有关[18]，而它们跟可持续发展也没有直接关系。由此可见，一个"宜居城市"不保证是个环境可持续发展的城市。

以下是两个含有环境持续发展评价因子的宜居城市排名，其侧重点明显有别于这两类排名中的环境部分。

（1）Mercer 生活质量排名（Quality of Living rankings）

Mercer 生活质量排名[5, 19]调查440个地方的生活质量条件和对其中230个进行排名，以供企业外派员工时作为公平补偿的参考。在十大指标类别中，"医疗与健康"和"自然环境"中部分内容跟环境可持续发展相关，它们分别为排污、废弃物处理、空气污染、气候和自然灾害记录相关。其他指标类别包括"政治和社会环境"、"经济环境"、"社会文化环境"、"学校与教育"、"公共服务和交通"、"康乐"、"消费品"和"住房"。此排名专为跨国企业外派人员时制定补偿而进行，因此有关建议大多以人的体验作为出发点，而非对城市总体情况分析和改进建议。

香港的总体排名为230个城市中的第70位（2016年），"医疗与健康"和"自然环境"的分项排名则没有公开。

（2）新加坡国立大学全球宜居城市指标（Global Liveable Cities Index）

新加坡国立大学全球宜居城市指标[20]探讨宜居和活跃城市的组成部分，并尝试以此辨析和改进相关的城市发展政策，使城市能平衡环境友好和可持续发展、高生活质量、文化多样性和社会政治和谐。"环境友善和可持续发展"是五大范畴里跟环境可持续发展直接有关的部分，其余的包括"经济活跃度与竞争力"、"本地安全与稳定"、"社会文化条件"和"公共治理"。"环境友善和可持续发展"的内容包括"气候"、"污染"、"自然资源消失"和"环境行动"等五个方面。此研究以居民而非外派人员或国际精英的角度来衡量城市的宜居度[21]，并包括了多方面的、超越个人利益的环境和可持续发展的要素，使之适合供城市决策者作参考。然而由于此研究并非定时每年举行和作详细公布，研究结果暂时未能提供城市发展效果的长期追踪。

香港的全球宜居城市指标排名为64个城市中的第8位（2014年），然而"环境友善和可持续发展"范畴的排名仅为第36位。

四、指标分析和后续应用方法

1. 国际比较下的香港环境可持续发展趋势

纵观以上九个跟环境可持续发展相关的香港国际排名，我们不难发现以下两个特点。

（1）香港环境可持续发展表现是整体城市发展偏弱的环节

由于不少综合性的排名均将"环境"或"环境可持续发展"列为其中一个主要板块，我们可以借比较总体排名和"环境"方面的排名来判断香港在这方面是否突出或逊色。从图 1-1 可见，香港在五个综合排名中的"环境"排名均比整体排名为低（IMD 世界竞争力年鉴中只细分到"基建"。环境是其中一环并占 15 个因子）。

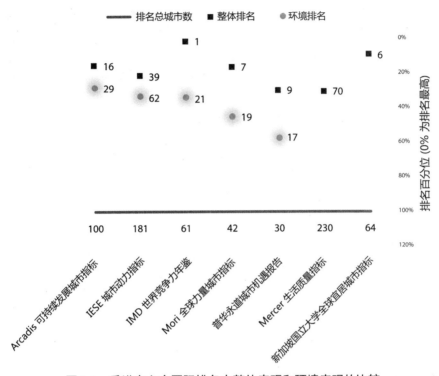

图 1-1　香港在七个国际排名中整体表现和环境表现的比较

（2）香港环境质量和可持续发展较逊色于地理位置接近、经济水平相若的地区

除了跟城市自身其他方面的比较外，指标也显示香港跟其他城市的差异。图 1-2 显示了新加坡、上海、东京、首尔在七个国际排名研究中的位置。由此可见，香港在环境质量和可持续发展方面的排名均在偏下的位置。相反新加坡则持续处于较高位置，可见排名跟城市的规模没有必然关系。

2. 环境可持续发展作为竞争力和宜居度的组成部分

城市推广环境可持续发展除了是对地球的一种承担之外，更是一个城市的竞争力和宜居度的组成部分。从图 1-3 可见，跟环境质量和可持续发展相关的因子占指标总数的 4% ～ 35% 不等。新加坡国立大学宜居城市指标中的可持续发展部分占 20%，至于 Arcadis 可持续发展城市排名则按照可持续发展的经典定义将评价指标平均分配到环境、经济和社会三个类别。可持续发展成为国际城市竞争力的组成部分，其中部分原因是它代表了在该城市居住和工作人群的生活环境质量。它也同时反映了该城市对长远发展的承担和领导力。因此，除了关注环境可持续发展的自足价值外，也不能忽略它对于城市整体实力提升的外溢价值。

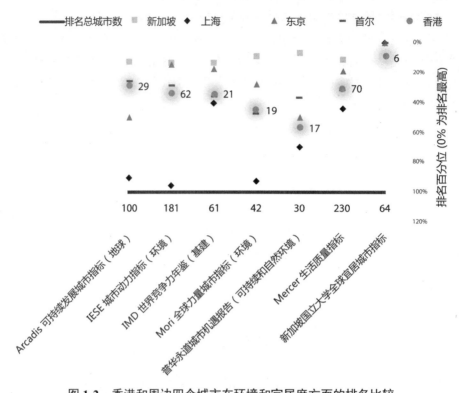

图 1-2　香港和周边四个城市在环境和宜居度方面的排名比较

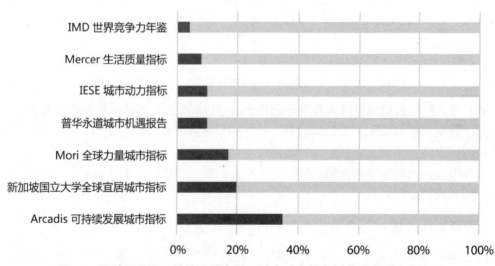

图 1-3　环境质量和可持续发展在国际城市综合排名评价因素所占的比例

3. 环境可持续发展的衡量和量化标准

本文提及九个跟环境质量和可持续发展相关的国际排名研究，但由于评价因素、指标创建目标以及资料来源的差异，它们偶尔会得出不一致的结论，因此催生了制定环境质量评价标准的想法。国际标准化组织（ISO）就尝试建立一套全球使用的可持续社区发展标准框架，使城市能直接进行比较[22]。然而推行三年，只有 55 个城市申请参加，其中达到最佳城市数据标准（铂金级）的只有 38 个 [23]。原因可能是由于不同城市的发展阶段差距较大，而评价标准中的评价因子也不能过多，因此出现了较发达城市在一些因子得分非常接近（对全球来说都是较高水平），使它无法明显分辨出城市之间的差异。虽然 ISO 37120 未能得到普及应用，但本文尝试论证标准化地长期追踪城市环境质量的好处。

长期通过统一的标准追踪城市环境质量量化情况，将有助城市持续对标国际平均水平。除了一些有绝对警戒线的环境质量指标外（譬如 PM2.5 浓度），不少环境质量的指标并没有绝对的门槛。因此，通过城市或者国家之间的标准化评价和跟踪，城市将更了解自身的不足和能达到的较佳状态，从而制定改善目标。同时，借助国际比较研究结果，政府或环保组织将能更有效地凝聚改善环境质量和可持续性的政治共识。

为方便城市判断长期追踪自身状况和进行国际比较，本文归纳了在多个国际排名研究中常见的评价因子，更将它们跟香港 21 世纪可持续发展系统（SUSDEV 21）中相关的因子作比较。现有框架源于 1997～2000 年的《21 世纪可持续发展研究》[24]。在框架推出后，香港在城市建筑环境节能、应对气候变化和生物多样性等方面已有进一步推动发展的政策 [25]。其中 2017 年 1 月公布的《香港气候行动蓝图 2030＋》便详细列出了香港在电力生产、可再生能源应用、建筑物和基础设施建设的节能和减碳、交通系统的减碳以及适应气候变化方面将作出的行动 [26]。为持续追踪有关措施的实施效果，香港可以从国际排名研究中筛选相关的绩效指标，并将它们汇入现有的整体框架中，作为追踪改善进度和对比其他城市水平的工具。从表 1-1 可见，现有框架并没有涵盖可再生能源使用率、应对气候变化（对自然灾害的暴露）和生态足迹三个方面，应根据近年的研究成果和政策增加有关指标。

国际排名研究中常见的环境可持续发展指标与香港 21 世纪
可持续发展系统（SUSDEV 21）的对比　　　　　　　　表 1-1

类别	指标	排名研究中出现次数	"SUSDEV21" 中的相关指标
环境质量	人均二氧化碳排放量	6	每年按人口平均计算的二氧化碳排放量（以吨计）
	NOx 浓度	6	根据可接受风险的百分比计算的有毒空气污染物综合指数
	清洁水源比例	5	根据环境保护署的溪流水质指数获评为"极佳"或"良好"的长度（公里）；根据水质指数的百分比计算的海水水质污染物综合指数；每年泳滩获当局评为"良好"和普通的总日数
	PM2.5 浓度	4	根据空气质量指标的百分比计算的标准空气污染综合指数
	温室气体排放指标	3	—
	环境监控制度	3	—
	SO_2 浓度	2	根据可接受风险的百分比计算的有毒空气污染物综合指数
	热环境舒适度	2	

续表

类别	指标	排名研究中出现次数	"SUSDEV21"中的相关指标
环境质量/ 健康与卫生	空气污染指数	2	每10万人计算因患呼吸系统疾病出院及死亡的人数
生物多样化	环境管理制度	4	当局管理的陆地自然保护区面积;当局管理的海洋自然暴雨区面积
	人均生态容量	2	香港具高生态价值的陆地面积;香港具高生态价值的海域面积
自然风险	对自然灾害的暴露	2	—
	废物回收比例	5	按人口平均计算的都市固体废物、公众填料及建造和拆卸废物最后处置数量
自然资源	可再生能源使用率	5	—
	每单位本地生产值产生的二氧化碳排放	4	以生产总量平均计算的能源消耗量
	人均绿地面积	4	郊区面积
	垃圾填埋比例	3	堆填区尚余吸纳量(以体积计算)
	水资源回收比例	3	香港本地食水供应量占全港需求量的百分比
	人均用水量	2	按人口平均计算的食水供应量
	人均生态足迹	2	—
	人均生态足迹差额	2	—

4. 国际排名研究对反映的香港环境可持续发展挑战

综合各指标披露的资料,本文尝试辨认香港在环境可持续发展方面的挑战,以便城市决策者能针对有关方面进行更深入的分析和分配资源并作出改善。

香港的人均生态足迹反映了它在环境资源消耗方面的严重性。香港人均生态足迹从1962～2008年上升了四倍,而全球只有25个人口超过100万的国家的人均生态足迹比香港高[27]。香港的碳足迹占了生态足迹超过一半,但其中较大部分的是进口产品内的隐含碳。在家庭碳足迹中,货品和食物是最主要的组成部分。由此可见,调整购物和餐饮消费方式将会是香港改善生态足迹严重负债情况的主要切入点。香港环保局已分别于2013和2014年推出《香港资源循环蓝图2013—2022》[28]和《香港厨余及园林废物计划2014—2022》[29],目标通过一系列的措施,于2022年将市区固体废物和厨余减低最少40%。

水资源耗费偏高是另一个香港有违环境可持续原则的部分。据西门子亚洲绿色城市指标报告引用香港水务署的数据,香港人均日用水量为371L,比亚洲其他城市的平均值高出约100公升,而水资源漏失率超过20%[30]。因此在节水方面将有不少改善空间。香港水务署现正进行《检讨香港全面水资源管理策略——可行性研究》，目标在雨水、东江水和海水冲厕以外，开拓再造水及重用洗盥水／集蓄雨水等可再生的供水水源[31]。

至于香港开放空间是否足够乃长期备受讨论的话题。由于香港 40% 的土地被列为郊野公园和自然保护区[32]，因此城市整体并不缺乏绿化空间。然而在市区的人均开放空间量则远低于国际水平。按照非营利政策研究机构思汇于 2017 年 2 月发表的研究成果[33]指出，香港市区人均开放空间仅为 $2.7 \sim 2.8m^2$，远低于东京、首尔、上海和新加坡的 $5.8 \sim 7.6m^2$。而由于开放空间的分布并不均匀，如根据分区规划大纲图划分，香港有 184 万人未能享受到人均 $2m^2$ 开放空间的香港最低标准[34]。为回应此情况，香港规划署在《香港 2030＋：跨越 2030 年的规划远景与策略》中提出了将人均开放空间增加至 $2.5m^2$。

在空气污染方面，香港跟其他亚洲城市的情况大致相若[35, 36]。但由几个独特的情况使香港需要双倍努力才能改善现状。这些情况包括临近港口、物流和工业生产的位置，高密度、窄街道的城市形态，以及珠江三角洲地区风流动情况不利于污染物的扩散。有见及此，香港环保局于 2013 年 3 月推出了《香港清新空气蓝图》，出台了减少路边空气污染、减少船舶排放、控制发电厂排放、控制非道路移动机械排放等措施，更于 2014 年 9 月跟广东省和澳门特别行政区签署《粤港澳区域大气污染联防联治合作协议书》，进一步推进区域大气污染防护和治理的合作[37]。目标在 2020 年大幅度降低二氧化硫、氮氧化物、可吸入颗粒物和挥发性有机化合物四类污染物。

最后，在自然灾害方面，由于香港受到台风和暴雨的影响，而起伏的地形和高密度的建筑也增加了自然灾害所产生的潜在破坏，因此，国际排名往往指出香港具有较高的环境风险，然而同时确认香港有着较优越的应对措施[38]。香港环保局在《香港气候行动蓝图 2030＋》中提出了一系列适应气候变化的措施，其中包括强化城市建筑结构、提升斜坡安全、推广"蓝绿建设"、维护长远水资源供应，以及应对海平面上升和海岸保护五大方面[39]，以提升香港的整体防御能力。

五、结论：国际标准对城市环境可持续发展的意义

环境质量和可持续发展的维护有着它的自身价值。前者跟居民的健康有关，后者则跟地球的健康相关，它们均是作为地球公民的责任和义务。然而由于政府治理的资源、时间和空间有限，环境可持续发展的议题由于迫切性不足而往往被人轻视。国际比较研究的意义在于引起讨论和量度成效。它同时产生标杆作用和激励作用，促使城市对环境可持续发展的长远投资。

从本文的分析可见，香港近年在改善环境质量和可持续发展方面的政策和行动，跟国际排名研究中反映香港的环境短板吻合，有关政策和行动及政策文件也偶有运用城市比较来说明问题的迫切性和探讨潜在的改善空间。国际比较在辨析问题和形成行动共识方面的功能不容忽视。通过城市和国家之间的对标，城市能更准确把握自身的环境质量水平，并为没有绝对值的方面订立改善目标。

然而国际排名研究不无缺陷，部分排名研究的方法学有待商榷，而不同城市也面对着各异的城市环境特点和改善优先次序。因此，城市应对环境指标国际排名进行长期跟踪，并形成一套适用于自己的评价体系和方法，而非随机地查询国际排名研究，并以此作为制

定政策的参考或向城市决策者施压的理据。

笔者并非环境可持续发展的专家，但长期关注城市发展绩效评估的标准和框架，希望能通过本文展示应用开源信息对城市进行初步诊断的方法，使之成为城市决策者通盘考虑城市可持续发展需要的工具。

本章作者介绍

梁锦诚博士现于奥雅纳（ARUP）深圳办公室担任城市咨询首席顾问，近年专注于产业发展战略和可持续城市发展方面的咨询工作。他是剑桥大学建筑系博士和加州大学伯克利分校城市规划及土木工程双硕士，以及香港规划师学会会员、香港城市设计学会创会会员、美国注册规划师学会会员和美国绿色建筑协会的 LEED 社区发展认可人士。他曾于中国香港、新加坡和美国加州工作，并参与过越南和中国内地与中国台湾等地区的项目，涵盖战略咨询、总体规划、城市设计、站点开发、可持续发展咨询等方面的工作，其中包括获取 2004 年、2015 年和 2016 年香港规划师学会优异奖的代表性项目。他持续在专业期刊和会议论文集发表文章，并在 2012～2016 年兼任香港中文大学建筑学院可持续与环境设计硕士课程的客座讲师。

参考文献

[1] The Business of Cities 2015. Jones Lang Lasalle IP, INC. and the Business of Cities Ltd, 2015.

[2] Ranking Cities with a Pinch of Salt [Internet]. Singapore: Centre for Liveable Cities; 2016 [cited 21 Apr 2017]. Available from: http: //www. clc. gov. sg/documents/books/research-workshop/2016/CLC_Thinkpiece_Ranking_cities_with_a_pinch_of_salt. pdf.

[3] Hong Kong's Climate Action Plan 2030 ＋. Hong Kong: Environment Bureau, 2017.

[4] Hong Kong 2030 ＋ Public Engagement. Hong Kong: Planning Department, 2016.

[5] Viennatopsmercer's 19th Quality of Living Ranking [Internet]. United Kingdom: Mercer LLC; 2017 [cited 21 Apr 2017]. Available from: https: //www. mercer. com/newsroom/2017-quality-of-living-survey. html?_ga=1. 80625303. 1014748349. 1490061479.

[6] Non-Government Organisations / Green Groups [Internet]. Hong Kong: The Environmental Protection Development; 2016 [cited 21 Apr 2017]. Available from: http: //www. epd. gov. hk/epd/english/links/local/link_greengroups. html.

[7] Zero Carbon Building (ZCB), Hong Kong [Internet]. Hong Kong: Ronald Lu and Partners [cited 21 Apr 2017]. Available from: http: //www. rlphk. com/eng/projects/architecture/civic-community/31/1/68/zero-carbon-building-zcb-hong-kong. html.

[8] Ranking Cities with a Pinch of Salt [Internet]. Singapore: Centre for Liveable Cities; 2016 [cited 21 Apr 2017]. Available from: http: //www. clc. gov. sg/documents/books/research-workshop/2016/CLC_Thinkpiece_Ranking_cities_with_a_pinch_of_salt. pdf.

[9] Hausmann R, Hidalgo CA, Bustos S, Coscia M, Chung S, Jimenez J, Simoes A, Yildirim MA. The Atlas of Economic Complexity – Mapping Paths to Prosperity. Cambridge: Harvard University, MIT, 2014.

[10] C40 Cities [Internet]. New York, London, Rio de Janerio; 2017 [cited 21 Apr 2017]. Available from: http: //www. c40. org/.

[11] Hong Kong ecological footprint report 2013. Hong Kong: WWF-Hong Kong; 2013.

[12] Asian Green City Index – Assessing the Environmental Performance of Asia's Major Cities. Munich: Siemens AG; 2011.

[13] Sustainable Cities Index 2016. Amsterdam: Arcadis, 2016.

[14] IESE Cities in Motion Index 2016. Navarra: IESE Business School, University of Navarra, 2016.

[15] World Competitiveness Ranking [Internet]. Lausanne: IMD Switzerland; 2017 [cited 21 Apr 2017]. Available from: http: //www. imd. org/wcc/world-competitiveness-center-publications/ competitiveness-2016-rankings-results/.

[16] Global Power City Index 2016 (Summary). Tokyo: Institute for Urban Strategies, 2016.

[17] Cities of Opportunity 7. PwC, 2016.

[18] A Summary of the Liveability Ranking and Overview. London, New York, Hong Kong, Geneva: the Economist Intelligence Unit Limited, 2016.

[19] 2016 City Rankings [Internet]. Mercer LLC; 2016 [cited on 21 Apr 2017]. Available from: https: //www. imercer. com/content/mobility/rankings/index. html.

[20] Tan KG. Research Framework on Global Liveable Cities Index: A Sustainable, Humanitarian & Socially Inclusive Approach. Singapore: Asia Competitiveness Institute, National University of Singapore; 2014. Presented at the PECC 22nd General Meeting – Economic Cooperation in Asia Pacific: 2014 and Beyond.

[21] Ranking Cities with a Pinch of Salt [Internet]. Singapore: Centre for Liveable Cities; 2016 [cited 21 Apr 2017]. Available from: http: //www. clc. gov. sg/documents/books/research-workshop/2016/CLC_Thinkpiece_Ranking_cities_with_a_pinch_of_salt. pdf.

[22] Sustainable Development of Communities – Indicators for City Services and Quality of Life. Switzerland: ISO, 2014.

[23] Global Cities RegistryTM for ISO 37120. Toronto: World Council for City Data, 2017.

[24] 21 世纪可持续发展研究 – 行政摘要 [互联网]. 香港：规划署 , 2000 [引用于 2017 年 4 月 21 日]. 撷取自网页 : http: //www. pland. gov. hk/pland_en/p_study/comp_s/susdev/ex_ summary/final_chi/ch5. htm.

[25] Hong Kong's Climate Action Plan 2030 ＋ - Related Publications [Internet]. Hong Kong: Environmental Bureau; 2017 [cited 20May 2017]. Available from: https: //www. climateready. gov. hk/.

[26] Hong Kong's Climate Action Plan 2030 ＋ . Hong Kong: Environment Bureau, 2017.

[27] Hong Kong ecological footprint report 2013. Hong Kong: WWF-Hong Kong, 2013.

[28] Hong Kong Blueprint for Sustainable Use of Resources 2013-2022. Hong Kong: Environment Bureau, 2013.

[29] A Food Waste & Yard Waste Plan for Hong Kong 2014-2022. Hong Kong: Environment Bureau,

2014.

[30] Asian Green City Index – Assessing the Environmental Performance of Asia's Major Cities. Munich: Siemens AG, 2011.

[31] 全面水资源管理策略检讨 [互联网]. 香港 : 香港特别行政区发展局 , 2016 [引用于 2017 年 5 月 20 日]. 撷取自网页 : https: //www. devb. gov. hk/tc/home/Blog_Archives/t_index_id_174. html.

[32] Hong Kong – the Facts, Hong Kong [Internet]. Hong Kong: the Government of the Hong Kong Special Administrative Region; 2016 [cited on 20 May 2017]. Available from: https: //www. gov. hk/en/about/abouthk/facts. htm.

[33] How Much Open Space Do Hong Kongers Get? [Internet]. Hong Kong, Civic Exchange; 2017 [cited on 20 May 2017]. Available from: http: //civic-exchange. org/materials/publicationmanagement/files/20170224PR_POSReport_en_press%20release%281%29. pdf.

[34] Chapter 4: Recreation, Open Space and Greening, Hong Kong Planning Standards and Guidelines [Internet]. Hong Kong, Planning Department; 2015[cited on 20 May 2017]. Available from: http: //www. pland. gov. hk/pland_en/tech_doc/hkpsg/full/ch4/ch4_text. htm#1. 8.

[35] A Clean Air Plan for Hong Kong. Hong Kong: Environment Bureau, 2013.

[36] Cities of Opportunity 7. PwC, 2016.

[37] 空气污染管制策略 [互联网]. 香港 : 香港特别行政区环保署 , 2016 [引用于 2017 年 5 月 20 日]. 撷取自网页 : http: //www. epd. gov. hk/epd/sc_chi/environmentinhk/air/prob_solutions/strategies_apc. html.

[38] Cities of Opportunity 7. PwC, 2016.

[39] Hong Kong's Climate Action Plan 2030 ＋. Hong Kong: Environment Bureau, 2017.

第二章 《香港 2030 ＋》：缔造宜居、具竞争力及可持续发展的香港

李志苗

　　多年来，长远策略规划引领着香港的城市发展、土地规划、基建发展及环境保护。自20 世纪 70 年代起，香港约每十年便检讨全港发展策略，令城市规划能够与时俱进，配合社会、经济及环境各方面的需要。

　　香港特别行政区政府（下称"特区政府"）发展局和规划署于 2015 年初展开《香港2030 ＋：跨越 2030 年的规划远景与策略》（下称《香港 2030 ＋》）的研究工作，以审视香港跨越 2030 年的规划策略和空间发展方向。为期六个月的公众参与已于 2017 年 4 月底完成（图 2-1），而整项研究预计于 2018 年内完成。

图 2-1　《香港 2030 ＋》公众参与书册

《香港 2030 ＋》以愿景带动、创造容量及"以人为本"为方针，让社会聚焦讨论香港未来发展的重要规划议题，并对香港内外不断改变的形势作出策略性及适时的回应。

一、承先启后 继往开来

香港正面临重重挑战与机遇。从全球趋势而言，我们的城市正面对经济互联互通带来的激烈竞争，气候变化及科技发展亦促使我们重新思索未来的城市发展模式。从区域发展而言，香港具备通往大珠江三角洲及亚洲的区域门廊优势，相继落成的新跨界基建设施，加上区域内各项新经济倡议，例如"一带一路"、"粤港澳大湾区"及广东省三个自由贸易试验区[1]等，会为香港带来无限机遇。综观香港，我们正面临人口及楼宇"双老化"的问题，而市民亦普遍渴望在这个高密度发展的城市享有更优质的生活环境。这些都是长远策略规划需要考虑的因素。

展望未来，我们会致力提升生活质量。我们的规划愿景是要令香港成为宜居、具竞争力及可持续发展的"亚洲国际都会"。《香港 2030 ＋》建议三大规划元素，分别为"规划宜居的高密度城市"、"迎接新的经济挑战与机遇"，以及"创造容量以达到可持续发展"。这三大规划元素将转化成概念性空间框架，引领香港的未来发展。本文将集中探讨如何在香港这个高密度的城市内提升宜居度，改善市民的福祉，并使香港迈向可持续发展。

二、香港高密度城市带来的挑战

根据一些主要的国际基准指数[2]，香港虽然已是一个领先的国际都会，但宜居度的表现只属一般。基于地少、山多、人多的因素，香港的发展一直采用高密度的发展模式。香港土地面积只有 $1106km^2$，而大部分土地属陡峭斜坡，超过四成土地更属于郊野公园及特别地区。多年来，香港的发展只集中在仅余的平地及填海区，并采用高密度发展以善用珍贵的土地资源。时至今日，香港的已建设区只占土地面积约 24%，而已建设区的平均人口密度高达每平方公里约 27330 人。根据 Demographia 的调查报告[1]，世界上拥有 500 万以上人口的大城市共有 84 个，而香港在先进城市中的人口密度更是最高（图 2-2）[3]。

展望未来，《香港 2030 ＋》强调"以人为本"的方针，并适切地顾及社会、环境及经济的可持续发展需要，提升我们高密度城市的宜居度。为此，我们必须解决和应对有关的问题，包括人口增长、人口老化、楼宇老化、市民对优质生活空间的期盼、居所与职位地点分布失衡、市民对健康质量的关注，以及气候变化和都市气候考虑等。

1　中国（广东）自由贸易试验区由广州南沙、深圳前海／蛇口，以及珠海横琴组成。
2　《香港 2030 ＋》就厘定宜居度所参考的三项国际宜居度基准指数，包括：经济学人全球宜居城市指数、Monocle 生活质量调查及美世生活质量调查。
3　人口密度最高的三个大城市分别是孟加拉的达卡（每平方公里约 45700 人）、印度的孟买（约 26000 人）和香港。

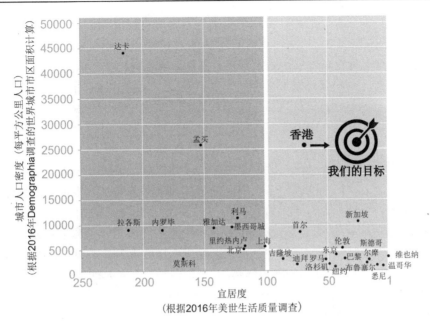

图 2-2　城市宜居度比较矩阵图

1. 人口增长、人口老化

作为一个发展成熟的高密度城市，香港正面临人口和楼宇"双老化"的严峻考验。根据统计处最新推算[2]，香港人口在未来 30 年会持续增长，虽然增长速度将会放缓。香港的人口会由 2016 年约 735 万人，上升至 2043 年约 822 万人的顶峰，随后回落至 2064 年约 781 万人。65 岁或以上长者占整体人口的比例将由 2016 年约 16%，大幅增加至 2064 年约 36%。高龄长者（即 85 岁或以上）占整体人口的比例亦将由现时约 2%，增加至 2064 年约 10%。

人口老化亦会令劳动人口相应减少。香港的劳动人口（不包括外籍家庭佣工）预计会由 2018 年约 365 万人的顶峰，下降至 2064 年约 311 万人。随着人口结构改变，住户的增长将会持续，到 2044 年，本港的住户数量将会较现时上升约 50 万人。人口增长和老龄化将增加社会对土地用途规划（例如房屋、社区设施、休憩用地和医院等）的需求，而城市设计以至基建设施亦有需要应对人口老龄化的趋势。面对劳动人口减少，我们将需要释放劳动力、提升生产力及科技发展，以维持香港经济的竞争力。

2. 楼宇老化、重建艰巨

香港在二战后数十年间快速发展。时至今日，市区内有大量迅速老化的建筑群，尤其在稠密发展的旧区内。根据规划署估计[3]，本港在 2015 年约有 1100 个楼龄达 70 年或以上的私人住宅单位。预计到 2046 年，有关单位数目将会增加 300 倍至约 326000 个。然而，本港目前的市区重建步伐远远未能应付大量楼宇老化的问题。根据运输及房屋局的数字显示[4]，本港在 2011 ～ 2015 年间，进行拆卸的私人单位数目平均每年约为 2100 个。

再者，香港的市区重建工作经常面对种种挑战。首先，现时有不少的重建地盘的剩余

19

发展潜力有限或无剩余发展潜力，有些地盘的建筑密度更已经超出现行法例下的地积比率上限，大大减低重建诱因。其次，现时有不少的重建地盘的业权众多且分散，难以达到统一业权或《土地（为重新发展而强制售卖）条例》的强制拍卖门槛[1]，影响收购意愿。另外，稠密发展的市区内缺乏可发展的空间，以调迁或安置受影响的住户，亦令重建可行性降低。与未开垦土地相比，重建项目一般需时较长，成本亦普遍较高；而事实上，历时十年以上的重建项目在香港亦绝非罕见。

3. 空间狭窄、生活受压

在香港可发展土地短缺的环境下，市民的居住成本十分高昂。根据差饷物业估价署的最新数字显示[5]，全港私人住宅单位售价指数已由 2003 年 7 月的 58.4，大幅上升至 2016 年 10 月的 304.3。香港更在《Demographia 国际住屋负担能力年度报告：2017》连续第七年被评为全球房价最难负担的城市[6]。由于居住成本持续上升，香港市民的居住环境亦较为狭窄。根据规划署的推算[3]，以 2015 年计，本港私人住宅人均居住面积平均数（以实用面积计）约为 $20m^2$，而公共租住房屋的人均居住面积平均数（以室内楼面面积计）则约为 $13m^2$。

考虑到可负担能力及土地短缺等问题，要大幅度增加普罗大众的人均居住空间，知易行难。故此，公共空间[2] 对提升市民的生活空间起着关键作用。但香港的公共空间亦存在不足之处。以休憩用地[3] 为例，截至 2012 年，剔除大型私人发展中的休憩用地，本港人均休憩用地面积为 $2.46m^2$。根据思汇政策研究所的研究显示[7]，香港人均休憩用地面积远较东京、首尔、新加坡，以及上海为低。上述数字反映香港无论在居住空间或公共空间方面均需改善，以达到市民对优质生活环境的期望。

4. 职住不均、通勤量高

随着城市向新界扩充，通勤是必然的现象。但长时间及长距离的通勤往往会增加能源消耗和碳排放、减少市民与家人团聚和休闲的时间，以及减低部分人士对投身劳动市场的意愿，令整体生产力下降。香港在 2014 年约有 41% 的人口居住在新界（不包括荃湾和葵青），但该区只提供全港 24% 的就业职位[3]。根据运输署的《2011 年交通习惯调查研究报告》（下称《交通调查》）[8]，市民由住所往返工作地点的所需平均行程时间约为 47min。另外，根据 Moovit《2016 年度全球公共交通使用情况报告》[9]，本港市民的平均行程距离（平均 11.2km）及单次行程距离超过 12km 的比率（31%）在四个受访的亚太区城市[4] 当中都是最高。

过分集中及单向的通勤亦会加重公共运输系统的负担，令交通走廊挤塞，并进一步加

---

1 有关条例订明，任何人士如拥有某地段指明百分比的不分割份数，便可向土地审裁处申请强制售卖地段所有不分割份数的命令（售卖令），以便重新发展该地段。特区政府在 2010 年颁布公告就三类地段指明较低的售卖令申请门槛，即由拥有该地段不少于 90% 的不分割份数调低至不少于 80%。
2 "公共空间"涵盖各类"半公共"和"公共"空间，它既可以是"建筑物之间的空间"（例如街道、行人路、园景平台、行人天桥、广场及行人专区等），亦可以是公园、平台、天台，以至郊野公园等。
3 "休憩用地"的定义包括：在政府土地上提供的公共休憩用地，于大型私人发展项目内供公众使用的休憩用地、由房屋委员会管理的休憩用地、分区计划大纲图和发展审批地区图上划作"休憩用地"地带、发展大纲图及发展蓝图上划作"邻舍休憩用地"和"地区休憩用地"的土地，以及大型私人发展项目内的私人休憩用地。
4 其余三个受访的亚太区城市为新加坡、澳大利亚的悉尼及墨尔本。

长市民上下班的旅程。根据《交通调查》的结果显示[8]，每天由住所前往工作地点的机动行程总数当中，有41%集中在早上8～9时的繁忙时段内进行，而由工作地点返回住所的机动行程总数当中，则有34%在傍晚6～7时的繁忙时段内进行；与2002年相比，两者均有轻微上升趋势。港铁公司资料亦显示[10]，在2015年大部分主要铁路在早上繁忙时段的载客量已接近饱和，而连接拥有超过100万人口的新界西北和市区的西铁线更已超出设计负荷。

5. 都市疾病、健康警号

一如其他先进大城市，香港正面临各种都市慢性疾病的考验，例如心脏病、脑血管病、糖尿病，以及肠癌等。以2014年计，上述四项疾病占香港的总登记死亡个案成因逾1/4[11]，而缺乏运动亦已被确立为上述疾病以及其他疾病的其中一项主要风险因素。

根据卫生署在2014年进行的"行为风险因素调查"所推算[12]，香港的成年人口（即18～64岁）当中，有62.5%的人士每日体力活动量低于世界卫生组织所建议的标准[1]；而约39%的成年人口的体重更属于"超重"或"肥胖"水平（即体重指标达23或以上）。由此可见，倡导健康城市及健康生活将会是香港未来可持续发展的一大考虑。

6. 气候变化、热感不适

在香港的亚热带气候下，炎热且潮湿的夏季对人体热舒适度的影响较为明显。全球暖化正导致全年平均温度及热夜[2]次数不断上升。天文台的数据显示[13]，在1987～2016年间气温的上升速度平均约为每十年0.15℃，明显较1885～2016年间的数字为高（平均每十年上升0.12℃）。同时，天文台在过去50多年所录得的热夜日数亦有上升趋势，由1961～1990年平均每年8.7日，上升逾一倍，至1981～2010年平均每年17.8日[14]。

过度密集的建设环境会令都市热岛效应加剧，增加不必要的能源消耗，更会引发更多的中暑、热衰竭及身体不适个案，甚至引致死亡个案上升，而有关情况对社会上弱势群体的影响特别明显。其中，根据一项参照1998～2006年数据的研究所显示[15]，当全日平均气温超过28.2℃，其后平均气温每上升1℃将令本港死亡率增加约1.8%。

纵观影响人体热舒适度的主要参数（即风流通及空气温度），在香港过往的趋势以至未来的推算都显示有关情况将会更趋严重。就市区风环境而言，受密集的建设环境影响，位处市区的天文台京士柏气象站在1968～2005年间所录得的平均风速一直有下降趋势（约每十年下降0.6m/s），相对地，在横澜岛所录得的背景风环境则没有明显变化[16]。就空气温度而言，天文台推算在高温室气体浓度情景下，到21世纪末的本港年平均气温会较1986～2005年平均23.3℃高约3.1～5.5℃[17]。加上市区受都市热岛效应所影响，市区气温往往较背景气温高出几摄氏度，因此，酷热天气情况亦预期会进一步加剧[18]。展望未来，改善香港都市气候及空气流通对城市的可持续发展可谓刻不容缓。

1　即每周进行最少150min中等强度的带氧体能活动，或最少75min剧烈强度的带氧体能活动，或相等于混合两种活动模式的时间。

2　热夜即全日最低温度在28℃或以上。

三、提升高密度城市的宜居度

香港的集约而高密度发展模式，为我们带来一个高效率、便捷、充满活力及多姿多彩的城市，同时，保存了丰富的蓝绿自然资源[1]。为应对以上问题，并提升香港的宜居度，《香港2030＋》建议的整体方向是优化新发展区，为新增人口、经济及社会发展提供空间；亦同时改造发展稠密的市区，综合改善拥挤的生活环境。我们希望透过促进以下六方面，以提升宜居度，令香港成为集约联系、独特多元、善用蓝绿自然资源及健康的城市。同时，我们希望重塑公共空间及公共设施，更新老化的城市结构，并建设共融互助的城市。

1. 集约及联系的城市

《香港2030＋》建议继续采用集约的发展模式，并以轨道交通为骨干，辅以其他公共交通服务和良好的行人道路网。发展集约城市的重点在于妥善管理发展密度，一方面善用发展密度，以提供足够的房屋、经济及其他土地供应；另一方面确保能够提供宜居的生活环境。我们亦将致力采纳创新的方法，例如发展地下空间[2]、岩洞[3]及上盖发展等，令城市空间得以有效益地运用，并透过城市设计，例如采用梯级式建筑物高度及不同密度的设计，以缔造优质的生活环境。

铁路为骨干的"公共运输导向发展"模式，不但能减轻本港道路系统的负担，更为改善市区路边的空气质量作出贡献。截至2015年底，铁路占本地公共运输的个人行程的41%及陆路过境旅客旅程的55%[19]。另外，香港约有77%的商业及办公室总楼面面积及45%住宅单位坐落于铁路站的500m范围内[20]。在《香港2030＋》建议的策略框架下，并在《铁路发展策略2014》建议的七个新铁路项目落成后[4]，有关铁路服务覆盖率将会进一步上升（即覆盖75%人口及85%职位），令城市更便捷及更宜居[21]。

同时，《香港2030＋》亦建议在现行土地用途、交通和环境的综合规划基础上，把"综合"概念进一步涵盖至往来工作地点、商业、公共设施、邻舍设施、康乐活动场所，以及大自然等空间的便捷联系，并提出了可达性的概念框架（图2-3）。有关概念框架的重点，在于提升都市流动性，以及实体和功能上的联系。除了提升铁路、道路和水路的联系外，我们更需要提供环保及智慧的出行选择，包括步行及使用自行车等。

1　香港的绿色自然资源主要包括郊野公园、公园／休憩用地、风水林，以及自然山脊线等；而蓝色的水资源则主要包括维多利亚港、海滩、河道、湿地，以及水塘等。

2　为进一步加快推动地下空间发展，土木工程拓展署和规划署已于2015年6月联合展开"城市地下空间发展：策略性地区先导研究——可行性研究"。该研究旨在探讨在四个具策略性的地区（即尖沙咀西、铜锣湾、跑马地以及金钟／湾仔）发展地下空间的可行性，探讨个中机遇与挑战、制订地下空间发展总纲图、物色合适的地下空间发展项目，以及进行初步规划及技术评估。

3　为推动发展岩洞的工作，土木工程拓展署已于2012年9月展开"岩洞发展长远策略——可行性研究"，以针对岩洞发展制订长远策略。该研究将为公共机构及私营企业制定推动岩洞发展的政策指引、编制岩洞总纲图以预留策略性区域供岩洞发展，以及为合适政府设施订立有系统迁移至岩洞的计划。该研究检讨相关的技术指引、开发私营企业参与岩洞发展的机制，以及制定新批出土地的多层式业权分配架构。

4　在顾及运输需求、成本效益及新发展需要的前提下，《铁路发展策略2014年》建议在2031年的规划期内发展七个新铁路项目，包括北环线及古洞站、屯门南延线、东九龙线、东涌西延线、洪水桥站、南港岛线（西段）及北港岛线。在所有项目落成后，全港铁路的总长度会由2021年的270公里，伸展至2031年的逾300公里。

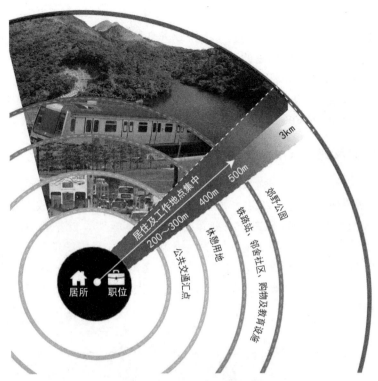

图 2-3　可达性的概念框架

　　《香港 2030 ＋》亦建议在都会区以外的地点增设策略性经济枢纽，拉近居所与工作地点的距离，同时构建高效率和四通八达的都市环境，以进一步鼓励步行和使用自行车代步。例如，在拟议的概念性空间框架下，粗略估计新界所占的全港职位比率将会较现时（24%）增加一半至 38%[22]。另外，与东大屿都会相关的"新界西北－大屿山－都会区"运输走廊，亦会为西部经济走廊提供运输上的支援，有助改善香港西部在地区及区域层面上的整体联系。有关措施不但减低各主要交通干道的负荷，更减少跨区的通勤需要，从而提升市民的生活质量。

2. 独特、多元及充满活力的城市

　　《香港 2030 ＋》建议继续推广香港的城市形象和独有的特色，并进一步巩固香港作为国际大都会的多元和具活力的特质。我们会彰显香港独特的"城、乡、郊、野共融"景致，以及保护物质和非物质文化遗产，保存香港中西及古今文化荟萃的特色。我们亦会致力提升在生活模式、休闲活动，以至居所方面的选择。

　　我们将继续推广及善用维多利亚港（下称"维港"）作为香港首要的地标，于维港两岸推动连贯的文化集群，以及提升海滨地区的环境质量和畅达性。以景观为例，于 1991年发表的《都会计划：选定的策略概览》首次提出了保护山脊线景观及从维港两岸的策略性观景点设立"20% 不受建筑物遮挡地带"的建议。有关建议已先后被《香港规划标准与准则》、个别分区计划大纲图，以及其他规划指引所采纳。香港的山脊线保护策略更在城市设计界被誉为是著名及有远见的规划方针[23]。自 1997 年起实施的《保护海港条例》亦为维港设立了一个严禁填海的推定，以确保维港会继续得到相关保护，作为香港特殊的公共资产及自然遗产。

以文化为例，西九文化区管理局正全力推动西九文化区的建设工程，以打造该区成为一个世界级的艺术文化及娱乐休闲的枢纽。有关发展将连同维港两岸现有及正进行改善工程的景点[1]，以及各类大型盛事活动[2]，进一步加强维港两岸的艺术文化氛围。随着《净化海港计划》渐见成效，维港的水质逐渐得到改善，特区政府亦在近年推广"亲水文化"。有关措施正好配合《香港 2030 ＋》的相关策略方针。

3. 蓝绿自然资源及健康城市

作为集约型城市，香港应在城市规划时，善用蓝绿自然资源，以缔造优质生活环境及促进城市的可持续发展。《香港 2030 ＋》整合了香港大片的蓝绿空间成为概念性全港蓝绿自然资源框架（图 2-4），配以相关的主要策略方针和措施[24]，此举将有助建设可持续发展的自然及都市环境、改善生活质量，以及促进市民福祉。当中的主要策略方针包括建立全港蓝绿资源网络（包括郊野公园、自然山脊线、海滩、河道等）、构建蓝绿基建、建立社区绿色网络、发展都市森林策略，以及推广可持续发展的都市环境等。

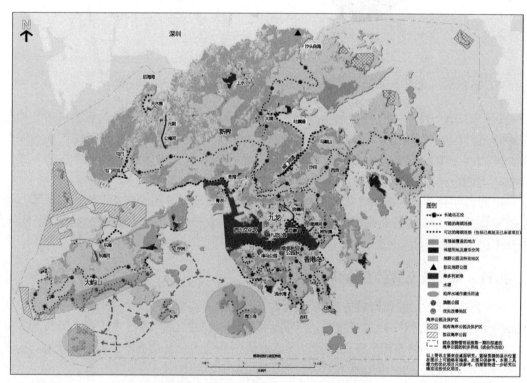

图 2-4　概念性全港蓝绿自然资源框架

就市区绿化而言，特区政府自 2004 年起已开展绿化总纲图计划，并已为全港市区制订绿化总纲图及完成有关的绿化工程。特区政府各部门在 2001 ～ 2011 年间总共在全

1　维港两岸的艺术文化景点包括香港文化中心、香港太空馆、香港艺术馆、海事博物馆、香港演艺学院、香港艺术中心、香港会议展览中心、油街实现、香港电影资料馆，以及海防博物馆等。
2　在维港进行的大型盛事活动包括香港国际龙舟邀请赛、烟花汇演、"幻彩咏香江"灯光音乐汇演，以及维港渡海泳等。

港各区栽种了约 11200 万棵植物，当中包括约 1880 万棵树木 [25]。《香港 2030 ＋》所建议的策略措施将延续我们多年来在市区绿化所取得的成果，令香港成为一个更宜居的绿色城市。

《香港 2030 ＋》认为健康的城市不但有助改善市民的健康质量，减低市民在都市环境下的压力，亦能减轻公共卫生服务方面的负担。因此，研究倡议透过优良的都市环境，促进市民的健康和福祉。当中包括建议在构建建设环境时注入"动态设计"[1] 概念，以鼓励市民多做运动和注重个人健康，并透过适切的城市设计、建筑设计及"动态运输"，推广多步行、多骑自行车及多做运动的健康生活模式。我们建议重塑城市和自然环境之间的共融及联系，促进生物多样性，以及推广环保措施。为缓解都市热岛效应、改善都市气候及应对气候变化，研究建议在城市规划和设计时，进一步注入都市气候及空气流通的考虑因素。

就空气流通而言，特区政府汲取了非典型肺炎疫情的教训，自 2003 年起一直在推行改善市区空气流通的工作，提出了多项短中长期的改善措施，当中包括研究把空气流通评估纳入到所有大型发展、重建计划和未来的规划，以及制定有关的评估标准和机制 [26]。根据有关建议，规划署在 2003 年 10 月开展"空气流通评估方法可行性研究"。当局在 2005 年后期完成有关研究，并制定出一套以表现效能为本的空气流通评估方法 [2]，以及一系列有助达到空气流通目标的规划及设计技术指引 [27]。相关技术指引已于 2006 年 7 月收纳在《香港规划标准与准则》的"城市设计指引"内 [28]，而同年 8 月《空气流通评估技术通告》亦颁布空气流通评估方法 [29]。

规划署亦在 2006 年 7 月开展"都市气候图及风环境评估标准——可行性研究"，以全面和科学的方式评估香港不同地区的都市气候特征，并探索改善香港都市环境的规划和设计措施。研究在 2012 年完成，并建议了六项都市气候改善措施，包括：增加绿化、改善建筑物通透度、减少地面覆盖率、改善与开敞地区的距离和联系、控制建筑物体积及控制高度。研究亦为香港制订了首份都市气候规划建议图（图 2-5）[3][30]，并为空气流通评估提出了风环境评估标准 [4]，以进一步完善空气流通评估机制，构建宜居及健康的城市。

4. 重塑优质的生活空间

优质的生活空间大致包括休憩用地、社区设施及居住空间。休憩用地是城市重要的活动空间，亦是市民生活空间的延伸。《香港 2030 ＋》建议就目前的人均休憩用地供应标准提高 25% 至每人不少于 2.5 平方米。善用土地资源，并在可行的情况下，提供超出最低标准的休憩用地。同时，研究倡议以全面且开放的思维，重塑公共空间。当中包括检讨有关公共空间（包括公园及街道）的现行政策、指引、功能、质量、设计、可达性，以及供应

1　"动态设计"是一种方法和思维以促进市民注重运动和个人健康，透过适切的城市设计及建筑设计，鼓励市民多步行、多运动和多参与康乐活动。
2　主要透过客观地比较不同设计方案的空气流通评估结果，并选取在空气流通方面效果最佳的设计方案。
3　都市气候规划建议图包含了五个都市气候规划建议分区（下称气候分区）。一般而言，气候分区 1 内的具价值都市气候特征应尽量予以保留。气候分区 3、4 及 5 的热负荷较高且风流通潜力较低，研究建议在适当情况下，把握机会以落实舒缓措施。在审慎规划及设计的前提下，研究建议气候分区 2 可用做满足香港的长远发展需要。
4　该标准包含了两套可达标的方法，包括评估表现要求（即为评估范围内的测验点订立若干的风速量化指标）或指定的设计措施要求（主要针对经验证后，在现实情况下仍无法符合评估表现要求的情况而设的一些硬性设计措施）。

和管理。有关检讨有望能确立及推进公共空间成为提供优质生活空间的重要元素。

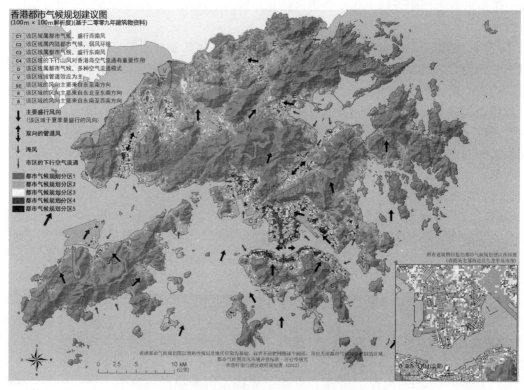

图 2-5　香港都市气候规划建议图

　　研究亦建议改善一些政府、机构或社区设施的供应，包括改善、重建未符合标准的设施（例如未符合标准的校舍）；提升空间供应（例如优质幼稚园）；及应对人口结构转变（例如社区长者护理设施），以提升城市的宜居度。

　　至于居住面积方面，就公营房屋及私人房屋单位的面积，《香港 2030 ＋》因应过往趋势分别采用 50m² 及 75m² 来计算新增房屋土地需求。尽管《香港 2030 ＋》没有设定人均居住面积的量化目标，但是研究在创造容量方面已加入改善居住空间的考虑。创造容量的策略性规划模式，可为人口估算上限提供 10% 的缓冲[22]。有关缓冲幅度可转化成"调配空间"，以提升生活质量，包括改善居住空间，长远提升香港的宜居度。

5. 更新都市结构

　　鉴于香港老龄楼宇的数量庞大，以及目前香港的市区更新规模有限，我们必须加快更新一些旧区。《香港 2030 ＋》建议旧楼重建将继续需要私人参与，但政府亦应进一步加大市区更新的力度及政策，令大范围残旧的市区得以活化，并改善生活环境。有关措施亦应包括加强有关楼宇管理及维修的措施，延长楼宇的寿命。除了促进重建、复修、活化及保护，以及透过规划、城市设计和其他措施，以推行市区改善工作外；亦应推行地区为本更新，并顾及地区特色和邻里关系。《香港 2030 ＋》提出了有关改造发展稠密市区的方针，市区重建局亦宣布会就油麻地和旺角两个旧区的重建、复修和改造方案进行地区规划研究，以探讨新的重建策略和路径。

6. 共融互助的城市

《香港 2030 ＋》倡议促进社会共融的规划和设计，以满足老龄化社会在规划需求上的转变、缔造家庭友善的建设环境，以及支援青少年发展。展望未来，我们建议建设一个共融及互助的环境，当中包括回应社会各年龄层对房屋的需求和期望、由公私营市场提供不同类型的住屋选择、推广在规划及设计建设环境时实践"通用设计"[1]、长者友善、"积极乐颐年"和"居家安老"等理念，为家庭（包括在育儿、托儿和跨代支援方面）提供支援，以及培育儿童和青少年（包括愉快学习）[31]，并同时照顾残疾人士的需要。

四、创造机遇及容量以迎接未来

规划宜居的城市能让我们的下一代安居乐业。"以人为本"是可持续发展规划的重要考虑。《香港 2030 ＋》元素二的创造经济机遇及元素三的创造容量亦包含了"以人为本"及可持续发展的目标。

元素二的整体方向是推动香港经济发展迈向高增值路线、促进经济领域多元化，以及创造技能层面广泛的优质职位，以提供更多经济机遇。研究亦建议为年轻人提供更多优质的工作选择，并开拓更多教育、技能培训和青年发展设施。在巩固四大支柱产业的同时，《香港 2030 ＋》亦建议促进创意产业和初创企业发展，包括提供合适的工作空间（例如共用工作间）及培育青年创业设施（例如企业培育、加速的设施及服务），以挽留、培育及吸引人才，以及释放本地劳动潜力。

元素三建议透过积极创造发展容量（即可供发展的土地和空间及运输和其他基建设施），以及创造、提升及再生环境容量（即环境对维持人类活动和生物多样性的能力），以达到可持续发展。为解决目前以至远期的土地需求，《香港 2030 ＋》建议为香港构建策略增长区及建立合理的土地储备。研究亦确立了保留生态、景观或历史价值高的土地，并建议先检讨已受破坏的土地和位于已建设区边缘的土地作适切的发展。研究亦建议了一套"智慧、环保及具抗御力的城市策略"，包括提倡可持续发展规划及城市设计、智慧出行，以及综合智慧、环保及具抗御力的基建系统，以减少碳排放及应对气候变化，令城市得以可持续发展[32]。

《香港 2030 ＋》建议订立概念性空间框架，把前述三大元素、策略方针及措施转化到空间规划（图 2-6）[22]。未来的发展将会集中在一个都会商业核心圈、两个策略增长区（包括东大屿都会及新界北）及三条主要发展轴（即西部经济走廊、东部知识及科技走廊，以及北部经济带），并继续保存本港的天然资源。有关框架将提供合适的发展容量，以应付本港的长远人口及住户增长，满足经济及社会的发展需要，并提供足够缓冲作为提升市民生活质量的所需空间。

1　"通用设计"是指一种采纳无障碍标准的设计方法，令广大市民，无论其多元背景、年龄或能力，均可享用到有关设计下的产品、环境及通信设施。有关建议主要针对私人住宅单位的设计，令长者住户能独立和安全地居住（例如确保轮椅用户能畅通无阻地在住宅单位内自由走动）。

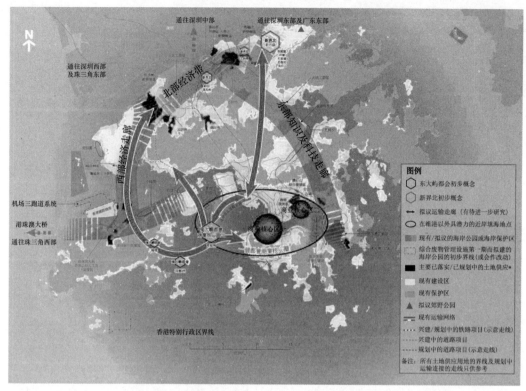

图 2-6 《香港 2030 ＋》拟议的概念性空间框架

五、总结

集约型城市已获"联合国永续发展大会"确认为 21 世纪的可持续发展模式。我国《国家新型城镇化规划（2014 － 2020 年）》亦提出"城市发展以密度较高、功能混用和公交导向的集约紧凑型开发模式为主导"的目标 [33]。

作为一个独特的集约高密度城市，香港在开拓高密度且高宜居度的城市发展方面已累积了悠久的经验。应对气候变化、人口老化、楼宇老化和通勤量高、改善空气质量和生活空间，以及推动低碳的智慧型经济和智慧型生活模式等，都是香港、内地及其他主要城市同样面对的挑战。因此，各地城市宜就城市发展的经验、创新意念及技术多作交流，以助进一步提升城市发展的质量。

长远策略规划让我们审视趋势、迎接机遇、明确定位、需要和发展策略，为城市创造容量及可能性。展望未来，《香港 2030 ＋》是香港长远可持续发展的蓝图，让我们构建一个宜居、具竞争力及可持续发展的国际都会。

本章作者介绍

李志苗女士为香港太平绅士，为香港特区政府规划署副署长。她持有文学学士和城市规划理学硕士学位。她是香港规划师学会资深会员和英国皇家城市规划学会会员。自1980 年代加入香港政府，她一直参与新市镇和地区规划、策略规划、大型发展项目以及一系列规划及工程可行性研究。目前，她是规划署副署长，负责香港 2030 ＋研究（全港发展策略更新）、跨境规划、大屿山发展策略、策略性增长区规划，以及规划署的中央专业事务工作。

参考文献

[1] Demographia. Demographia World Urban Areas 13th Annual Edition: 2017: 04 （Online）. Belleville, IL, United States: Demographia, 2017, [cited 2017 April]. Available from: http: // www. demographia. com/dhi. pdf.

[2] 统计处. 香港人口推算 2015—2064. 香港：统计处，2015, 9.

[3] 规划署.《香港 2030 ＋》专题报告 ——基线检讨：人口、房屋、经济及空间发展模式. 香港：规划署，2016, 11.

[4] 运输及房屋局.《长远房屋策略》2016 年周年进度报告. 香港，运输及房屋局，2016, 12.

[5] 差饷物业估价署. 私人住宅——各类单位售价指数 (全港)（自 1979 年起）[互联网]. 香港：差饷物业估价署，2017, 3 [引用于 2017 年 3 月]. 撷取自网页：http: //www. rvd. gov. hk/doc/en/statistics/his_data_4. xls.

[6] Demographia. 13th Annual Demographic International Housing Affordability Survey: 2017 （Online）. Belleville, IL, United States: Demographia, 2017 [cited 2017 March]. Available from: http: //www. demographia. com/dhi. pdf.

[7] 思汇政策研究所. 不公空间：探讨香港休憩用地的政策漏洞 [互联网]. 香港：思汇政策研究所，2017, 2[引用于 2017 年 3 月]. 撷取自网页：http: //civic-exchange. org/Publish/Logical docContent/20170224POSreport_FINAL. pdf.

[8] 运输署. 2011 年交通习惯调查研究报告. 香港：运输署，2014, 2.

[9] Moovit. 2016 年度全球公共交通使用情况报告：香港 新加坡 [互联网]. 以色列：Moovit；2016 年 12 月 [引用于 2017 年 3 月]. 撷取自网页：https: //media. wix. com/ugd/658d28_aed ba52adbfe4ed09f4af1dabbc4bfb0. pdf.

[10] 港铁公司. 港铁网络的列车可载客量和载客率 (立法会 CB (4) 854/15-16 (07) 号文件). 香港：立法会交通事务委员会铁路事宜小组委员会，2016, 4.

[11] 卫生署. 主要死因 [互联网]. 香港：卫生署香港健康宝库，2017 [引用于 2017 年 3 月]. 撷取自网页：http: //www. healthyhk. gov. hk/phisweb/zh/healthy_facts/disease_burden/major_causes_death/.

[12] 卫生署. 行为风险因素监测数字 [互联网]. 香港：卫生署卫生防护中心，2014 [引用于 2017 年 3 月]. 撷取自网页：http: //www. chp. gov. hk/tc/behavioural/10/280. html.

[13] 天文台. 香港气候变化：温度 [互联网]. 香港：天文台，2017 [引用于 2017 年 5 月]. 撷取自网页：http: //www. hko. gov. hk/climate_change/obs_hk_temp_uc. htm.

[14] 天文台. 特殊天气现象统计资料：热夜日数 [互联网]. 香港：天文台，2017 [引用于 2017 年 5 月]. 撷取自网页：http: //www. hko. gov. hk/cis/statistic/hngtday_statistic_c. htm.

[15] Chan EYY, Goggins WB, Kim JJ, et al. A study of intracity variation of temperature-related

mortality and socioeconomic status among the Chinese population in Hong Kong. Journal of Epidemiology & Community Health. First Published Online: 25October 2010. [cited 2017 March]. Available from: http: //jech. bmj. com/content/early/2010/10/25/jech. 2008. 085167.

[16] Lam CY. On Climate Changes Brought About by Urban Living. Hong Kong Meteorological Society Bulletin. 2006, 16 (1/2) .

[17] 天文台. 气候变化：香港气候推算 [互联网]. 香港：天文台，2016 [引用于 2017 年 5 月]. 撷取自网页：http: //www. hko. gov. hk/climate_change/proj_hk_info_uc. htm#temp.

[18] Ng EYY. Wind and heat environment in densely built urban areas in Hong Kong (invited paper) . Global Environment Research: a special issue on Wind Disaster Risk and Global Environment Change. 2009, 13 (2): 169-178.

[19] 运输及房屋局. 香港便览：铁路网络. 香港：特区政府，2016, 4.

[20] 规划署.《香港 2030 ＋》专题报告——宜居高密度城市的规划及城市设计. 香港：规划署，2016, 10.

[21] 运输及房屋局. 铁路发展策略 2014. 香港：特区政府，2014, 9.

[22] 规划署.《香港 2030 ＋》专题报告——概念性空间框架. 香港：规划署，2016, 11.

[23] Lehnerer, A. Grand Urban Rules. Rotterdam: O1O Publisher. 2009.

[24] 规划署.《香港 2030 ＋》专题报告——蓝绿空间概念性框架. 香港：规划署，2016 年 10 月.

[25] 土木工程拓展署. 绿化总纲图. 香港：土木工程拓展署，2012, 7.

[26] 全城清洁策划小组. 全城清洁策划小组报告——改善香港环境卫生措施 (立法会参考数据摘要). 香港：立法会食物安全及环境卫生事务委员会，2003, 8.

[27] 规划署. 空气流通评估方法可行性研究：研究结果摘要. 香港，规划署，2005, 11.

[28] 规划署.《香港规划标准与准则》第十一章：城市设计指引. 香港：规划署，2015, 11.

[29] Housing, Planning and Lands Bureau; Environment, Transport and Works Bureau. Technical Circular No. 1/06: Air Ventilation Assessment [Internet]. Hong Kong: SAR Government, 2006 [cited 2017 March]. Available from: https: //www. devb. gov. hk/filemanager/en/content_679/hplb-etwb-tc-01-06. pdf.

[30] 规划署. 都市气候图及风环境评估标准可行性研究：行政摘要. 香港：规划署，2012.

[31] 规划署.《香港 2030 ＋》专题报告——为不同年龄人士建构共融互助的城市. 香港：规划署，2016, 10.

[32] 规划署.《香港 2030 ＋》专题报告——香港 2030 ＋：智慧、环保及具抗御力的城市策略. 香港：规划署，2016, 10.

[33] 新华社.《国家新型城镇化规划 (2014 － 2020 年) 》第五章 [互联网]. 中国北京：新华社，2017 [引用于 2017 年 5 月]. 撷取自网页：http: //www. gov. cn/zhengce/2014-03/16/content_2640075. htm.

第三章 香港总体城市规划与政策导向
——启德发展的案例

何小芳

一、引言

香港地少人多，只有大约 1000 多平方公里的土地，包括香港岛、九龙半岛和新界，以及 230 多个大小不一的小岛。其中只有约 20% 为平地，其余约 80% 为山岭地带。由于香港的地理环境、土地资源紧张，要适切地容纳超过 700 万居民的房屋和社区需要，商业发展和就业等，同时亦要面对城市气候变化与生态和自然环境，居住环境和市民活动的互为影响，城市规划的重要性愈趋重要。

在 1841 年前，香港的居民聚居不同的地方，以务农和渔业为主，但亦有少许商业贸易。在 1842 年后，主要的商业活动都集中在维多利亚港两岸，尤以港岛沿海一带更是繁盛。当时外国人住在半山或以上，而华人则集中在太平山街一带。由于发生了瘟疫，所以在 1903 年，当时的政府制定了一条建屋条例，规定房屋的分隔，以保障空气流通[1]。这展开了政府立法规管城市发展的一页。至 1939 年，政府正式制定了城市规划条例，成为香港法例第 131 章[2]。

自始，由于社会、经济和政治环境愈来愈复杂，加上社会人士的期望亦增加，该条例主要在 1974 年、1991 年和 2004 年作出修订[3]，以符合社会进步和转变的需要。

现行城市规划条例的目的旨在为"有系统地拟备和核准香港各地区的布局设计及适宜在该等地区内建立的建筑物类型的图则，以及为拟备和核准某些在内发展须有许可的地区的图则而订定条文，以促进社区的卫生、安全、便利及一般福利"。[4]

香港的城市规划是根据香港法例第 131 章《城市规划条例》为基础。在规划的过程中，以政府的政策作为导向，并要考虑到实际的技术研究结果，包括环境和生境、交通、基建以及社会经济的相关信息和数据纳入城市发展研究中，并参考相关学术研究成果，以制定发展策略，并让公众参与，提供意见，以可持续发展的目标订定发展的规划大纲图[5]。然而，由于社会、经济和环境是不断改变的，所以规划亦必须考虑不同的改变而作出适时的修订。

这一章会以启德发展为案例，介绍香港如何在城市规划和设计上，在不同的规划层面，协调政策导向和不同的法例要求，包括历史因素、城市设计、保护海港、房屋密度、环境保护、交通运输、道路及基建、文物保护等领域，实践可持续发展的理念，以适应不断改变的环境、社会和经济发展的需要。

二、启德发展的背景

1. 启德机场的诞生

鉴于 1911 年辛亥革命后从广东省移入香港的居民日渐增多，为了满足一些较富裕阶层的居民的房屋需要，启德土地投资公司建议在九龙湾沿海填海造地，计划提供较优质的楼房，并在 1915 年获得政府同意，正式批准私人填海。当时的填海范围约 85hm² 土地，包括位于当时九龙城寨对出的九龙城码头至大环沿岸一带。发展商除负责填海工程费用外，还负责新增土地内有关的基建配套，如明渠、道路、海堤等，而实际可供发展的土地约 46hm²[1]。

九龙湾填海工程于 1920 年完成，并以发展商公司的名称"启德"命名。但由于当时环境卫生未尽完善，加上经济衰退，住宅区的发展未能全面推行。在 1924 年，香港航空会把新填地东面的空地用作飞机升降，同年亦有人向启德公司租赁约 24hm² 土地开设飞行学校及提供中港客货空运服务。而英国皇家海军亦利用启德空地作临时停泊飞机的基地。及后，皇家空军考虑到内陆飞机及海陆两用飞机的升降，于是政府动用资金收购原地，并进一步填海造地，增加机场面积以容纳大型飞机和水上飞机升降，并于 1930 年建成，以华人何启及区德二人的名字命名 [6, 7]。自此启德机场为日后的航空运输和经济发展开展了新里程。

在 1942 年，日军占领香港后，推出并落实机场扩建计划[1]。二战后，香港的转口贸易快速增长，启德机场的空运客货量不断增加，然而，机场未能达到现代国际航空的标准。为了维持香港转口贸易港的角色，政府在 1962 年完成扩建机场以达至国际水平[8]，对香港的经济发展有莫大帮助。

2. 机场的命运

香港在 1970 年代随着全球经济急速发展，启德机场的空运设施已不敷应用。同时，由于城市的发展，在启德机场的周边用地发展了很多房屋，一方面限制机场的安全和使用，同时飞机的升降噪声亦影响附近居民的生活及土地利用，所以在 1981 年，当时的港督麦理浩在施政报告中认为有需要兴建新机场[9]。但翌年，中英两国发表联合声明，为香港未来前途问题定调。之后，受到政治气候影响，时任港督尤德在 1983 年的施政报告中确认不兴建新机场，改为扩建启德机场[10]。

然而除了考虑政治上的不明因素，却亦必需考虑到实际的经济需要和技术考虑，所以虽然有政策上的指导仍然要以策略性研究作审慎和整体的计划。而当进行全港策略性研究时，却对机场的命运有不同的结果和提出另外的建议。

在决定香港的土地用途上，除了以《城市规划条例》为基础外，香港的规划制度是一个两层架构的制度，包括：(1) 全港层面的发展策略；(2) 地区层面的各类法定图则和政府部门内部图则[5]。

全港层面的发展策略是战略性地为未来发展订定一个空间规划框架，以及土地供应和城市规划的大方向。

全港发展策略的目的是审视香港的人口增长，环境、经济、居住的发展的需要，提供概括的规划大纲，作为香港未来发展以及兴建策略性基建设施指引，并为拟备地区层面的各类图则提供基础。规划署会在需要的时候而作出检讨修订。

在 1984 年公布的全港发展策略指出，到了 1984/1985 年度，启德机场的使用量会饱和，而至 1995 年香港机场出入境旅客仍会增加，达一倍之多 [11]。所以即使政府在 1985 年动工扩建，启德机场都会在 1992 年饱和，根本未能满足 1995 年出入境旅客的预计需求 [11]。

至 1987 年，港督卫奕信在施政报告中指出启德机场扩展潜力有限 [12]，于是规划署进行了"港口及机场发展研究"，同年并公布开展研究"都会计划"的规划策略，包括考虑到新机场落成机场迁移后启德区的规划 [13, 14]。在 1989 年施政报告中宣布进行一个全面的都市规划，称为"玫瑰园计划"，其中包括启动新机场计划，建议在大屿山大规模填海做新的机场，并以新的高速公路和铁路连接，并兴建一个新市镇，提供住宅和各项工商设施以支持机场发展 [15]，新市镇后来命名为东涌新市镇。当时社会一般认为是在对经济低迷的一支强心针。新机场在 1990 年代开始兴建，并在 1998 年 7 月正式启用。

三、启德发展区的规划过程

1. 最初建议的大规模填海

在 1991 年，政府在"都会计划"中，提出在启德机场进行发展的概念。由于当时人口的升幅较预期高，所以有需要大规模地发展 [1, 16]。在 1998 年政府发表东南九龙发展可行性研究，将启德机场及邻近地区并透过在周边填海约 300hm²，合并为东南九龙新发展区，全面规划 [17]，并制定东南九龙发展规划的总体发展大纲。

总体发展大纲的建议，必须在地区层面循法定程序纳入在拟备相关的法定图则内。法定图则是由城规会根据《城市规划条例》拟备和公布，有法定效力。这包括为个别规划区拟备的分区计划大纲图，并按地区划分土地用途，如不同密度的住宅、商业、工业、休憩用地、政府 / 机构 / 社区用途、绿化地带、道路及其他指定用途等，以便在未来落实和管制发展。

在 1998 年，当时的规划地政局局长行使特区行政长官授予的权力，根据城市规划条例，指示城规会为东南九龙地区拟备两份草图，即涵盖启德机场大厦及停机坪所在地的启德（北部）分区计划大纲图，以及涵盖启德机场其余范围和九龙湾拟议填海区的启德（南部）分区计划大纲图。面积共超过 600 多 hm²，其中建议填海约 300hm²，容纳约 32 万人口 [18, 19]。在根据城规条例刊宪后，很多公众人士反对并表示填海范围太大。城规会其后进行聆讯，深入讨论反对者的意见。

与此同时，在 1999 年，特区政府进行东南九龙整体发展修订的可行性研究。因应人口预计和对土地需求的改变，以及由于较多人口搬迁至新界地区，以至市区人口数目和比例都下降，而且亦有需要响应市民对填海工程的关注，于是在 2001 年，城规会修订两份相关的分区计划大纲图，把填海范围大幅度缩减至 133hm²，而总发展面积减至共约 500hm²，并减低容纳人口约 25 万人 [20, 21]。

在经修订的两张分区计划大纲图，首次纳入规划主题及城市设计网，达至环保和可持续发展。提出规划的主题是 [20, 21]：

（1）以人为本的发展，并借着建筑物高度递增的设计，保留不少于 20% 的山脊景观不受建筑物遮挡，以及设计及保留观景廊，让行人可以在完善的行人通路系统和优化的街道上欣赏维多利亚港和九龙群山（特别是塞拉利昂和飞鹅山）的景色。

（2）容易到达的优美海滨，以一条沿海滨而建的长廊与车辆分隔，方便游人眺望优美的维港风光。

（3）配合旅游业休闲生活的规划，包括发展达 25hm² 的都会公园，以及可容纳 5 万人的国际级体育馆，可以举办各类不同的体育、休闲和娱乐节目。

（4）以铁路为主的运输基建，提出以铁路网络为公共交通运输的主干，包括以新的沙田至中环铁路线与现时铁路的观塘线组成；并以一个环保公共交通系统连接区内各处。

（5）环保社区：提出以自动垃圾收集系统、区域式中央水冷却系统和太阳能应用设施等环保项目，在发展区内促进环保和减少对环境的影响。

（6）文化遗产：保留发展区内的文化特色和遗物，包括在宋皇台石刻放回原址并仿照从前的"圣山"进行园景美化，重塑在兴建启德机场前的风貌。另外，从海心公园内的鱼尾石设置观景廊至维港。

（7）市区重建：利用启德发展区的位置邻近旧区之便，当公共房屋和市区重建计划进行时，提供短期的迁移或作安置居民的地点，以有助顺利推行市区重建。

2. 保护海港条例的影响

虽然在地区层面上，有关东南九龙的两张法定分区计划大纲图已根据城市规划条例获得时任港督会同行政局的批核，但却还未落实推展有关的项目。

与此同时，民间开始对政府不断在香港岛和九龙半岛中间的维多利亚港填海表示关注。

早在 1995 年，一个名为"保护海港协会"的民间组织成立，以保护及保留维多利亚港为目标。他们认为维多利亚港是一个珍贵的自然风景资产，具有经济及社会价值，指责填海破坏景观和自然遗产，并要求政府在维港内停止填海。翌年，立法局议员陆恭蕙以私人草案形式，提出《保护海港条例》并提交立法局，而且于 1997 年 6 月获得通过。条例说明海港须作为香港人的特别公有资产和天然财产而受到保护和保存，除非有凌驾性的公众需要，不准在海港内进行填海工程 [1]。

2003 年，就着保护海港协会透过法律程序的司法复核，终审法院在 2004 年 1 月裁定每一项建议进行的填海工程均须进行评核和测试，以符合三项准则 [22]：

（1）有迫切性，具有充分理由及有实时需要；

（2）没有其他切实可行的选择；

（3）对海港造成的损害减至最少。

裁定的内容，规范了政府及私人在维港内进行填海的条件。

3. 启德发展区的重新规划

（1）从零填海出发

由于终审法院对《保护海港条例》释义，任何建议的填海工程须证明有"凌驾性公众需要"，及必须符合相关的三项准则的测试，启德发展计划由于并未开始落实，故此亦受此释义涵盖，而必须进行全面检讨及修订规划，以确保发展符合法律的规定。保护海港条例的确立，令都会区内尚未开展的填海项目，包括东南九龙（启德旧址）等发展计划亦被搁置。

在 2004 年，特区政府成立"共建维港委员会"，成员包括专业团体、商界、环保和保护组织、个别社会人士等。目的是让公众就维港及新海旁的规划、土地用途及发展向政府提供意见。而政府亦接纳委员建议，在检讨过程中加强公众参与[1]。

在 2004 年 7 月特区政府委托顾问检讨启德规划，以"零填海"出发，以确保发展符合法律的规划，研究拟备三个概念规划大纲图，并由共建维港委员会积极带领，广泛地让公众参与讨论，收集市民意见，以修订图则，建立共识[1]。

（2）城市设计指引

在 2003 年香港爆发了严重急性呼吸系统综合症又称"非典型肺炎"。政府从多方面考虑如何改善城市中的密集布局和环境。

由于香港的发展密度高，为了维持好的生活环境，规划署和城规会对于城市设计十分关注。在 2003 年，规划署发布了《城市设计指引》，城市设计关乎建筑群体和空间的关系，从而影响视觉景观和环境的联系；更包含建造公共空间，方便市民互动，以及经济、社会、文化的发展[23]。

《城市设计指引》是提供多层面的考虑，包括宏观的天然和地理上的特点以及人文、社会经济的资源和人造的城市环境、建筑物高度的城市轮廓，集中程度和分析，特色和历史文物环境的协调，建筑物高度和山脊线的保护等。

在中观层面上，考虑天然景观在地理和视觉影像的直接和间接影响，人造环境中街道模式，景观廊、光线和空气的流动、通风廊的考虑、地区文物的协调等。

在微观方面，与天然环境景观的配合、街道和行人环境的功能和布局、人本比例和空间感等。

此外，亦特别关注海旁用地，特别是维多利亚港两旁的设计，指定应以维护维港为特别天然资产，并加以发挥利用。沿海旁的用途应多元化，预留用地作文娱、旅游相关，康乐和零售，以注入生气，让公众休闲娱乐，而建筑物的高度和外形亦鼓励多元化设计发展的建筑群，较低的建筑物应在海旁地区，较高的建筑物应靠近内陆以增加空间感，营造高低有别的建筑物高度轮廓，增加可观度[23]。

（3）空气流通评估

在 2003 年严重急性呼吸系统综合症爆发后，政府成立了"全城清洁策划小组"，并根据其建议研究把空气流通评估纳入所有大型发展或重建计划，以及第一份可持续发展策略的可行性，以促进可持续城市规划和设计。在 2005 年，规划署完成了空气流通评估的应用纲要并发出相关的技术通告，规定在大型发展时需要进行空气流通评估[24]。

由于启德发展区位于东南九龙的海滨，当启德发展区落实后，会对周边环境产生重要的潜在影响，以至居民的健康，所以在研究启德发展的规划时，首次在不同研究阶段进行空气流通评估，以计算机模型分析了风的方向、风速廊线和分布，拟议规划图内楼宇和街道的布局及高度，在不同的试点，研究布局对风流的效果，以及对邻近内陆地区风流向的影响。并根据初步结果改善布局，以达至启德发展区的发展对周边地区风环境的影响减至最少[25]。

（4）公众参与

公众参与是可持续发展的重要一环。启德发展计划除了不同的技术评估外，市民的参与讨论和支持是十分重要的。启德发展计划的公众参与，主要由"共建维港委员会"牵头和督导，并成立"东南九龙发展计划检讨小组"，就有关计划提供意见，公众参与以三个阶段进行。首阶段的目的是让市民在研究开始时也可以参与，协助构思于维港主要海旁用地的发展理想。根据第一阶段收到的意见，拟备了三份不同概念规划大纲图，在第二阶段让公众透过公开和知情的方式讨论，建立共识。从而拟备初步发展大纲草图，让公众提出意见作参考，以优化相关的规划[26]。

经过 2004～2006 年的三个阶段公众参与计划，启德发展区的规划主题确立为"香港文化、绿茵、体育和旅游枢纽"。

4. 启德分区计划大纲图

2006 年，特区行政长官会同行政会议根据城市规划条例，把启德（北部）分区计划大纲核准图和启德（南部）分区计划大纲核准图发还城规会，以一份新图则取代。同年城市规划委员会公布"启德分区计划大纲图"，并于翌年获行政长官会同行政会议正式通过[27]。

鉴于当时的人口预算远较以往的低，同时又更着眼于优质的生活质量和居住环境，故此大幅度减低楼宇发展的密度。总发展面积减至约 320hm²，包括前启德机场旧址和邻近地区，不涉及填海。计划的目标是把启德打造成有特色、朝气蓬勃、优美动人和与民共享的新社区。并包含环保元素如区域供应系统等。计划包括提供公私营房屋，包括低密度住宅，以容纳约 86000 人口及 85400 个就业机会。并有多项大型发展项目，包括邮轮码头、多用途体育馆、24hm² 的都会公园、直升机场等[27]。

这张分区计划大纲图亦特别着重城市设计和园景大纲。在设计原则方面，亦强调楼宇以"不设平台"的设计概念，避免在大厦的低层兴建大型的平台发展，以助改善街道环境的空气流通，以达至理想的行人环境[27]。

此外，为了缔造错落有致的都市轮廓线，特别考虑了毗邻地区建筑物的规模、类型和高度的变化，并加上一些地标建筑物，令都市的设计更活泼多姿。就此，为了避免出现过高及不协调的建筑物，破坏区内的景观，所以在分区规划大纲图上就不同地盘上加入建筑物高度和密度的限制，以及划设不同宽度的非建筑用地和令建筑物后移；并考虑包括整体梯级状高度概念，该区地形和特色，区内风环境，景观廊的布局以及平衡公众利益和私人发展权等因素[27]。

启德发展规划的另一个重点是要共享景观，山峦和海港，以至旧机场跑道本身狭长的形状都是重要景点，必须透过城市设计保存，以及增加观景廊让市民欣赏[27]。

为了达至舒适的居住和行人环境，特区政府亦进行空气流通评估，审视现有风环境及区内各发展用地的拟议建筑物布局和高度可能对行人通风环境所造成的影响，并把发展项目纳入与盛行风相同方向的主要气道，让风渗进区内，确保区内有天然风畅通，提升区内居住环境的舒适度和优质地面公共空间及开敞景观。

在 2009 年环境影响评估条例下，启德分区计划大纲图的建议已完成环境影响评估报告，并提交环境保护署及环境咨询委员会审核，并获得环境保护署署长批准。报告中显示，在实施建议的缓解措施后，启德发展计划的建设和营运都将符合相关环境标准和法规[28]。

5. 因时制宜，灵活调整

城市规划必须考虑社会上不断演变的各方面，如经济发展、市民的需要、环境的改变，以及在落实时发现的机遇和挑战，而作出灵活及合理的调整，适切地响应社会的要求，以更符合可持续发展的原则。

（1）保留遗迹——龙津石桥

在 2008 年当特区政府就着《启德分区计划大纲图》的规划，根据环境影响条例进行环境影响评估期间，进行了考古勘察，竟然发现了 19 世纪的龙津石桥的遗迹。龙津石桥在 1873 年动工兴建，具有 137 年历史。包括总长度约 200m 的石桥是通往九龙城寨的码头，并有两层高的"接官亭"，刻画了九龙城区自 19 世纪末至 20 世纪中期的发展足迹，在二战日治时期，石桥和加建部分遭拆毁，并被扩建启德机场的新填海工程埋藏。

特区政府决定保留历史文物并融入启德发展计划，与附近九龙寨城公园相互呼应，并举办一系列的公众参与活动，让市民实地参观发掘出来的遗迹，更邀请历史学家解说，以提供充分资料让市民讨论，寻求共识，以制订和改进保护石桥的方针[29]。最终在 2009 年，启德分区计划大纲图作出修订，把原址保留状况较佳的石桥部分和"接官亭"改动周边用途，令遗迹与周边融合，成为 30m 宽的保护长廊，让市民近距离观看遗迹。并在 2012 年修订启德分区计划大纲图，以纳入多项城市设计优化[30]。

（2）增加房屋供应

随着社会的演变和人口的增加，以及对房屋的需求与日俱增，特区政府需要增加房屋供应以满足市民的需求。

在 2016 年，特区政府完成了重新检视启德发展区内用地的规划，并考虑了相关的技术评估包括规划、基建、交通及环境等因素，以及"香港规划标准与准则"。建议透过把一些地盘改划土地用途，或增加地盘的发展密度，可以额外增加约 33 万 m^2 商业楼面面积和约 11000 个住宅单位，居住人口由约 10.5 万人增至 13.4 万人，以配合最新的商业发展和市民对住屋的需求。

建议已在 2017 年获城市规划委员会同意，并修订启德分区计划大纲图[31]。

（3）优化保护和发展融合

除了龙津石桥外，港铁公司于兴建沙中线铁路土瓜湾站工程范围内，亦发掘出具文物价值的古井和考古文物，而根据古物古迹办事处的意见，附近仍可能存有考古遗存。所以把相关范围改划为"休憩用地"发展为"古迹公园"并可和附近的宋皇台公园一并规划设计，以提供适当的环境和氛围，并保护及展示相关的考古发现，让市民欣赏和作教育用途。

6. 细发展的设计——微气候的考虑

在启德发展区内的公共屋邨，在详细设计时运用了"微气候"研究，让居民可以享受优质舒适的生活。"微气候"是指一个地区的气候，受周围环境影响而产生的变化。"微气候"以科学为根据，技术上透过采用计算流体动力模拟测试、风洞测试和日照模拟测试等工具，比较不同的设计方案，借以微调和优化规划及建筑布局，适用于屋邨的设计，以创造舒适的户外和室内环境。包括：（1）关注风环境以提高建筑物的透风度并加速吹散污染物，达至较佳的空气质量；（2）加强在室内的自然通风，让住宅单位的空气流通，并优化地面行人区和休憩用地等，提升居住环境的质量；（3）注意日照和遮阳，并规划户外地方和康乐用地时，提供遮阳设施，并拣选适当的植物品种，增强绿化及减低热岛效应[23]。

四、结语

由于香港的土地有限，但要应付人口不断增加，以及对房屋、经济就业、社区设施以及对生活质量、保护环境和公众参与的要求日益增加，所以必须从多方面迎接新机遇。

城市规划必须因时制宜，保持开放和弹性，才能满足急速转变中的社会、经济和环境的需要，达至可持续发展。

在这一章，我们在历史角度重温了启德发展的过程，了解到它的发展和当时社会经济以至政治上的关系。我们亦审视了香港的城市规划条例和两层规划架构在体制上的政策导向和协调。同时亦窥探城市发展和一些其他法规的互动和规管，包括保护海港条例和环境影响条例等。至于启德发展的规划，我们见证了规划的演变，以及不同范畴的考虑，包括城市设计的元素、发展密度和高度以及城市的轮廓、景观、风环境和空气流通评估以至微气候的考虑等都在不同阶段发挥作用，以创造一个优质的可持续发展环境。

本章作者介绍

何小芳女士是香港规划师学会资深会员和注册专业规划师，有超过 30 年在政府及私人机构的规划经验，于 1991 年成立建港规划顾问有限公司并任职董事。她曾任规划师注册管理局主席和香港规划师学会义务司库，现任持续专业发展委员会主席。她获香港特区政府委任多项公职，包括环境咨询委员会委员、郊野公园及海岸公园委员会委员和水质事务咨询委员会委员等。现为可持续发展委员会委员。于 2016 年获香港特区政府颁发荣誉奖章。学术方面，她是香港大学城市规划理科硕士及香港中文大学社会科学荣誉学士。在就读香港大学期间曾两度获香港规划师学会颁发奖状。她自 1992 年起为香港大学担任城市规划硕士课程的兼任讲师 / 兼任助理教授，负责教授城市规划及社区规划。著作包括有关土地用途、环境和经济发展的研究报告等。

参考文献

[1] 何佩然 . 城传立新——香港城市规划发展史 (1841-2015) . 香港 : 中华书局 (香港) 有限公司，2016.

[2] Town Planning Office of Buildings and Lands Department. Town Planning in Hong Kong. Hong Kong: the Government Printer, 1988.

[3] 规划署 . 2004 年城市规划 (修订) 条例 – 资料单张 [互联网]. 香港 : 规划署，2005[更新于 2016 年 4 月 12 日；引用于 2017 年 9 月 22 日]. 撷取自网页 : http: //www. pland. gov. hk/ pland_tc/tech_doc/tp_bill/pamphlet2004/index. html.

[4] 《城市规划条例》, 香港 [互联网]. [引用于 2017 年 9 月 22 日]. 撷取自网页: http: //www. blis. gov. hk/blis_pdf. nsf/CurAllChinDoc/BA93A4BB4780F729482575EE003FA8E3/$FILE/ CAP_131_c_b5. pdf.

[5] Lawrence WCL, Ki F. Town Planning Practice: Context, Procedures and Statistics for Hong Kong. Hong Kong: Hong Kong University Press, 2000.

[6] 刘蜀永 , 萧国健 . 香港历史图说 . 香港 : 麒麟书业有限公司 , 1998.

[7] 陈昕 , 郭志坤 . 香港全纪录 . 香港 : 中华书局 , 1997.

[8] "Committees – Kai Tak Airport – Financial & Commercial Implications of the Scheme for a New Airport", HKRS163-1-1581 (1953 October 6) . Hong Kong, 1953.

[9] Hong Kong Legislative Council. The Legislative Council Debates Official Report (7 October 1981) [Internet]. Hong Kong: Hong Kong Legislative Council, 1981 [cited 2017 September 22]. Available from: http: //www. legco. gov. hk/yr81-82/english/lc_sitg/hansard/h811007. pdf.

[10] Hong Kong. Legislative Council. Official Record of Proceedings (1983. 02. 23) [Internet]. Hong Kong: Hong Kong Legislative Council, 1983, [cited 2017 September 22]. Available from: http: // www. legco. gov. hk/yr82-83/english/lc_sitg/hansard/h830223. pdf.

[11] Strategic Planning Unit. Territorial Development Strategy: Volume 1. Hong Kong: Government Printer, 1982.

[12] 香港立法局辩论正式纪录 [1987 年 10 月 7 日]. 香港 , 1987.

[13] 香港规划环境地政科 . 都会计划 : 初步提供的选择 . 香港 : 香港政府印务局 , 1988.

[14] 规划署 . 港口及机场发展策略 : 香港的发展基码 . 香港 : 香港政府印务局 , 1991.

[15] 立法局会议过程正式纪录 [1989 年 10 月 11 日]. 香港 , 1989.

[16] Hong Kong Lands and Works Branch. Metroplan: The aims. Hong Kong: Government Printer, 1991.

[17] 茂盛 (亚洲) 工程顾问有限公司 . 东南九龙发展可行性研究 . 香港 : 拓展署九龙拓展处 , 1998.

[18] 城市规划委员会 . 启德 (南部) 分区计划大纲草图编号 S/K21/1: 说明书 . 香港 : 城市规划委员会 , 1998.

[19] 城市规划委员会 . 启德 (北部) 分区计划大纲草图编号 S/K19/1: 说明书 . 香港 : 城市规划委员会 , 1998.

[20] 城市规划委员会 . 启德 (南部) 分区计划大纲草图编号 S/K21/2: 说明书 . 香港 : 城市规划委员会 , 2001.

[21] 城市规划委员会 . 启德 (北部) 分区计划大纲草图编号 S/K19/2: 说明书 . 香港 : 城市规划委员会 , 2001.

[22] Harbour-front Enhancement Committee. Protection of the Harbour Ordinance and the Court of Final Appeal Judgment. [Internet]. Hong Kong: Harbour-front Enhancement Committee, 2004 [cited 2017 September 22]. Available from: http: //www. harbourfront. org. hk/eng/content_page/ doc/Paper_2-2004. pdf.

[23] 规划署 . 第十一章 : 城市设计指引 [互联网]. 香港 : 规划署 , 2005[更新于 2015 年 12 月 ; 引用于 2017 年 9 月 22 日]. 撷取自网页 : http: //www. pland. gov. hk/pland_tc/tech_doc/ hkpsg/full/ch11/ch11_text. htm.

[24] 前房屋及规划地政局和前环境运输及工务局 . 第 1/06 号 : 空气流通评估技术通告 [互联网]. 香港 : 发展局 , 2006. [引用于 2017 年 9 月 22 日]. 撷取自网页 : https: //www. devb. gov. hk/ filemanager/en/content_679/hplb-etwb-tc-01-06. pdf.

[25] 土木工程拓展署 . 启德新里程 – 第三期通讯 (2010 年 12 月) , 2010 [引用于 2017 年 9 月 22 日]. 撷取自网页 : http: //www. ktd. gov. hk/photo/kaitak_newsletter_dec. pdf.

[26] 都市规划 - 茂盛 (亚洲) 联营顾问 . 启德规划检讨 : 行政摘要 . 香港 : 规划署 , 2007.

[27] 城市规划委员会 . 启德分区计划大纲核准图编号 S/K22/2: 说明书 . 香港 : 城市规划委员会 , 2006.

[28] Maunsell Consultants Asia Ltd. Kai Tak Development-Environmental Impact Assessment Report: Impact Summary. Hong Kong: Environmental Protection Department, 2009 [cited 2017 September 22]. Available from: http: //www. epd. gov. hk/eia/register/report/eiareport/ eia_1572008/EIA/EIA_HTML/Vol%201%20-%20TOC. htm.

[29] 土木工程拓展署 . 启德新里程 – 第三期通讯 (2010 年 9 月) , 2010 [引用于 2017 年 9 月 22 日]. 撷取自网页 : http: //www. ktd. gov. hk/photo/kaitak3mb. pdf.

[30] 城市规划委员会 . 启德分区计划大纲核准图编号 S/K22/4: 说明书 . 香港 : 城市规划委员 会 , 2012.

[31] 城市规划委员会 . 启德分区计划大纲草图编号 S/K22/5: 说明书 . 香港 : 城市规划委员会 , 2017.

第二部分：香港生态环境保护与控制

第四章 控制空气污染以改善公众健康

陆恭蕙

空气污染显然会对公众健康构成不良影响，但直至近年这问题的严重程度才变得更为清晰。世界卫生组织（下称"世卫"）在提供有关问题的实际数据方面一直担当重要角色。世卫于 2014 年 3 月指出，在 2012 年有约 700 万人因受空气污染影响而死亡，占全球死亡人数 1/8。上述死亡数字是以往估计的两倍有多，意味着空气污染是全球最大的环境健康风险 [1]。在 2016 年 9 月，"世卫"的新空气质量模型显示，全球 92% 的人口所住地区的空气质量水平差于世卫的空气质量指引。近九成与空气污染相关的死亡发生在低、中收入国家；死因大多是心血管病、中风、慢性阻塞肺病和肺癌。空气污染亦会增加急性呼吸道感染的风险 [2]。

在许多经济快速发展的地区，空气污染对公众健康时刻构成威胁。空气污染除了造成直接经济损失外，亦引致公众病患及痛苦，家人的重病会冲击整个家庭，带来庞大的社会成本开支。空气污染特别容易影响脆弱群体，如孕妇、儿童、老人和病患者。此外，空气质量已成为一个有关竞争力的议题。与空气清新的城市相比，空气污染程度高的城市的竞争力较低。这对金融、商业与高科技中心的影响可能最为明显，因这些行业需要吸引受过高度培训和薪酬较高的人才（及其家属）愿意移居和留下工作。

中国多个区域正受到高空气污染状况困扰。因此，治理污染已成为国家优先的施政事项。2013 年 9 月颁布的《大气污染防治行动计划》，是推动全国加强力度改善空气质量的重要计划。在过去十年，广东省在改善空气质量管理方面在全国处于领先地位。2016 年的数据显示，珠江三角洲的 23 个空气监测站中，有 15 个二氧化硫、二氧化氮、可吸入悬浮粒子和微细悬浮粒子的水平，均符合中国的国家环境空气质量标准二级年均浓度限值 [3]。香港特别行政区亦是全国在推行良好空气质量管理的另一重要典范，尤其是香港特区政府一直与广东省政府保持长期合作，致力改善区域空气质量取得的成果。

本章节介绍香港的本地空气污染管制及粤港区域合作的背景，并举例说明 2012 ~ 2017 年期间的重要政策改变。重点在于阐述以实证为本方法协助决策、制定清晰的政策目标和具有问责性行动计划的重要性，以及区域内不同地区政府间的合作可对改善空气质量带来最大的裨益。

---

1 世卫于 2014 年 3 月 25 日发布的新闻稿指每年有 700 万例过早死亡与空气污染有关。此数字（700 万）包括因室内和室外空气污染而过早死亡的人数。如果只计算大气环境空气污染，过早死亡数字约为 370 万人。

一、建立以实证为本的政策制定原则

了解关于空气污染的科学，对任何政府制定适当的政策非常重要。污染排放源有很多，来自许多不同活动，包括发电、工业和制造业、交通与物流、垃圾焚化、商业活动甚至家居层面。污染物可以从最初的排放源被风带到另一个地方。因此，空气污染可来自本地、区域甚至是远程区域的排放源。污染物可能是原生（直接从源头排放）或次生的（在大气中经化学反应产生，例如臭氧），如何有效地控制后者是个相当大的挑战。由于实施管控措施会影响许多经济活动，因此，要争取政府官员和受影响各方的支持，量化管制措施的效益是十分重要的。而管制措施对公众健康带来的裨益是最明显的效益。

管制污染和空气质量管理需要采取多方论证的方法。在高污染的环境下，我们可借着管制所有污染排放源以减少它们的排放，从而改善空气质量。但随着空气质量逐渐改善，进一步减少污染将更困难。换言之，一旦实施了容易取得减排成果的措施后，要进一步改善现况将更具挑战性。因此，深入理解空气污染科学对于决策者制定下一步改善工作非常重要。若我们未能掌握实况，便不能对症下药以持续改善空气质量。完善的空气污染监测和数据分析对厘定未来工作的优次十分重要。船舶的污染物排放便是一个好例子。过往，船舶的污染物排放一直被忽略，但原来它是个相当大的污染源，特别在港口城市如香港、深圳、广州和上海。河口城市也同样受影响。除了要理解空气污染物和它们如何影响健康，我们亦需知道个别地方的气象条件及地形对空气污染的影响。以香港为例，狭窄街道两旁的高楼大厦会形成"街道峡谷"，积聚空气污染物，特别是在街上车辆排放的废气。针对重污染的车辆管制排放，可以非常有效地减少路边空气污染。街道峡谷不只妨碍空气污染扩散，还影响空气流通，积聚热能，加剧热岛效应和全球暖化。以气流测绘和模拟为建筑物选址，有助减少空气污染和热能积聚（见第十一章）。此外，善用科学亦有助执法。举例说，评估和监察管制措施的成效是一项需要高技术的工作；而使用传感器和航拍机可协助确认污染源和违例者，但执法人员需先做试验，了解如何有效地应用这些新科技。

当局必须继续投放资源，培训环境职系人员，加强他们的知识和能力。政府官员可以通过与内部和外部的各类专家合作，制定更好的政策和管制措施。采用以实证为本的多方论证方法有助相关官员针对空气污染源估算改善公众健康的程度和其他裨益、评估管控措施的成果，以及制定工作的优先次序。政府有实际诱因确保学术界和专业界具备丰富知识，因为只有通过长期合作和共同学习，一个城市、区域或国家才能建立应对环境问题必需的能力。区域伙伴之间的合作，例如香港、澳门和广东省（参见下文）已促成共同学习，以加快整体的改善。国际的合作亦很重要，包括与世卫和世界气象组织等机构的协作。这些领导机构是世界各地的专家交流经验的平台，并一直推动实践多方论证的环境管理方法。

现今的传媒和市民都会提出不少有关空气污染的疑问。这有利于当局提高公众对空气质量议题的关注和认识。当市民日益关注空气质量对他们健康的影响时，对空气污染事件预报的需求亦会随之增加，并会把空气污染指数与公众健康联系。与市民接触时，沟通与设计技巧是相当重要的，必须把复杂的信息和建议转化为简单及可行的信息，并附以吸引的图像，以便通过电子途径和社交媒体传播。

二、阐明政策与行动计划

要做到良好管治，决策者须清楚阐明政策和行动的前提，及预期的效果。决策者亦须监察所采取的措施能否达到预期效果，满足公众问责的期望。如果管控措施未达预期效果，决策者应解释原因，然后重新制定计划。

1. 计划、目标、时间表与特定措施

在 2013 年，香港制定了一套新的政策和行动计划——《香港清新空气蓝图 2013》（简称《蓝图 2013》），明言香港的施政重点为减少空气污染和相关的公众健康风险[4]。在该政策下，决策者会优先考虑推行可减少空气污染对市民的影响及整体污染水平的措施。《蓝图 2013》承诺香港特区政府会采用以世卫的空气质量指引作为恒常参考。虽然香港现时的空气质量与达到世卫的空气质量指引尚有相当距离，但以此为长远政策参考，肯定了政府以应对空气污染作为首要任务的决心。由于空气污染是影响公众健康的一个主要风险，减少空气污染是政府改善市民健康的最重要途径之一。《蓝图 2013》解说如何达到 2015 年和 2020 年的空气污染物减排目标，包括有关车辆、船舶、发电厂和非路面流动机械的具体管制措施（表 4-1）。由于车辆、船舶和发电厂是本地的主要污染源，本章节将主要介绍管制它们的措施。香港已经达到 2015 年的减排目标，香港环境保护署现正与广东当局合作，确立 2020 年的减排目标。

香港的 2015 年减排目标和 2020 年减排幅度　　　　　　　　　　　　　　　表 4-1

污染物	2015 年减排目标 *	2020 年减排幅度 *
二氧化硫	25%	35% ～ 75%
氮氧化物	10%	20% ～ 30%
可吸入悬浮粒子	10%	15% ～ 40%
挥发性有机化合物	5%	15%

* 以 2010 年的排放量为基准。

2. 空气污染科学与健康研究的持续投资

《蓝图 2013》阐明香港的空气质量管理系统，以及为减少空气污染所采取的管控行动。这涉及科学投资，因为排放数据的收集、处理与分析至为重要。这些年来，香港设立了空气监测网络，其中包括三个路边监测站。香港在处理数据样本质控和数据分析方面亦建立了强大的能力。此外，能提出正确的科学问题，从而促进研究，对减少排放亦很重要，因此环境职系人员需要与非政府专家经常交流，特别是大学学者，因为他们能协助解决许多复杂的科学问题。

由于公众健康是广受公众关注的议题，投放资源评估相关的健康影响和引起的经济代价甚为重要。香港环境保护署不断研究空气质量和健康的重要项目。香港的大学和智库亦

在研究方面贡献良多。表 4-2 介绍了香港环境保护署最近的一些研究。

香港环境保护署的主要空气质量和健康研究（2012 年～ 2017 年） 表 4-2

研究项目	香港悬浮粒子的个人暴露
	评估暴露于空气污染而导致的无临床症状健康影响的生物指标初步研究
	香港空气污染的健康与经济影响的评估工具开发
	珠江三角洲地区挥发性有机化合物和光化学臭氧研究
	珠江三角洲地区主要工业空气污染源研究
	香港悬浮粒子的综合数据分析和特性
	香港 PM2.5 组分分析研究

3. 每五年的法定检讨

香港的空气质量管理系统近年的另一重要改进，是在管制空气污染的主要法规 ——《空气污染管制条例》中的一项修订，规定定期检讨空气质量指标。空气质量指标是香港的空气质量标准，与国内标准相似。现时法例要求香港特区政府须最少每五年检讨空气质量指标一次，通过由专家、专业人士、持份者和团体参与的讨论过程，考虑应否修改空气质量指标[1]。这是假设实施更多减排措施后，空气质量指标应可随空气质量改善而收紧。收紧空气质量指标亦有助推动更多减排工作。此外，世卫亦会凭借最新的健康知识，定期检讨其空气质量指引（表 4-3）。

香港以往及现行的空气质量指标及世卫的空气质量指引 表 4-3

污染物	平均时间	以往空气质量指标		现行空气质量指标		世卫空气质量指引及中期目标（微克 / 立方米）			
		（$\mu g / m^3$）	容许超标次数	（$\mu g / m^3$）	容许超标次数	中期目标 -1	中期目标 -2	中期目标 -3	空气质量指引
二氧化硫	10 分钟	—	—	500	3	—	—	—	500
	1 小时	800	3	—	—	—	—	—	—
	24 小时	350	1	125	3	125	50	—	20
	1 年	80	—	—	—	—	—	—	—
总悬浮粒子	24 小时	260	1	—	—	—	—	—	—
	1 年	80	—	—	—	—	—	—	—

---

1 首套空气质量指标订立于 80 年代，并于 2014 年更新。

续表

污染物	平均时间	以往空气质量指标		现行空气质量指标		世卫空气质量指引及中期目标（微克/立方米）			
		（μg/m³）	容许超标次数	（μg/m³）	容许超标次数	中期目标-1	中期目标-2	中期目标-3	空气质量指引
可吸入悬浮粒子（PM10）	24h	180	1	100	9	150	100	75	50
	1年	55	—	50	—	70	50	30	20
微细悬浮粒子（PM2.5）	24h	—	—	75	9	75	50	37.5	25
	1年	—	—	35	—	35	25	15	10
二氧化氮	1h	300	3	200	18	—	—	—	200
	24h	150	1	—	—	—	—	—	—
	1年	80	—	40	—	—	—	—	40
臭氧	1h	240	3	—	—	—	—	—	—
	8h	—	—	160	9	160	—	—	100
一氧化碳	1h	30000	3	30000	—	—	—	—	30000
	8h	10000	1	10000	—	—	—	—	10000
铅	3个月	1.5	—	—	—	—	—	—	—
	1年	—	—	0.5	—	—	—	—	0.5

三、具体管制措施

我们有强大理论依据支持以针对性减排措施减少市民接触空气污染物。研究显示香港市民的最大健康风险是在路边接触的空气污染物。此外，由于香港是个主要港口，船舶排放物是最大的本地空气污染排放源（表4-4及图4-1），因此也非常值得关注。《蓝图2013》积极解决这两个问题。

香港空气污染物的主要排放源（2015年）　　　　　　　　　　　　表4-4

污染物排放源	排放量（t）			
	二氧化硫	氮氧化物	可吸入悬浮粒子	挥发性有机化合物
公用发电	7280	26090	580	420
道路运输	40	16200	490	4800

续表

污染物排放源	排放量（t）			
	二氧化硫	氮氧化物	可吸入悬浮粒子	挥发性有机化合物
水上运输	11460	33900	1860	4160
民用航空	510	5000	50	710
其他燃烧	240	10450	800	1040
非燃烧	N/A	N/A	910	15320
生物质燃烧	10	60	740	160
总排放量	19540	91700	5430	26610

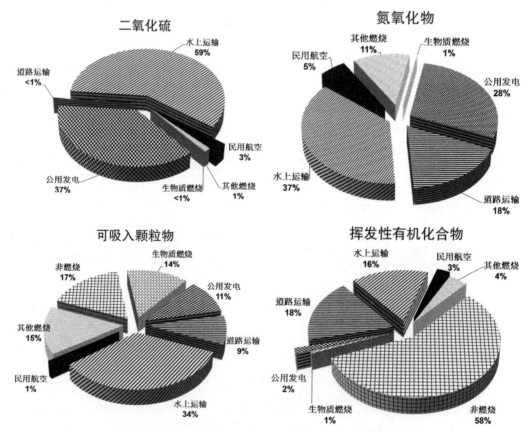

图 4-1 香港空气污染物的主要排放源（2015 年）

1. 减少路边空气污染

要减少香港市民每天接触空气污染，最有效的方法是针对解决高污染车辆的问题，以改善路边空气质量。高污染车辆主要包括老旧柴油商业车、缺乏适当保养的的士和公共小巴，以及柴油专营巴士。

香港特别行政区政府已结合控制和经济诱因的方法，制定计划减少这些类型车辆的排放。对于柴油商业车，香港特区政府采取"赏罚兼施"的计划以鼓励淘汰欧盟四期以前的柴油商业车。将逐步淘汰共约 82000 辆车，涉及的公帑支出约为 114 亿港元。政府在推行计划前咨询了相关持份者，包括运输业界，并达成协议，于 2019 年年底前逐步淘汰所有欧盟四期以前的柴油商业车。此外，已通过新法例限制新登记的柴油商业车可使用不超过 15 年。结合这两项措施，本港能够淘汰老旧而高污染的柴油商业车，并可以加快更新这些车辆。淘汰计划的进展良好，截至 2017 年 3 月底，已有约 63% 的欧盟四期以前柴油商业车退役。

虽然香港的的士和 72% 的公共小巴都是以石油气驱动（其余为柴油驱动），而其排放的废气亦远比柴油洁净，但这些车辆若维修欠佳及没有适时更换催化器，排放的氮氧化物、一氧化碳和挥发性有机化合物可能较催化器状态良好时高出 10 倍。由香港特区政府出资更换催化器是最快捷的方法，在指定时间内教导车主更换其催化器。期望在更换催化器后，车主将来会妥善保养车辆。政府出资更换催化器，是要换取在更换计划完结后执行新法例，使用遥测传感器侦测排放过量废气的石油气车。更换计划在 2013 年 8 月开展，并于 2014 年 4 月完成。由 2014 年 9 月 1 日起，政府已设置遥测仪器侦测排放过量废气的石油气车。这个仪器亦可用于监测排放过量废气的汽油车（主要是私家车）。如果发现车辆排放过量污染物，政府将发通知书予车主，要求其车辆在 12 个工作日内于指定车辆废气测试中心通过测试，否则吊销该车辆牌照。监测结果显示由石油气车所产生的路边污染物已大幅减少。该计划耗资约 8000 万港元。

专营巴士是在专营权下经营的公共巴士，它们是香港主要的公共交通工具。为维持车费在合理的水平，专营巴士的车龄可达 18 年。虽然这些巴士保养良好，但较新型号的巴士始终较旧型号的巴士更为环保。最便宜又快捷地改善旧型号专营巴士尾气排放水平的方法，是在欧盟二期和欧盟三期的巴士加装选择性催化还原器。这些装置能提升它们的排放表现至欧盟四期或以上的水平。该计划已获拨款 4 亿港元，并在 2014 年 5 月展开，约有 1030 辆巴士会加装选择性催化还原器。所有加装将于 2017 年底完成。

虽然欧盟四期以前柴油商业车辆淘汰计划和专营巴士选择性还原催化器加装计划仍在进行中，但路边空气质量已经有所改善（图 4-2、图 4-3）。

此外，香港对新科技车辆至感兴趣，特别是公共交通方面。巴士营运商现正试验不同的单层电池电动巴士和超级电容巴士。不过，香港超过九成的专营巴士都是双层巴士，而现时尚未有适合的双层全电动巴士，能应付城市多山的地势，并同时在炎热潮湿的夏季可提供足够的空调。虽然双层混合动力巴士的价格较同类型的柴油巴士高，但香港特区政府亦资助了专营巴士营运商购买 6 辆欧盟六期双层混合动力巴士，并已投入服务。

为鼓励运输业试用绿色创新运输技术，香港特区政府的绿色运输试验基金资助公共运输业界、货车营运商和非营利机构试用有关技术。此基金资助了不同营运商及机构，如快递和物流服务、建造业、客运服务、餐饮配送业、超市贸易、大学和学校、的士业等购置商业混合动力车辆和电动车辆（的士、小巴、巴士和货车），以及各种创新系统（太阳能、变频空调系统）。

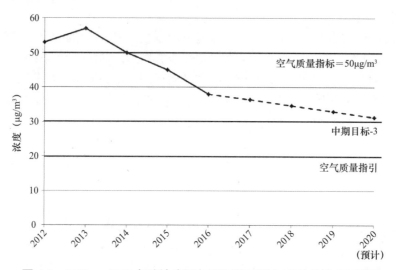

图 4-2　2012 ～ 2020 年路边实际与预测的可吸入颗粒物浓度下降量

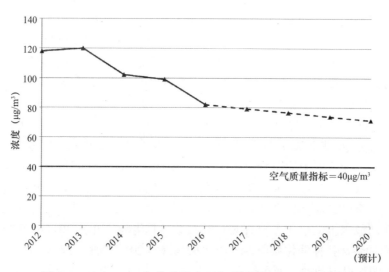

图 4-3　2012 ～ 2020 年路边实际与预测的 NO$_2$ 浓度下降量

　　除了以上措施外，我们亦采取其他减少机动车产生空气污染的配套政策，包括专营巴士的低排放巴士通道（香港称为"低排放区"）、重组专营巴士路线，以及改善城市规划（如第十一章所述，进行空气流通评估和绘制城市气候图）。研究显示在中环、铜锣湾和旺角等繁忙地区，专营巴士占交通流量可高达 40%。香港特区政府与专营巴士营运商合作，鼓励他们调派欧盟四期或以上的巴士行走低排放区的路线。由 2016 年 4 月开始，所有相关的路线已经由较环保的巴士行驶。这个措施减低了市民受巴士废气的影响。随着香港铁路 / 地铁网络的扩展，政府亦与巴士营运商和地区合作，重组专营巴士的路线。同时，政府亦推广步行及使用单车，有助改善路边污染状况。政府推出的"香港好·易行"旨在推广市区的行人畅达度、连通性及通达性 [5]；同时政府亦有广泛计划，在新市镇推动步行和骑单车，以及兴建舒适的海滨长廊 [6]。

1　步行亦在《香港气候行动蓝图 2030 ＋》有特别介绍：
　　http://www.enb.gov.hk/sites/default/files/pdf/ClimateActionPlanChi.pdf.

2. 减少船舶污染排放

香港特区政府于 2013 年 1 月公布关于船舶污染排放的新政策方向，要求停泊在香港的远洋船转用较清洁燃料（最高含硫量为 0.5%）。这个政策是政府参考了船舶排放研究的结果而制定的，有关研究涉及包括船舶整体所产生的排放对空气污染及健康的影响，特别是远洋船。

香港是亚洲首个司法管辖区域执行上述要求。在推行此措施前，航运业界早已广泛讨论过往有关船舶排放的研究。这些研究结论指出，由于发电厂的排放已大幅减少，船舶已成为香港最大的空气污染源。而且，航行于北美和北欧港口的远洋船也须在当地转用较清洁燃料，因此航运业已熟识相关运作。香港特区政府在草拟新例时已咨询航运业，停泊转油的可行性得到业界同意。得到航运业的支持，新条例在立法会的审议过程很顺利，并已于 2015 年生效。自此，监测数据显示远洋船引致的污染显著减少。条例生效后，葵涌空气质量监测站在 2015 年 7 月至 2016 年 6 月期间，当处于葵涌货柜码头下风位时，所录得的二氧化硫平均浓度比过去 12 个月所录得的水平低 50%。

至于在本港水域航行的小型船舶，我们有另一新例管制它们使用的燃料，以减少它们的排放。这个规例已于 2014 年 4 月实施，规定香港销售的船用轻质柴油必须符合更清洁的标准（最高含硫量由 0.5% 转为 0.05%，或收紧含硫量达 90%）。

乘风约章

香港特区政府与航运业界、研究智库和大学科学家在制定船舶排放管制政策方面的合作，是多方参与政策论证的决策过程的一个最佳例子。思汇政策研究所是一个非营利智库，先行研究船舶排放对香港整体空气污染的影响[1]。香港环境保护署亦委托香港科技大学进行研究，结果显示船舶排放影响超过 300 万香港人。鉴于研究结果确凿，思汇政策研究所、香港环境保护署和航运业界举行了多场讨论会，促成主要的航运公司推动自愿性的"乘风约章"。签署成员同意在两年间（2011 ～ 2012 年），其公司船只停泊香港时转用较清洁燃料。同时他们亦促请政府立法规定所有远洋船转用清洁燃料，使所有远洋船在公平环境下竞争。虽然只约 12% 的远洋船参与，但"乘风约章"令香港环境保护署有机会监测排放减量，从而推断当强制所有远洋轮船转用清洁燃料时的减排幅度。更有远见的是，航运业界要求香港特区政府向广东省当局提出在珠江三角洲整体水域强制实施同样管制。《蓝图 2013》把以上的意见纳入新的政策方向。2013 年，香港特区政府环境局官员在北京与国家环境保护部提出有关建议，并与广东当局就此事磋商。虽然内地从未测量船舶污染排放，但根据香港的研究和监测数据，内地当局亦可预料船舶转用清洁燃料的减排能力。国家在 2015 年 12 月改变有关政策（见下文）。

四、管制发电厂排放

1997 年起，香港实施政策禁止兴建新的燃煤发电厂，开始减少依赖燃煤发电。自

1　有关乘风约章的背景，请见 Christine Loh and Veronica Booth，"The Fair Winds Charter – A model PPP in Hong Kong"，European Procurement & Public Private Partnership Law Review, 2/2012,pp. 129-38, http://epppl.lexxion.eu/article/EPPPL/2012/2/139. 思汇政策研究所把乘风约章的研究和媒体报道全面存盘，参见 http://civic-exchange.org/materials/theme/files/FWC.html.

2005 年起，香港亦逐渐收紧发电厂的排放上限，减少他们的排放。为符合排放上限，香港两家电力公司为他们的主要燃煤机组加装减排装置（包括烟气脱硫和脱硝减排装置），还尽量使用低排放煤和增加燃料组合中天然气的比例。《空气污染管制条例》于 2008 年经修订后以技术备忘录订明 2010 年及以后的排放上限。至今，香港在 2008 ～ 2016 年期间已发出了六份技术备忘录，订明由 2010 ～ 2021 年期间及以后的排放上限。到 2020 年，香港发电燃料组合的燃煤比率将会由 2012 年的 54% 减至 25%。这些努力为改善空气污染和应对气候变化带来莫大裨益。此外，《香港的气候行动蓝图 2030 ＋》将继续减少燃煤发电，使用更多天然气，及推动可再生能源，包括转废为能[6]。

　　图 4-4 显示六份技术备忘录的排放上限，以及期间的排放量下降；图 4-5 显示至 2030 年的香港气候变化目标。

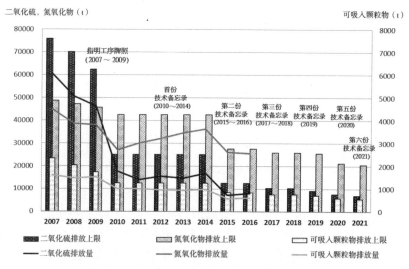

图 4-4　香港电力行业的排放上限和趋势

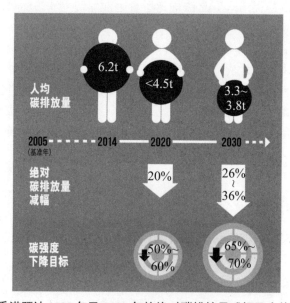

图 4-5　香港预计 2020 年及 2030 年的绝对碳排放量减幅及人均碳排放量

五、香港和广东省之间的区域合作

治理空气污染在国家和本地层面的施政均是重中之重。空气污染管制工作在国家的"十一五"规划和"十二五"规划中相当重要。国务院的《大气污染防治行动计划》以及全国推行的《大气污染防治十条措施》在 2013 年 9 月 10 日颁布，把治理空气污染视为国家首要政策 [7]。各省、县、市纷纷开展适当的计划和措施改善空气质量，包括广东省。在空气质量管理方面，广东省在内地处于领导地位，在过往十年努力改善空气质量。虽然在"一国两制"原则下，香港不受内地的《大气污染防治行动计划》的规管，但香港特区政府和广东省在共同努力治理区域空气污染，令近年的区域空气质量大幅改善。相关的科学证据见于《大气环境（Atmospheric Environment）》的 2013 特刊《改善珠江三角洲和香港的区域空气质量：从科学到政策》[1]。2012 ～ 2016 年的监测数据显示，珠江三角洲区域大气中的可吸入悬浮粒子、二氧化氮、二氧化硫和臭氧的浓度分别下降 18%、8%、33% 和 7%[3]。同一期间，香港大气中的相同污染物亦录得相近减幅，分别为 19%、8%、18% 和 3%。在建设"生态文明"理念的指引下，"十三五"规划（2016 ～ 2020 年）采取绿色发展作为中国经济转型的方法，在全国实现更清洁的生活环境上发挥重要作用，包括中国南部。此外，发展大湾区的概念备受关注。2017 年 4 月，香港的局长级代表团考察该区，并与珠江三角洲的对口单位商讨，讨论李克强总理在全国人大发表的 2017 年度政府工作报告中所公布的一体化计划。推动更紧密的区域合作，可提供更多机会以更长远地改善环境条件，当中包括空气质量。

1. 珠江三角洲的区域空气质量

珠江三角洲的工业化和城市化严重影响该区的空气质量。自 20 世纪 80 年代起，珠三角—香港—澳门区域经历了人类历史上最急速的工业与城市扩展。根据世界银行的研究，珠江三角洲已超越东京，成为世界上面积最大和人口最多的大都会 [8]。虽然珠江三角洲面积少于中国领土 1%、人口是全国的 5%，但生产值占全国总值的 10% 以上，出口额是全国的 25%。珠三角的外商直接投资亦占全国总额的 1/5。因此，整个区域有很多工业、物流和商业活动，是一个排放量相对高的区域。然而，工业行业的转变和积极的空气污染管制非常有效，使该区成为国内空气质量管理的领导。

除了受污染源影响外，区域的整体空气质量亦会受气象因素影响，例如风向、风速、降雨量、总日照时数等。珠三角河口的海陆空气循环产生海陆风，风的流动弱（例如当台风来临前），会导致空气污染物在区域积聚，造成高空气污染事故。

本地及区域污染源的相对重要性，即香港的空气质量在多大程度上受珠江三角洲的污染排放所影响，是香港公众经常提出的问题。以往，有些人认为香港空气质量极受珠三角排放影响，本地减排不会大幅度改善香港空气质量。这个问题在 2007 年发表的一项创新研究中得到答案。该研究发现，在空气中的粒子质量浓度方面，香港全年平均污染水平的

---

1 《大气科学》是致力于空气科学的卓越科学研究刊物。它在 2013 年刊登了题为《改善珠江三角洲和香港的区域空气质量：从科学到政策（2013）》的特刊，大气环境 2013 年第 76 期。其中刊载大量中国内地、香港地区和国际学者的研究论文，以及他们在珠江三角洲地区与空气质量相关的工作所取得的重大进展。

60%来自珠三角区域污染源，冬季时更会上升至70%。然而，这并不等于珠三角的污染源每天都对香港造成相同影响，因为污染种类和水平取决于气象因素。通过展示2006年每天影响香港的污染源，这项重要研究显示香港自身的排放亦是影响香港市民的重要污染源。研究确立，通过治理香港自身的污染，香港市民的健康将有所改善。研究同时亦显示治理珠三角的空气污染对改善香港的空气质量会有很大帮助。并指出影响香港的主要污染源是本地车辆和船舶，减少这些污染源的排放将使香港受益匪浅[9]。

2. 香港与广东省的合作

由于每个环境都有其区域背景，在1997年回归后，广东省和香港在2000年通过设立粤港持续发展与环保合作小组，开展合作平台以涵盖广泛的环境议题。双方每年会举行会议。在众多议题中，空气质量一直以来是合作小组关注的重点。在这方面取得的重要成果包括：

（1）于2002年4月达成共识，以1997年为参照基准，订定二氧化硫、氮氧化物、可吸入悬浮粒子和挥发性有机化合物在2010年的减排目标。

（2）设立区域空气监控网络（图4-6），涵盖四大空气污染物——二氧化硫、二氧化氮、可吸入悬浮粒子和臭氧。网络在2005年珠江三角洲中共有16个监测站，并在2014年增加到23个。

此合作非常重要，是中国的首个区域空气监测网络，有助决策者理解空气污染特性，并全面地监察管控策略的效用。该网络不只监察空气质量，而且追踪工业发展的演变（以排放量表示）以及排放管制措施的效用，能为决策者提供重要信息和见解。举例说，珠三角区域空气监测网络可以展现广东在大型活动中所实施的管控措施，例如2010年11月在广州举行的第16届亚运会和2011年8月的深圳世界大学生运动会，网络数据显示短期管控措施的功效。由于有实据证明粤港合作有效治理空气污染，所以在2008年获颁国家奖项[10]。

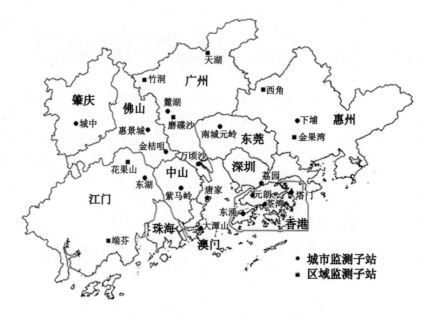

图4-6 珠三角区域空气监控网络

（3）在区域空气质量管理计划下实施一篮子的减排措施，使双方达到 2010 年的目标。

（4）在 2012 年 11 月就 2015 年的减排目标和 2020 年的减排幅度订立新协议（表 4-5）。

广东的 **2015** 年减排目标和 **2020** 年减排幅度　　　　　　　　　　　表 4-5

污染物	2015 年减排目标 *	2020 年减排幅度 *
二氧化硫	16%	20% ～ 35%
氮氧化物	18%	20% ～ 40%
可吸入悬浮粒子	10%	15% ～ 25%
挥发性有机化合物	10%	15% ～ 25%

* 以 2010 年的排放量为基准。

（5）在 2014 年连同澳门开展微细悬浮粒子的联合区域研究，并将于 2017 年完成。

（6）通过数据共享和预报交流，如遇到预测严重空气污染情况时，政府会开会协商、开展员工培训和技术交流等方式协同准备量和空气污染预报，为区域内的居民提供相关信息。

区域臭氧的挑战

在阳光下，氮氧化物和挥发性有机化合物产生化学作用而形成臭氧（臭氧是一种次生污染物），亦会助长微细悬浮粒子的形成（一般称为光化学烟雾）。臭氧污染是区域问题。一项近期研究分析 2002 ～ 2013 年的本地臭氧数据后，得出的结果是，区域臭氧平均占香港臭氧的 70%，其余由本地产生。研究的观测结果发现，本地产生的臭氧已减少，但减量被区域臭氧增加抵消，更导致香港的臭氧水平上升。可能是由于粤港合作减少排放氮氧化物和挥发性有机化合物（即通过光化学作用形成臭氧的前驱物），以往臭氧的整体上升趋势在近年有逆转迹象。不过，我们仍需要进一步观测以确定下降的趋势。

3. 船舶排放管制合作

在 2013 年，香港特区政府与北京和广东政府接洽，探讨要求远洋船停泊珠江三角洲港口时转用较清洁燃料的可行性，因为这项措施可为香港和珠三角的居民带来很大裨益。在 2013 ～ 2015 年期间，各方就有关措施频繁交流。国家交通运输部 2015 年 12 月发布一项实施方案，在珠江三角洲（图 4-7）、长江三角洲和环渤海（京津冀）

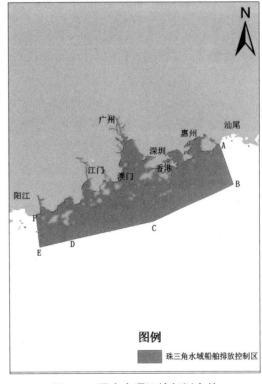

图例

　珠三角水域船舶排放控制区

图 4-7　国家交通运输部划定的
珠三角船舶排放控制区

成立船舶排放控制区，并根据表4-6所示的时间表分阶段实施。该方案指定由2019年1月1日起，在珠三角船舶排放控制区的船舶需要使用含硫量不超过0.5%的低硫燃料。这将为整个珠江三角洲地区的空气质量和市民健康带来很大裨益。

国家交通运输部实施方案的时间表 表 4-6

时间	管制要求
2016 年 1 月 1 日起	（1）所有船舶应执行现行国际公约，以及中国法律法规关于硫氧化物、氮氧化物和悬浮粒子的排放控制要求； （2）有条件的港口可以实施船舶停泊时转用含硫量不超过 0.5% 的燃料
2017 年 1 月 1 日起	船舶在排放控制区内的所有核心港口区域停泊期间（靠港后一小时和离港前一小时除外）应转用含硫量不超过 0.5% 的燃料
2018 年 1 月 1 日起	船舶在排放控制区内的所有港口区域停泊期间须转用含硫量不超过 0.5% 的燃料
2019 年 1 月 1 日起	所有进入排放控制区的船舶须转用含硫量不超过 0.5% 的燃料
2019 年 12 月 31 日前	评估上述控制措施的效果，以确定应否把含硫量收紧至 0.1%，扩大排放控制区的地理范围和引入其他管制措施

珠三角船舶排放控制区的海域边界（香港和澳门的水域除外）约为12海里，并包括深圳、广州、珠海等港口。香港环境保护署现正与国家交通运输部合作，落实于2019年1月实施珠三角船舶排放控制区。

4. 绿色生产合作

采用绿色制造技术是粤港合作的另一范畴。清洁生产伙伴计划的设立，协助广东省的港资制造企业采用更清洁的生产技术，从而减少空气污染、节约能源和用水，当中以减少空气污染为重点。清洁生产伙伴计划在2008年开展，持续至2020年。由于工厂在香港区域外，计划由香港环境保护署与广东省经济和信息化委员会合作执行。因为臭氧是区域空气质量方面的重大挑战，计划的措施重点针对排放挥发性有机化合物和氮氧化物的工业，如家具、金属和金属产品、化学制品和印刷业。直至2017年3月底，清洁生产伙伴计划已批出超过2700个资助申请，并举办约460场技术推广活动，超过37000人参加。

六、公众对空气质量管理的意识

香港在过去几年加大力度应对空气污染。这主要是回应公众对清新空气的期望。决策者应提高公众对空气污染的认识，以致在重要的法规修改及实施政策需申请拨款时持续获得社区支持。提高公众意识的工作应有两个目的：（1）帮助大众认识问题的本质和重要性；（2）满足公众的期望，将市民的关注转化为可行、有效的政策和管制计划。

要达到目标并不容易，因为空气质量是一个复杂的课题。我们必须以一般人士可以理解的方式表达空气质量相关的数据和解决方案，同时需要公布具体的信息，例如高污染事故的成因，在这些情况下可能发生的问题等，因为这是公众最关心的事。此外，低成本空气污染传感器现时相当普及，市民可以自行监测和量度。政府维持信息权威性的最佳方法是主动提供数据、分析和建议，并让公众了解情况。要将各种必要元素结合起来，需要各方面的专家一起合作，其中包括设计和沟通能力。

香港环境保护署在 2013 年底引入新的空气质量健康指数，取代过往的空气污染指数，以便向公众传达信息，解释空气污染引发的短期健康风险。中国香港地区是继加拿大之后，世界上第二个经济体引入此健康为本的创新指数，以告知公众因短期暴露于空气污染所导致的健康风险增幅。该指数以 1～10 级及 10＋级通报，并分为五个健康风险级别。当健康风险达到"高"或以上级别，会提供具体的健康忠告。比起空气污染指数，空气质量健康指数有很多优点，包括：

（1）考虑到不同空气污染物的健康影响。

（2）反映出真正的健康风险，而非根据空气质量指标所订定。

（3）以 3 小时的平均空气污染物浓度来计算空气质量健康指数，可以避免空气污染指数（以空气质量指标为基础）所出现的时间滞后问题。

（4）可根据空气污染物的最新健康影响信息而容易作出更新，因为空气质量健康指数不是建基于空气质量指标。

（5）世卫认为空气质量健康指数系统能促进人们理解空气污染的影响，有助保护市民健康。

我们会继续加强宣传空气质量健康指数。在 2016 年，香港环境保护署开始录制一系列短片，希望借此提高公众对空气质量的认识，这些短片供学校及一般市民观看，亦可改善环境保护署人员与市民的沟通。非政府组织亦发展了相当吸引的信息系统，例如达理指数利用香港环境保护署实时空气污染水平数据，提供发病率和死亡的估计和成本。香港科技大学现正研发一个创新的手机程序，名为"个人实时空气污染风险信息系统"，让市民得知街道上的空气污染情况。香港环境保护署的未来工作重点是与其他专家和非政府组织紧密合作。

七、总结

随着国家于全国致力减少空气污染，广东和香港在这方面的工作可以作为其他城市和地区持续推行改善措施的参考例子。中国大力投资在研究和培养能力，对国家建立长期治理污染的能力而言相当重要。政府官员和非政府专家之间的交流经验和共同学习有助决策者持续地采取有效的解决方案。当中，官方与大学之间的合作尤其重要。珠三角区域空气监测网络是一个重要系统，协助科学家和决策者作出以实证为本的决策。政府与商界的合作亦值得探讨，"乘风约章"的经验，应可鼓励官员寻求方法与业界合作。国内民众会继续要求当局更努力改善空气质量。发展简单但准确的方法与公众沟通有助推动改革，因为公众的要求可推动更多改善工作。由于珠三角区域的环境状况较佳，珠三角—香港—澳门地区比起中国其他经济发达地区更具优势。粤港澳当局必须继续扩展在空气质量以至其他环境方面的合作。要实现粤港澳大湾区的愿景，当局需顾及市民福祉和健康，把环境状况纳入规划需考虑的因素，令市民受益。

本章作者介绍

陆恭蕙女士为香港科技大学兼任教授，在 2012 ～ 2017 年期间出任香港特区政府环境局副局长，具有多年从政经验。陆女士于 1992 ～ 2000 年曾出任立法局 / 立法会议员，专注处理环境事务，特别关注空气质量问题。她在平等机会、艺术和文化政策方面的工作亦广为人知。陆女士于 2000 ～ 2012 年在其创办的非营利公共政策研究机构思汇政策研究所担任行政总监一职。除参与多个研究项目外，她亦曾撰写有关政治参与及香港历史的著作。陆女士的政策及社区工作在香港及国际上广受认同，常获邀演讲。陆女士的专业是律师。她在英国取得英格兰的法学学位，并拥有中国法及比较法法学硕士学位。她获赫尔大学颁授荣誉法学博士学位，又获爱萨特大学颁授理学学士学位，以表扬她的工作。

参考文献

[1] 世界卫生组织 . 每年有 700 万例过早死亡与空气污染有关 [互联网]. 2014 年 3 月 25 日 . [引用于 2017 年 7 月 10 日]. 撷取自网页 : http: //www. who. int/mediacentre/news/releases/2014/ air-pollution/zh/.

[2] 世界卫生组织 . 世卫组织公布关于空气污染暴露与健康影响的国家估算 [互联网]. 2016 年 9 月 27 日 [2017. 07. 10] 撷取自网页 : http: //www. who. int/mediacentre/news/releases/2016/ air-pollution-estimates/zh/.

[3] 香港特区政府环境保护署 . 珠江三角洲区域空气监测结果报告 [互联网]. [引用于 2017 年 7 月 10 日]. 撷取自网页 : http: //www. epd. gov. hk/epd/tc_chi/resources_pub/publications/ m_report. html.

[4] 香港特区政府环境局 . 香港清新空气蓝图 [互联网]. 香港 : 环境局 , 2013. [引用于 2017 年 7 月 10 日]. 撷取自网页 : http: //www. enb. gov. hk/sc/files/New_Air_Plan_tc. pdf.

[5] 香港特区政府运输及房屋局 . 香港好 . 易行 [互联网]. 香港 : 运输及房屋局 , 2013. [2017. 07. 10]. 撷取自网页 : http: //www. thb. gov. hk/tc/psp/publications/transport/publications/ THB%20Pamphlet-TC. pdf.

[6] 香港特区政府环境局 . 香港气候行动蓝图 2030 ＋ [互联网]. 香港 : 环境局 , 2017, 1. [引用于 2017 年 7 月 10 日]. 撷取自网页 : http: //www. enb. gov. hk/sites/default/files/pdf/ ClimateActionPlanChi. pdf.

[7] 中华人民共和国人民政府国务院 . 大气污染防治行动计划 [互联网]; 2013 年 9 月 . [引用于 2017 年 7 月 10 日]. 撷 取 自 网 页 : http: //www. gov. cn/zwgk/2013-09/12/ content_2486773. htm.

[8] 世界银行 . 东亚变化中的城市图景 : 度量十年的空间增长 [互联网]; 2015 年 1 月 . [引用于 2017 年 7 月 10 日]. 撷取自网页 : http: //www. shihang. org/zh/topic/urbandevelopment/p. ublication/east-asias-changing-urban-landscape-measuring-a-decade-of-spatial-growth.

[9] Lau A, Lo A, Gray J, Yuan Z and Loh C. Relative Significant of Local vs. Regional Sources: Hong Kong's Air Pollution [Internet]. Hong Kong: The Hong Kong University of Science

and Technology and Civic Exchange, 2007 Mar. [cited 2017 July 10]. Available from: http: // civic-exchange. org/report/relative-significance-of-local-vs-regional-sources-hong-kongs-air-pollution/.

[10] Zhong L, Louie PKK, Zheng J, Wai KM, Ho JWK, Yuan Z et al. The Pearl River Delta Regional Air Quality Monitoring Network – Regional Collaborative Efforts on Joint Air Quality Management. Aerosol and Air Quality Research. 2013, 13: 1582-1597.

第五章　废物革命在香港：2012 年起转"废"为"能"

陆恭蕙

　　城市是世界的中心，在那里居住和工作的人数最多。世界银行于 2012 年发布的报告指出，当世界正在为广大人类向城市未来奔驰，都市固体废物数量的增长甚至比城市化速度还要快。该报告亦发现城市正面临最严峻的考验，尤其是在人口增长最快的发展中国家，因为它们已因许多其他问题不胜负荷，例如房屋、教育、公共卫生等。对全球而言，预计在 2025 年将有 14 亿人口住在世界各地的城市。全世界的都市固体废物估计将由每年 13 亿吨上升 70% 至 22 亿吨，处理废物的预期年度成本亦会由 2050 亿美金上升至 3750 亿美金 [1]。

　　一个城市的经济越发达，所制造的废物越多，因为人们有经济条件消费更多。正如随着中国的经济增长，中国的消费者享受物质消费的能力也达至 20 年前难以想象的程度。所有市政府的其中一个重要职能是提供废物管理服务，其中必须包括处理许多不同种类的废物，从而促进重用、回收和资源循环再造。这可概括为"转废为能"的方法。而且，亦需要"源头减废"，以便一开始就从产品的设计和生产以及服务供货商上将资源利用减至最低，并鼓励消费者只购买和使用所需物品。

　　良好的废物管理需要深入了解城市在众多范畴中如何运作，以设计、实施和微调转废为能的方案。当中既牵涉到技术要素，也要考虑废物设施的选址，这往往是高度政治化的。管理层面则对企业采取更严格的措施，例如在回收上达到新的牌照条件。动员社会整体以改变市民行为亦相当重要，例如都市固体废物收费亦需要政策支持。换言之，推动社会减废不仅是关于提高公众意识，而且是一项影响许多利益的政治行动。

　　香港市民有一种"消费高且浪费多"的生活模式。其都市固体废物弃置量在过去 30 年间上升超过 80%，远超于同期的 34% 人口增长。由于香港的堆填区即将饱和，此问题已经变成"危机"。内地城市现正面临废物量急增的类似考验。以往，废物管理是作为良好公共卫生规范，快速有效地清理废物。现今，香港开始了转废为能的改革，其成功是达到长远的可持续性和宜居性的关键。香港的例子有正反两面可供内地城市借鉴。随着香港试图打开新的道路，而内地城市设立自己的基建和规范去处理废物，不乏交流经验的机会。转废为能亦相当于一个主要的商业机遇以及社会机遇，使人们一起采取新的做法，改善大家的公共及环境卫生。采取转废为能的方法亦是达到低碳生活的一个重要部分。

由于废物是一个大规模的议题，本章只能提供关于当中某些属于所有市政府都必须清楚了解的范畴的概况。首要部分为收集、整理和分析一个城市的废物数据，以便为了提高效率而了解、追查、改良和修订政策。另一方面是掌控有关不同废物类型和源头的政策，这对于任何政府而言都是相当大的挑战。而且，"废物"亦是一种全球贸易，香港和澳门都参与其中。本章以思考本地转废为能政策对于影响全球低碳成果的重要性作为总结。

一、香港废物挑战的本质和规模

1. 物理条件

香港的面积只有约 1100km^2，其中 60% 是天然山坡而且大部分多山丘。市区的平地，包括填海区以及较不陡峭的斜坡／山边，均已被大量开发。香港有 733 万人口，大约占中国总人口的 0.53%，是全国第十六大城市。香港的平均密度为每平方公里 6780 人，但在最人口密集的地区（观塘），人口密度是每平方公里超过 57000 人。香港极为密集，高层的居住和生活环境如图 5-1、图 5-2 所示。这些条件都与安排废物收集和回收有关（见下文）。在 2015 年，香港在堆填区弃置 370 万 t 都市固体废物（不包括建筑废物）。此数量包括每年接近 6000 万访港旅客所制造的废物，其中约 77% 来自内地。因此，香港的消费和废物生产亦应在作为主要旅客目的地的背景下考虑，然而评估旅客造成的都市固体废物并不容易。

图 5-1　山边的密集住宅建筑

图 5-2　市区的高密度建筑

2. 收集废物数据

了解废物问题对于设计适当的管理方案是必要的，而收集可靠的废物数据是关键的第一步。相关数据包括按废物种类和源头（住宅与工／商业）划分的都市固体废物的产生量、收集量、成分数字和弃置量，以及废物相关的贸易统计[1]。表 5-1 载列了 2011～2015 年的都市固体废物成分数字。这些数据来自香港特区政府拥有而由承办商管理的堆填区。图中可见厨余构成最大的废物种类，其次为纸料和塑料。图 5-3 提供了 2015 年香港的都市固体废物弃置量的成分比重。

都市固体废物弃置量（按废物种类划分，kt，2011～2015 年）　　　　　表 5-1

年份	2011	2012	2013	2014	2015
纸料	705	697	666	702	824
塑料	618	668	681	736	797
金属	66	88	65	77	86
玻璃	101	106	129	104	134
纺织品	79	107	99	107	112
木材	105	128	134	116	130
厨余	1308	1221	1331	1329	1234
废电器及电子设备	9	14	15	15	16

1　虽然有其重要性，但并不是每个城市或管辖区都有可靠的都市固体废物信息。由于所取得的信息可能不完整或不一致，因此很难作出城市与城市或国家与国家之间的比较。

续表

年份	2011	2012	2013	2014	2015
其他	291	367	364	386	375
总计	3283	3396	3485	3570	3708

注：数字以四舍五入方式显示，因此汇总未必与总数相符。

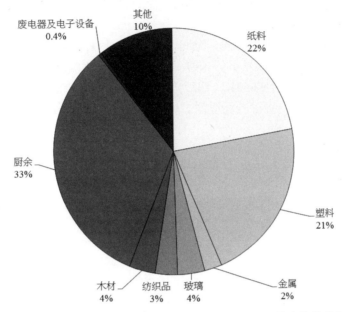

图 5-3　2015 年香港弃置的都市固体废物的成分比重（按废物种类划分）
注：数字以四舍五入方式显示，因此百分比的总和未必是 100%。

　　处理废物是复杂的，因为废物的种类繁多且各自有其特性，需要个别考量，例如数量、处理方法、回收的可能性和市场价值。而且，当必须优先处理数量多的废物种类时，又不能忽略那些数量较少的废物，特别是一些需要小心处理、并受到联合国的巴塞尔公约管制其越境转移的有害废物[1]。厨余本身并无商业价值，其中废置食用油需要得到妥善处理，以确保食品安全。金属、塑料和纸料的市场价值可能会大幅波动，而在市值低时，其回收的经济诱因亦会降低。玻璃、纺织品和木材作为回收物料的价值相对较低，而且与其他废物种类相比，数量少得多，然而它们仍须被视为整体废物管理的一部分。

　　香港的土地价值极高——即使是在人口密度较低的新界亦然。从商业角度而言，在现有土地内兴建大型的回收物循环再造厂并不可行。因此回收物料的主要出路是"出口"，而其中大部分输往内地。在"一国两制"原则下，香港与内地有各自的关税制度，因此废物离开香港进入内地，属于"出口商品"。以内地角度而言，"进口"回收物料征收进口关税，来自香港的回收物料亦不例外。在这方面香港较为不利，因为这是广州和上海将其回

1　联合国关于控制危险废物越境转移及其处置的巴塞尔公约于 1989 年订立。其目标是保障公众健康，保护环境，以免受到有害废物影响，并管制家庭废弃物以及焚化后之灰烬。见 http://www.basel.int/theconvention/overview/tabid/1271/default.aspx。

收物料输往国内远处进行回收时所不会遇到的问题。

回收物料的全球贸易量庞大。在 2014 年，单是塑胶回收物料的年度全球贸易量已达到约 1500 万 t[2]，废电器电子产品则是 4800 万 t[3]。作为一个自由港，香港是包括回收物料等各种货物的主要转运枢纽。多年来，内地一直大量进口各种回收物料进行再加工。在 2013 年，中国海关总署展开为期十个月的"绿篱行动"，加强堵截违法的进口废物，包括收紧回收物料的进口检测标准 1[4,5]。可以理解的是，中国不想成为受污染物料的接收终端，以及全世界的废物倾倒场所。2015 年曾采取一个月的严格限制；而中国海关总署于 2017 年展开另一项新行动以捕获违法货物[4,5]。

差不多与"绿篱行动"实施的同一时间，香港都市固体废物回收率（通称为循环再造率）的准确性受到怀疑。统计显示，1997 ~ 2003 年香港的循环再造率不足 40%，但至 2003 年起稳步上升至 2010 年的 52%，然后自 2012 年起急剧回落至 40% 以下（图 5-4）[5]。鉴于回收率出现大幅波动，香港的环境保护署委托独立顾问进行研究。该研究发现问题根源是由于报关的分类出错。

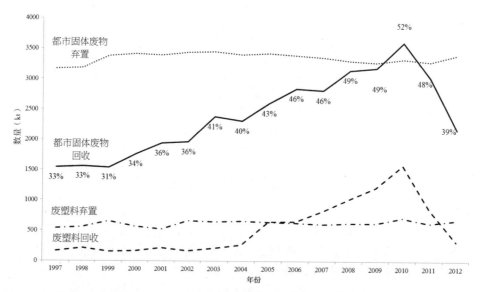

图 5-4　都市固体废物及废塑料的弃置量及回收量（1997 ~ 2012 年）

注：百分比数字为相应年份的回收率。

香港沿用国际上估算都市固体废物回收率的计算方法，算式如下：

$$\frac{都市固体废物回收总量}{（都市固体废物回收总量 + 都市固体废物弃置总量）}$$

都市固体废物回收总量是回收物料的全年出口总量和都市固体废物在本地循环再造的全年总量的总和[2][5]。调查发现，在《进出口（登记）规例》下，从事回收业的香港公司在

1　绿篱行动影响到全世界包括香港的废物进口中国内地。许多经香港转运的回收物料货柜被中国内地拒绝进口。这些货柜被退回香港，其中大部分再运返原来的其他港口。

2　出口数字由海关当局收集。都市固体废物回收总量的统计数字由贸易统计及由环境保护署进行的以本地回收商为对象的问卷调查所估算。至于都市固体废物弃置总量是弃置于堆填区的都市固体废物的总量。

呈交贸易数字的做法上存在明显差异。原属于"转口"类别的回收物料被误报为"港产品出口"（即源于香港的回收物料），因而影响到本地废物回收量估算的准确性；当中影响最大的是塑料回收物料。出现这个问题可能是因为许多从事废物生意的贸易商／出口商并不清楚了解"转口"和"港产品出口"此类报关用语；而且定义亦容易令人混淆。例如，进口碎塑料有资格申报为"港产品出口"[1]。自此，香港特区政府花了很多时间让回收业的贸易商和出口商清楚了解如何正确填写报关数据，并加强进行各类贸易调查以及加强审计有关数据以确保准确性[2]。

虽然香港因为其关税与内地有别而属于一个特殊例子，但所有城市和省份都需面对如何取得准确的废物统计数字以进行决策和政策微调的挑战。省市应追踪其本地生产废物的数量和类型，还有什么是由本地循环再造，以及什么是输送至本地管辖区以外回收。纵观全貌可能亦有助某一特定区域在城市规划、废物处理及回收设施的选址、节省成本等的协调和合作。

二、资源循环—应对多样性

2013 年，香港特区政府明确表示有需要与市民共同承诺落实革新，"惜物、减废"。政府于 2013 年 5 月公布《香港资源循环蓝图 2013-2022》，于 2014 年 2 月公布《香港厨余及园林废物计划 2014-2022》，并订立整体目标，在 2022 年或之前减少 40% 的都市固体废物人均弃置量（由 1.27kg 至 0.8kg）[6, 7]。实际上，这意味着在 2022 年或之前，送往堆填区的都市固体废物要减少 40%。因此，最重要的数字是堆填的全年总废物量，因为这个数量代表了不能转废为能的数量。方案是否有效将会以随时间减量来衡量。

为了达到目标，政府同时采取全方位措施，避免产生及减少废物，全民动员，并兴建必要的基建以进行回收和处理。为了阐明废物处理方法的复杂性和多样性，本章将集中论述香港自 2012 年起在多个范围的经验，包括减少厨余、都市固体废物收费、选择合适的都市固体废物处理技术，以及透过促进生产者责任处理废电器电子产品。

1. 把厨余转为能源

直至最近为止，厨余在全世界一直是被忽略的问题。香港于 2014 年公布的蓝图实际上是世界城市中较早一个关于这方面的综合计划。社区的每位成员都可以在源头减少厨余。我们可以更谨慎地购买、准备、使用和点选食物。通过不浪费食物和捐赠过剩食物予有需要人士，我们可以从源头减废。不浪费食物是低碳生活的重要一环，也对减缓气候变化有莫大裨益。

由于厨余本质上是有机的，它可以转化为能源，残余物可以用做堆肥或土壤改良。在城市化的香港，转化厨余为能源是最佳选择，虽然这意味我们需要投资新的有机资源回收

1　因此，如果塑料回收物料是首先进口香港，然后在香港进行永久改变其形状、性质、式样或用途的制造工序（例如切碎），该塑料回收物料就可以被界定为"港产品出口"。
2　有关处理塑料回收物料的挑战的详细讨论，可参见香港生产力促进局《促进香港塑料、纸料及废食用油回收再造研究》，2014 年 12 月，6 ～ 30 页。https://www.wastereduction.gov.hk/sites/default/files/HKPC%20Consultancy%20Report%20Final%20%28Chi%29.pdf

中心[1]。回收中心主要采用的技术是厌氧消化[2]。厨余转化为能源必须首先从其他都市固体废物中分类—对整个社会而言这是一项崭新的做法—然后运往有机资源回收中心，当中亦牵涉新的运输安排。收集和处理厨余现已成为许多城市（包括香港）的新企业。

2011～2015年间，香港平均每天产生约3500t厨余，其中2/3来自家居，1/3来自工商业（例如食肆、酒店、街市、超级市场和食物生产设施）。在2012年12月，政府宣布成立惜食香港督导委员会。其目的在于增强意识和改变行为；协调政府和社区的努力；在工商业界订立良好工作守则；以及促进捐赠剩余食物。政府邀请来自商界和社会各界不同人士组成督导委员会及其辖下委员会，共同制订和开展大规模的推广运动，并设计良好作业指引特定行业跟从，例如食肆可以做什么来减少厨余[3]。惜食香港运动的标志"大嘥鬼"（图5-5），很快地成了香港最受欢迎的吉祥物。

图5-5　大嘥鬼（Big Waster）

从惜食香港运动所观察到的是，社会普遍认同厨余问题的存在；香港市民知道自己是浪费的，这对推动他们采取行动有帮助。惜食香港运动透过邀请众多持份者一起有系统地合作，取得了良好的成果，这点从签署惜食约章的机构数字可见一斑：直至2017年5月，约660间机构已签署惜食约章，表示支持。随着2013年开展该运动，2015年的家居厨余显著减少（即5.2%，以2011年为基数），正为本地居民有否减少厨余作出了最恰当的评估。工商业界（包括旅客的厨余）的增长率亦见放缓，但值得注意的是总吨位依然可观。

除了推广工作，政府须兴建一个有机资源回收中心的网络，以处理每天约1500t厨余。台北市的经验显示，即使有好的系统，一个城市只能收集大约一半厨余。第一期有机资源回收中心计划于2017年底落成，每天处理200t厨余，而预计第二期将于2021年竣工，每天处理300t。过往两年的急切工作是与工商业界和公营机构合作，让他们准备好实行厨余与其他都市固体废物分类，并制定在新设施启用后运送厨余的新安排。由于第一期有机资源回收中心的容量为200t，位于北大屿山的选址决定了潜在服务范围。

废置食用油与公众健康

餐厅和食品制造业生产大量的废置食用油和隔油池废物。据估算香港每年产生约16000t的废置食用油和16万～18万t的隔油池废物。这些废物种类可以用做制造生物柴油。因此，这些废油可以收集作为生产本地生物柴油之用，或作为原料出口海外制造生物柴油。我们必须防止这些废油被重用做供人食用之用途。

台湾食用油被广泛掺杂回收废油的事件引发一连串的"地沟油"丑闻。事件最初曝光是源于一间台湾公司制造受污染的食用油，后来该公司被揭发曾经从 间香港公司进口原

1　在主要农业区附近的城市可能可以吸收更大量的堆肥，或利用厨余作为猪的饲料。
2　共厌氧消化亦可以同时处理污水和厨余，但本章将不作讨论。香港现正式试验当中。
3　关于惜食香港运动的详情，浏览 http://www.foodwisehk.gov.hk/zh-hk/。运动现正持续进行中。

本仅作动物饲料用途，但被虚报为可供人食用的猪油。除在台湾出售食用油外，该公司亦有出口食用油到香港、内地和亚洲其他地方。这些事件反映出各地不同公司之间存有复杂的关系网络，罔顾消费者的健康，将掺杂有废油的油品再处理后当做新鲜食用油出售。被揭发丑闻的涉案者在台湾被成功起诉、定罪和监禁。

2014 年的事件导致香港社会要求须对本地废置食用油回收业制定新政策。自 2016 年起，政府就回收废置食用油推行新措施，以防止将废置食用油非法加工成食用油[1][8]。政府会登记符合资格的废置食用油收集商、回收商及出口商，而食肆和食物制造场所的持牌条件亦要求他们把废置食用油交予已登记的收集商。

2. 实施都市固体废物收费

海外经验显示都市固体废物按量收费是一项有效的措施，以推动市民改变产生废物的行为，从而减少整体废物的弃置量。都市固体废物的收集及分类在香港极具挑战，特别是在人口密集的市区。香港特区政府正筹备最快于 2019 年下半年实施都市固体废物收费，当中涉及众多细节安排，而且须通过有关法例。过去几年，政府已完成多轮公众咨询和参与过程，以探讨可行的收费机制和安排[2]。

香港在制订其废物收费计划时参考了包括亚洲在内的海外经验。1995 年，中国台北市和中国香港地区的每日人均废物弃置量相当接近，但台北市在实施都市固体废物收费后，其废物弃置量显著下降。韩国亦有类似的经验（图 5-6）[6]。

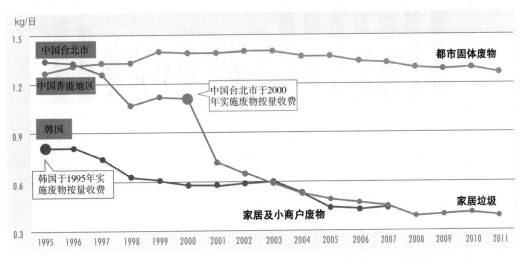

图 5-6　中国香港地区、中国台北市和韩国的废物弃置量（人均）

从台北市实施都市固体废物收费的经验看到政治领导和跨部门协作的重要性，包括教育部门与学校合作，和执法者拘捕非法弃置废物的人士。公众需要看到政府的决心，政府亦需大力加强及持续进行宣传和教育，以激发市民的支持并确保计划能顺利推行。废物分

1　有关废食用油的背景，参阅香港生产力促进局《促进香港塑料、纸料及废食用油回收再造研究》，2014 年 12 月。见 https://www.wastereduction.gov.hk/sites/default/files/HKPC%20Consultancy%20Report%20Final%20%28Chi%29.pdf
2　详情可参阅可持续发展委员会《诚邀回应文件——减废一收费，点计？》。见 http://www.enb.gov.hk/sites/default/files/susdev/html/b5/council/mswc_ird_c.pdf 及《都市固体废物收费社会参与过程报告书》http://www.enb.gov.hk/sites/default/files/susdev/html/b5/council/mswc_sdc_c.pdf

类最初只属自愿性质，但在几年后转为强制推行时，由于市民已经习惯分类并看到成效，反对的声音并不多。

建筑废物处置收费计划

香港每天约有 4000t 的整体建筑废物被弃置在堆填区，占堆填区每天废物总量约 30%。虽然香港现时尚未实施都市固体废物收费，但已于 2006 年实施建筑废物处置收费，落实污染者自付原则，并提供经济诱因，鼓励业界采取可减少产生废物、重用及回收再造的建造方式。图 5-7 显示了计划生效后的建筑废物减少情况，足见收费是推动减废的有效手段。

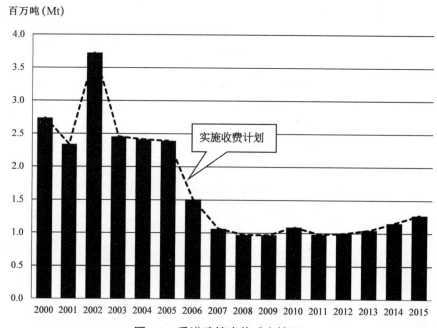

图 5-7 香港建筑废物减少情况

在进行收费检讨并咨询建造业界后[9]，建筑废物处置收费在 2017 年 4 月 7 日提高。建筑废物堆填费由每吨 125 元增至每吨 200 元，以达到收回成本。为鼓励重用和回收再造，其他合适接收设施处置惰性成分较高的建筑废物的收费则较低。与此同时，有关强制建筑废物收集车辆安装全球卫星定位系统的新法例正在筹备中，以协助针对非法弃置建筑废物的执法工作。

3. 选择处理技术

直至 20 世纪 90 年代初，香港使用焚化炉进行废物处理，但那些焚化炉的标准落后而且污染程度高。政府决定于 90 年代中期淘汰这些焚化炉，并建立三个大型策略性堆填区处理废物。香港经过多年才能承诺兴建一座大型转废为能的综合废物管理设施，以处理都市固体废物，而活动炉排焚化是世界上现行的主流先进技术[1]。社会对于该如何最能妥善地

1　有关各种技术的简介，见环保署的都市固体废物热能处理技术（只有英文版），见 http://www.epd.gov.hk/epd/english/boards/advisory_council/files/ACE_Paper_22_2009_Annex_A.pdf

处理香港的大量都市固体废物并不明确。绿色团体希望见到回收量增加，同时担心焚化炉的兴建会使政府在减废和回收上变得松懈。其他技术的推动者，特别是等离子气化技术，游说该技术较新，而政府应该兴建此等设施作先导项目。环境保护署用了很多时间向社会解释不同技术，特别是负责审批拨款兴建设施的立法会议员。环保署亦与社会上不同团体就技术方面进行了多次学术会议和讨论，而环境局局长亦与立法会议员代表团到访欧洲视察活动炉排和等离子气化技术。在该次考察后决定活动炉排焚化是最适合香港的。现时，香港正兴建一个每天处理 3000t 废物的活动炉排转废为能设施，以处理香港每日大约 1/3 的都市固体废物。

在技术以外的是在何处设置该处理设施。对香港而言，觅地兴建并不容易，而最后选址位于小岛旁，需要先进行填海。由于附近海域有江豚出没，环境影响评估规定必须履行补偿。因此，政府将会在适当时候设立海岸公园。同时，处理设施排放的烟气将被净化，而其景观及视觉影响将被减至最低[1]。一些居住在距离处理设施 3.5～5km 的岛屿上的居民，则关注该设施可能有有害气体排放，而且烟囱亦会影响景观。环境保护署亦要花时间来解释各项缓减措施。

因此，对于香港该设施的反对意见包括在技术和选址方面，以及忧虑政府会否继续致力减少及回收废物。在内地兴建焚化炉的计划，例如分别在广东罗定和清远的计划，皆因公众反对而分别须于 2015 年和 2017 年取消。图 5-8 显示了四个往绩良好的亚洲管辖区如何处理都市固体废物以及其中焚化的作用，从中可见香港地区到目前为止仍居于落后位置。

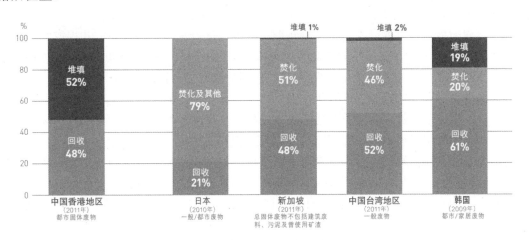

图 5-8　废物管理比较

注：已发表的总固体废物循环再造率为 59%，减除建筑废料、污泥及曾使用矿渣，固体废物的循环再造率为 48%。

从香港经验观察所得的是，就接受所选技术进行沟通的重要性，以及须提出证据来处理甚至是反驳某些可能不正确或公众有误解的主张。选址是一个困难的问题，因为邻避症候群现象在全世界相当普遍。可能需要参考其他城市如何处理基本相同的问题，例如实施相应减缓措施，甚或为居住在非常接近主要废物处理设施的特定人士给予额外利益。

1　该环境影响评估的内容广泛，其建议为政府所采纳。相关文件可参阅 http://www.epd.gov.hk/eia/register/report/eiareport/eia_2012011/

4. 废电器电子产品: 提倡生产者责任、实施闭环解决方案

香港每年产生约 7 万 t 废电器电子产品, 其中 85% 为空调、冰箱、洗衣机、电视机和计算机及其相关周边设备, 如打印机、扫描仪、显示器等。直至最近, 这些产品大部分会被出口至经济发展较不发达的地方作二手产品再用或回收再造。然而, 由于出口市场的经济改善, 人们有能力购买新产品, 二手出口市场正在萎缩。此外, 各进口国亦相继收紧法规以杜绝"废物倾弃", 即指较富裕的经济体向环境监管较少的地方转移废物。因此, 政府在 2010 年公众咨询后, 决定实施闭环的生产者责任计划, 以妥善处理本地弃置的废电器电子产品。该计划使制造商、进口商、零售商和消费者分担收集、回收再造、处理和弃置受管控的废弃产品的责任。然而, 妥善处置和回收再造须移除所有有毒物质, 所涉成本高昂。为了确保本地有足够处理能力, 政府已着手在香港建造一所先进的废电器电子产品处理设施, 预计将于 2017 年底前投入运作。当计划全面生效后, 政府将就废电器电子产品收集、回收再造、处理和弃置实施新制度, 并资助为消费者免费回收旧产品的服务。透过以上措施, 将为废电器电子产品形成一套闭环回收再造解决方案, 并可应用在其他产品之上[1]。

5. 电子废物的问题

由于电器和电子产品(包括家用电器、电脑、手提电脑、平板电脑、智能电话以及多种多样的电子装置)在许多经济体中随处可见, 其用后收集、回收再造、处理和弃置的政策问题令不少政府头痛不已。内地曾经是已发展经济体的主要"电子废物弃置场"。2001年, 广东省的贵屿以世界最大电子废物集散地著名, 廉价劳工以不当的方式提取物料, 对环境及工人造成危害[2]。中国政府自此禁止进口二手废电器电子产品及以不当方式处理电子废物, 并开始实行妥善回收制度。然而, 执法仍具挑战, 而且许多问题有待解决。

一份由美国非政府组织"巴塞尔行动网络"所公布的专题报告, 使香港成为上述故事的一部分。根据该报告, 有由美国付运的废电器电子产品最终留落在新界的废物场内。巴塞尔行动网络将电子追踪器装在废旧电脑、打印机和显示器, 以便进行全球追踪。巴塞尔行动网络发现, 在内地实施进口禁令之前, 有废电器电子产品经打包为较小的批次后, 被走私到当地并经不合规格的过程回收其中物料。禁令实施之后, 有香港废物场的工人在电子废物中提取有价值的资源, 与内地做法同出一辙, 对香港造成同样的环境和健康威胁。巴塞尔行动网络连同香港的一间媒体机构呼吁环境保护署加强监管。这促成了巴塞尔行动网络与环境保护署之间的具有建设性的对话, 以及加强执法行动[3]。作为废电器电子产品新法例的一部分, 生产者责任计划系统的三个重要特点将有助确保妥善处置在香港产生的受管控废电器电子产品, 并防止海外废物流入。这三个特点是:(1)任何人储存、处理、再加工或循环再造受管制废电器电子产品, 须取得废物处置牌照;(2)进、出口受管制废电

1　香港在 2008 年制定《产品环保责任条例》, 为生产者责任计划提供一套"纲领法例"。政府在引入废电器电子产品生产者责任计划之前, 已经为塑料购物袋立法, 并正筹备饮料玻璃容器生产者责任计划。现时, 另一项有关塑料容器生产者责任计划的新研究亦正展开。

2　不当方式包括燃烧电路板和在酸液浸溶芯片, 以及燃烧塑料以提取物料。有关贵屿的最新情况, 可参考巴塞尔行动网络在 2017 年 1 月 10 日的报道 "Looks are deceiving in Chinese town that was US e-waste dumping site"。

3　笔者亲自与巴塞尔行动网络协调, 并于 2016 年建立新的合作关系。

器电子产品，须取得许可证；（3）受管控废电器电子产品禁止弃置于堆填区。

从内地和香港处理废电器电子产品的经验可见，妥善处理相关物品虽然昂贵，但我们实在没有理由，不建立一个合适的收集和处理系统以内化有关成本。与在行的非政府组织合作，有助建立联盟，以达到更好效果。内地和香港在执法层面合作，亦有助打击跨境运作的不法分子。此外，有关当局需要有能力预计新废物类型的发展情况，并在如何处理的问题上想得更远。在废电器电子产品方面的一个例子是，需要开始考虑来自电动车辆的废电池，因为在不久的未来它们将会越来越多。尽管废电池现已纳入香港处理化学废物的法规管制，我们亦应注意确保妥善执行和循环再造。

三、总结——新的社会经济机遇

减废和回收关乎每一个人。当局必须掌握此议题的复杂性和多样性，并须为人力和设施投放足够的资金，以支持由数据收集到政策规划与执行等多个方面。决策者需要与社会各界和商界磋商，获得各方认同，使新提议可以顺利进行。同时应持续进行公众教育。

一般市民的行为主要牵涉到他们是否愿意进行废物分类回收，以及在使用所有类型的资源时更加谨慎，以减少废物产生。市民需要适应新文化，接受处理所有类别的废物都有成本，有可能直接或间接转嫁到市民身上；而他们浪费越少，收费越低。商界同样需要接受一系列新的、更严格的管控。他们在管理资源运用和减废上做得越好，业务成本越低。由于政府要在处理废物上花更多工夫，并需要持份者和社会的合作，政策和倡议的制订必须加强持份者、居民和公众的广泛参与。尽管废物处理的极大部分工作由政府承担，但废物管理的未来亦提供许多社会经济机遇，改善宜居性和公众健康，以及为有兴趣的年轻一代创造新的就业机会。

将废物业务视为肮脏、低收入的时代已经过去。废物管理的未来涉及良好的管理、数据、数码化、技术、设计和沟通——所有功能正好适合现今的年轻一代。本章的第一部分讨论了数据收集和分析的重要性和挑战。数码化和大数据会有助识别可促成改善机遇的动向和模式。政府和企业现时在应用数码化技术和大数据方面只触及皮毛。潜在机遇的例子包括利用路线优化以收集和运送废物，因为收集是运营成本中很重要的一部分。在不久的将来，科技将能够使用传感器、应用程式、自动化和机械人处理废物。废物管理数码化是实现"智慧"城市的结果的其中一部分。

此外，设计和沟通是协助人们了解需要做什么和怎样做的重要技能。当局与市民、持份者与雇员之间的公众沟通，全都需要精心设计以便于网络传播。这些技巧与上述提到的技术技能在本质上同样重要。

最后，发展和采取新的社会习惯需要整个社会的转化。台北市的例子令人鼓舞。当局花了很长时间进行公众教育，并制订从市民收集废物和回收物料的方法。虽然起初有些混乱，但当习惯有关做法后，市民为他们的成果感到自豪，减少的废物量亦相当可观。因为全世界的城市都致力变得"智慧"和低碳，减废和转废为能会是重要的部分。城市和市政府将会更有兴趣交换最佳做法。香港和内地城市已经可以开始汲取对方的经验，促进转化。城市之间的自然竞争，可能有助刺激城市在与其他城市比较下做得更好。香港和大湾区的城市在采取转废为能的方法上是自然的合作伙伴。最终，由于气候变化是对世界各地政府的一个主要政策挑战，减废亦应被视为减少碳排放的潜力。减少厨余，特别是结合明智的食物选择——例如实行植物为主食饮食——是其中一种最有效的减碳方法。

本章作者介绍

陆恭蕙女士为香港科技大学兼任教授，在 2012 ～ 2017 年期间出任香港特区政府环境局副局长，具有多年从政经验。陆女士于 1992 ～ 2000 年曾出任立法局 / 立法会议员，专注处理环境事务，特别关注空气质量问题。她在平等机会、艺术和文化政策方面的工作亦广为人知。陆女士于 2000 ～ 2012 年在其创办的非营利公共政策研究机构思汇政策研究所担任行政总监一职。除参与多个研究项目外，她亦曾撰写有关政治参与及香港历史的著作。陆女士的政策及社区工作在香港及国际上广受认同，常获邀演讲。陆女士的专业是律师。她在英国取得英格兰的法学学位，并拥有中国法及比较法法学硕士学位。她获赫尔大学颁授荣誉法学博士学位，又获爱萨特大学颁授理学学士学位，以表扬她的工作。

参考文献

[1] The World Bank. What a Waste: A Global Review of Solid Waste Management. Washington: World Bank, 2012, 3. [cited2017 July 10]. Available from: http: //www. worldbank. org/en/news/ feature/2012/06/06/report-shows-alarming-rise-in-amount-costs-of-garbage.

[2] Velis CA. Global recycling markets: plastic waste – A story of one player: China. Vienna: International Solid Waste Association, 2014, 9. [cited2017 July 10]. Available from: https: // www. iswa. org/fileadmin/galleries/Task_Forces/TFGWM_Report_GRM_Plastic_China_LR. pdf.

[3] Baldé CP, Wang F, Kuehr R, Huisman J. The Global E-waste Monitor 2014 – Quantities, Flows and Resources. Bonn: United Nations University, 2014. [cited2017 July 10]. Available from: https: //unu. edu/news/news/ewaste-2014-unu-report. html.

[4] 香港特区政府环境局，环境保护署 . 有关本港都市固体废物回收率及处理进口废物的事宜 [互联网]. 香港 : 环境局，2013. [引用于 2017 年 7 月 10 日]. 立法会环境事务委员会讨论文件 CB (1) 1620/12-13 (01) . 撷取自网页 : http: //www. legco. gov. hk/yr12-13/chinese/ panels/ea/papers/ea0726cb1-1620-1-c. pdf.

[5] 香港特区政府环境局，环境保护署 . 有关本港都市固体废物回收率及处理进口废物的事宜 [互联网]. 香港 : 环境局，2014. [引用于 2017 年 7 月 10 日]. 立法会环境事务委员会讨论文件 CB (1) 1104/13-14 (03) . 撷取自网页 : http: //www. legco. gov. hk/yr13-14/chinese/ panels/ea/papers/ea0324cb1-1104-3-c. pdf.

[6] 香港特区政府环境局 . 香港资源循环蓝图 2013–2022[互联网]. 香港 : 环境局，2013. [2017. 07. 10]. 撷取自网页 : http: //www. enb. gov. hk/tc/files/WastePlan-C. pdf.

[7] 香港特区政府环境局 . 香港厨余及园林废物计划 2014–2022[互联网]. 香港 : 环境局，2014. [2017. 07. 10]. 撷取自网页 : http: //www. enb. gov. hk/tc/files/FoodWastePolicyChi. pdf.

[8] 香港特区政府食物及卫生局，环境局，食物环境卫生署，环境保护署 . 有关规管食用油

脂及回收"废置食用油"的公众咨询：咨询结果及观察 [互联网]. 香港：食物及卫生局，2015. [引用于 2017 年 7 月 10 日]. 立法会食物安全及环境卫生事务委员会讨论文件 CB (2) 376/15-16 (03) . 撷取自网页：http: //www. legco. gov. hk/yr15-16/chinese/panels/fseh/papers/fseh20151208cb2-376-3-c. pdf.

[9] 香港特区政府环境局，环境保护署 . 2016 年废物处置 (建筑废物处置收费) 规例 (修订附表) 公告 [互联网]. 香港：环境局，2016. [引用于 2017 年 7 月 10 日]. 立法会参考资料摘要 EP CR9/65/7. 撷取自网页：http: //www. legco. gov. hk/yr15-16/chinese/subleg/brief/2016ln060_brf. pdf.

第六章 香港的防洪策略及展望

梁华明

一、引言

　　城市发展需要优质基建，当中的雨水排放设施担当重要角色，以确保城市具备足够的防洪能力，保障市民生命财产安全。虽然香港地形复杂、降雨量大，以及人口稠密等因素，为渠务工作带来不少挑战，但多年来，渠务署进行多项长远规划和防洪工程，并采取适当防洪策略，逐步解决各区水浸问题，令水浸黑点持续减少。然而，由于气候变化，以及市民期望改善生活环境，治水策略须与时并进。渠务署把握城市发展机遇，与业界携手合作，未雨绸缪，积极应对可预见的防洪挑战，促进城市发展。本章论述渠务署应对水患和提供雨水排放服务的概况、成果和展望。

二、渠务发展

　　香港早期的城市规划并无"雨水渠"概念。开埠初期，政府扩阔市区河溪，将之建成运河。究其原因，运河除可作为淡水水源和贸易及运输航道外，还具有防洪功能；渠道方面，则采用"雨污合流"系统，以应付排污排洪的需要。随着城市发展，生活污水剧增，合流渠道的潜在问题逐渐浮现。20世纪初，政府开始采用"雨污分流"策略，把合流系统改成分流系统，即建造两套独立的渠道系统：雨水渠和污水渠系统。自此，政府陆续在港九各区铺设雨水渠及污水渠，并逐渐建设独立的雨水和污水渠道系统，奠定香港渠务发展的基础。

　　虽然上述策略解决了合流系统的卫生问题，香港仍受水浸问题困扰。香港位于海洋性亚热带季候风区，最高年降雨量可超过3000mm，是太平洋沿岸地区降雨量最高的城市之一，而降雨集中在4～10月的雨季，单日降雨量可达500mm，1h雨量可达145mm[1]。

　　香港山多地少，市区发展集中维港两岸中下游一带。随着城市发展，土地表面被混凝土覆盖，以致其天然的疏水和排洪能力被削弱，加上上游流下的径流，水浸更易发生（图6-1）。另外，填海地区地势平坦，原来沿海地方变成内街，雨水须流经填海土地才排入大海，增加排洪困难。若暴雨遇上天文大潮或台风来袭，更会酿成洪泛以至山泥倾泻，造成严重的经济损失和人命伤亡。

图 6-1　20 世纪 60 年代旺角弥敦道的水浸情况

暴雨也为新界带来水浸问题。新界北部虽有多条天然河道，但河道蜿蜒狭窄，容易泛滥，而新市镇的发展亦须填平农田和鱼塘，以便建屋和修路。土地表面以混凝土覆盖后，雨水无法渗进泥土，令地面径流大增，加剧水浸问题，影响居民生活（图 6-2）。

图 6-2　1993 年台风黛蒂袭港期间，上水一带沦为泽国

三、长远规划

经过数十年的急速发展，政府意识到早年铺建的排水系统开始不胜负荷，有需要制订长远而全面的方案，以解决水浸问题。1988 年 11 月，政府展开"全港土地排水及防洪策略研究第一期"（Territorial Land Drainage and Flood Control Strategy Study – Phase I）[2]，建议在新界全面推行治洪策略，拟定可行的防洪基建方案，以配合新市镇发展。1990 年，政府完成上述研究，并根据研究结果制订一套用于规划及设计排水系统的防洪标准，规范所有防洪设施的设计。

防洪标准是防洪策略的重要指标，是规划及设计公共排水系统的准则。渠务署根据历年降雨量订立"防洪标准"，从而制订防洪策略[3]。厘订"防洪标准"的考虑因素包括：

土地用途、经济增长、社会经济需要、水浸后果，以及水浸缓解措施的成本效益。表 6-1 为香港现行标准，与海外已发展国家的标准看齐。

香港现行防洪标准　　　　　　　　　　　　　　　　　表 6-1

排水系统类别	能抵御以下重现期（年）的水浸事故
市区排水干渠系统	200
市区排水支渠系统	50
主要乡郊集水区防洪渠	50
乡村排水系统	10
经常耕作的农地	2～5

20 世纪 80 年代末，政府认为有需要成立一个独立部门，专责检视、规划及建造全港的雨水及污水排放系统。1989 年，环境保护署发表的《白皮书：对抗污染莫迟疑》（White Paper: Pollution in Hong Kong – A Time to Act）[4] 正式建议成立"渠务署"，专责本港雨水排放及污水处理的工作。为此，渠务署于同年 9 月 1 日成立，除提供污水处理服务外，亦专责规划、建造、操作及维修排水系统和设施，以减低全港的水浸风险，保障市民生命财产安全。

1991 年，渠务署展开"全港土地排水及防洪策略研究第二期"（Territorial Land Drainage and Flood Control Strategy Study – Phase II）[5]，目的是监察及管理容易泛滥的地方，包括新界北部的新田、梧桐（梧桐河）、平原（平原河）、天水围、元朗／锦田／牛潭尾五个集水区。1991～1995 年间，政府先后为新界制订《城市规划条例》及《土地排水条例》，并进行排水影响评估。渠务署亦获授权在新界私人土地进行渠务修葺工程，并就相关渠道工程提出意见，以减低河道泛滥的风险。

1995 年，渠务署展开"全港土地排水及防洪策略研究第三期"（Territorial Land Drainage and Flood Control Strategy Study – Phase III）[6]，以检视渠务工程及保养的成本效益和环境影响，目的是进行有效防洪工程的同时，还着力兼顾天然河道的淤积及平衡。

1994～2010 年间，渠务署分阶段为全港推行"雨水排放整体计划"，把香港、九龙、新界及离岛范围划分成 11 个集水区域（图 6-3），并利用多项电脑模拟技术为各集水区域建立精细的水力模型，用以检查和鉴定研究范围内现有排水系统及相关设施的不足之处，目的是制订最具成本效益的防洪方案，就各区域的排水系统建议短期及长期改善措施，以符合现有标准和应付未来需要。渠务署评估这些措施的可行性、对交通及周遭环境的影响，同时确定需要安装流量和雨量测量站的位置，以便搜集相关资料用做评估水浸缓解措施的成效 [7]。

自 2008 年起，渠务署陆续展开"雨水排放整体计划检讨研究"（图 6-4），目的是复检"雨水排放整体计划"、评估现有排水系统的排洪能力、考虑最新土地发展计划，以及应气候变化改良水力学模型，从而制订改善措施以配合香港高速发展的步伐，以及应对气候变化为排水系统带来的挑战。

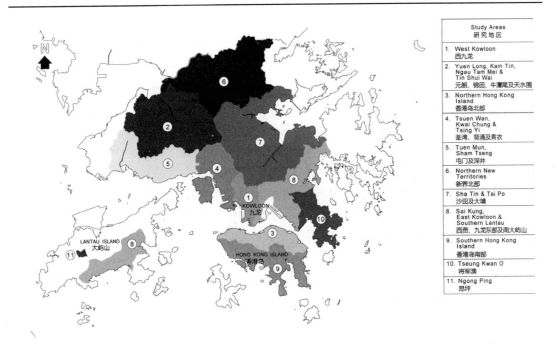

图 6-3　雨水排放整体计划区

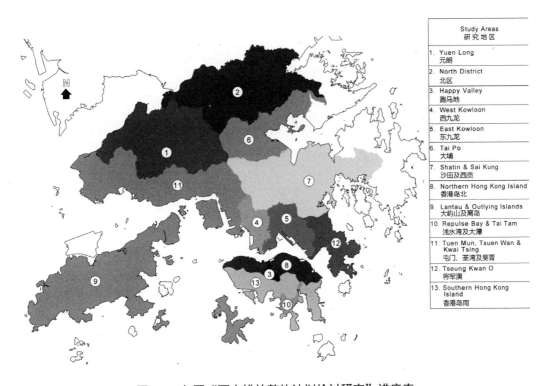

图 6-4　各区"雨水排放整体计划检讨研究"进度表

四、防洪策略

香港常见的水浸原因包括：都市化发展使路面径流增加、雨水渠进水口堵塞、部分地区位处洪泛平原或低洼地带、海水倒灌等。为解决不同地区的水浸问题，须按各区地势特点及发展情况制订策略。"雨水排放整体计划"的研究结果，就是针对个别地区提出洪泛解决方案。防洪工程采用的概念大致可归纳为"截流"、"蓄洪"和"疏浚"三个模式（图 6-5）。具体实施的工程包括：在半山建造雨水排放隧道，截取中上游径流；在平坦低洼地区建造蓄洪池，把部分雨量暂存；在原有河道进行治理工程或兴建新的排洪河道和渠道，以加强疏导雨水和提升防洪能力。简而言之，渠务署因地制宜，应用这套防洪概念，并配合小型渠道改善工程及非结构性措施，提升整体防洪成效。

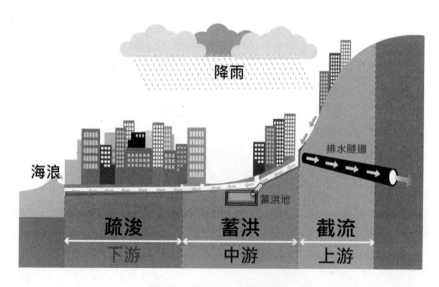

图 6-5　香港三大防洪策略

1. 截流

"截流"是主要用于改善市区水患的防洪策略。市区楼房密集，难有足够空间进行大规模开挖式的排水系统改善工程，因此须在市区上游截取部分雨水，引流绕过闹市，将之排放入海或输送至其他集水区，从而减少雨水流入市区的排水系统，提升该区的防洪水平。

现时渠务署在市区建有四条雨水排放隧道：港岛西雨水排放隧道、荔枝角雨水排放隧道、荃湾雨水排放隧道，以及启德雨水转运隧道[8]，都是应用"截流"概念（图 6-6）。除启德雨水转运隧道外，其余三条雨水排放隧道都建于半山，目的是截取高地雨水，减低雨水对中下游市区的影响。隧道建造工程在深层地底进行，免却在闹市进行大规模开挖工程，大大减轻对交通、居民及商业活动的影响。雨水隧道的走线尽量利用政府土地、马路、行车天桥底部等，以减少对私人产业的影响。

图 6-6　香港的雨水排放隧道位置图

新界元朗近年发展迅速，渠务署亦以"截流"概念，建造了一条 3.8km 长的人工排水绕道，以截取元朗集水区四成水流，分流至锦田河下游，再排出后海湾，以缓减元朗市区的水浸威胁（图 6-7）。工程优点之一，是无须在元朗市中心大兴土木，减低对区内居民及交通的影响。排水绕道的设计结合环保元素，着重绿化及避免影响邻近生态环境。

图 6-7　元朗排水绕道

2. 蓄洪

当下游排水系统的容量不足以应付上游发展而增加的洪峰流量，可考虑采用"蓄洪"方法，把暴雨时过多的雨水暂存蓄洪池，减低洪峰流量，避免下游水浸。无论是市区或新界的蓄洪池，都是临时储存部分来自上游的地面径流，并容许少量水流排向集水区下游，以控制下游排水系统的雨水流量，舒缓其压力。现时市区共有三个蓄洪池，即大坑东地下蓄洪池（图 6-8）、上环蓄洪池（图 6-9）、跑马地地下蓄洪池（图 6-10），详见表 6-2[8]。

图 6-8　大坑东蓄洪池内部

图 6-9　上环蓄洪池

图 6-10　跑马地地下蓄洪计划

名称	保护地区	启用年份	蓄洪量（m³）	其他资料
大坑东地下蓄洪池	旺角	2004	10万	共长240m的溢流堰
上环蓄洪池	上环	2009	9 380	—
跑马地地下蓄洪池	湾仔及跑马地	2017	6万	15组各长3m的可调式溢流堰

现正使用的蓄洪池　　表6-2

在新界低洼村落，渠务署实施"乡村防洪计划"提升防洪能力，原理与蓄洪池相近。村落四周会筑起防洪基堤，以阻隔堤外雨水流入村内；而村内则会兴建蓄洪池，以收集村内路面的径流。蓄洪池旁设有雨水泵房，把基堤内的雨水泵送至村外的排水道，以缓减水浸威胁（图6-11）。蓄洪池的设计按池内经常蓄水与否分为两种。渠务署共完成27个乡村防洪计划，涉及面积逾240hm²低洼地区，减少35条村落居民所受的水浸威胁。

图6-11　乡村防洪计划示意图

3. 疏浚

一般而言，天然河流的容量只能应付两年一遇的泛滥。"疏浚"指以拉直、扩阔及挖深原有河道，或改善原有渠道来提升河流或排水道的排洪能力。这是自古以来的治水良方。

市区的排水系统一般都在建设都市时铺设。随着都市逐步发展，市区部分排水系统未能符合现行防洪标准，因而须要修建、改善和扩展。然而，香港大部分地底满布稠密的公用设施（如电缆、煤气喉管、食水管等）。就传统的排水工程而言，施工技术须开挖路面，难免须在这些公用设施下施工，以致影响交通及市民。因此，渠务署设法减少进行此类工程，除更广泛利用无坑挖掘技术敷设排水管外，亦以截流和蓄洪的方法处理洪水。

在新界，疏浚是治理河道的主要方法。以新界北为例，渠务署与深圳方面合力完成深圳河治理工程第一至第三期（图 6-12），把原长约 18km 的河道拉直、扩阔和挖深成为长 13.5km 的新河道，以提高防洪标准。近年，渠务署又为河道工程加入生态保护元素，提升河道防洪能力之余，又兼顾河溪的生物多样性。

图 6-12　已完成的治理深圳河第一至第三期工程

自 1989 年起，香港已投放超过 250 亿港元进行防洪基建工程。截至 2016 年年底，渠务署管理近 2400km 雨水渠、约 360km 人工河道、21km 雨水排放隧道、3 个雨水蓄洪池，以及 27 个乡村防洪蓄水池，以防范水患对市民的威胁。

长远的防洪策略及有效的排水系统改善工程，令香港的水浸问题日渐舒缓。自 1994 年起，渠务署根据水浸记录及水浸投诉，编订水浸黑点名单，用以监察相关渠道维修工程和防洪措施的进展。渠务署会特别留意这些水浸黑点，并进行预防性维修，以及在水浸发生时，及时采取缓解措施。1995 年，香港共有 90 个水浸黑点。随着多个主要防洪工程计划相继完成，水浸黑点已显著减少。及至 2010 年，所有严重水浸黑点已经消除，部分余下的水浸黑点亦已完成改善工程（图 6-13）。渠务署会密切监察改善情况[9]。至于其余黑点的长远改善工程，则正在进行或规划中。

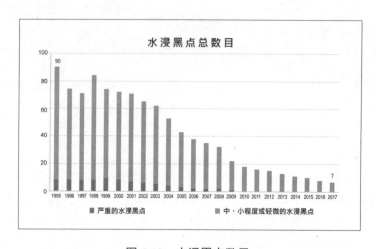

图 6-13　水浸黑点数目

尽管渠务署着力建设排水系统，但排水系统的效能易受多项因素影响，如雨水夹杂的泥沙可在排水渠和排水道内慢慢沉积，影响排水量；泥石、大体积物件和树叶枝条冲至集水井和排水道，阻塞排水系统。因此，渠务署除进行排水系统改善工程外，亦实施非结构性措施（如设立紧急应变系统，以及在易受水浸影响的地区设置洪水警告响号系统），全面应对水浸威胁。

4. 紧急应变系统

在恶劣天气下，例如天文台发出八号或以上热带气旋警告信号、红色或黑色暴雨警告信号等，渠务署会紧急动员，启动紧急事故控制中心，协调清理淤塞渠道和水道的紧急工作、处理水浸报告、向政府内部和市民发布消息，以及按需要派队伍到现场协助，以预防或应对恶劣天气下可能发生的情况。中心的遥测系统和闭路电视会密切监察重要渠务设施的效能（图6-14）。此外，当遇上突发事件，更要配合政府中央紧急应变中心的工作，统筹协调有关渠务的紧急应变行动。

图6-14　渠务署紧急事故控制中心

紧急事故控制中心的水浸监察及报告系统实时监察主要河道水位，自动收集现场雨量、潮位和水位的数据，并经遥测系统将之传送至监察中心。渠务署利用实时的水文及气象数据，可快速分析水浸情况，并安排队伍出勤，为市民提供协助；如有需要，还会通知其他部门准备救援、疏散及开放洪泛庇护站等工作。此外，渠务署设有24h"渠务热线"，接听市民有关渠道淤塞、水浸等查询，以便部门尽快处理渠务投诉。

5. 洪水警告响号系统

为减低水浸对村民生命财产的威胁，渠务署在有关防洪改善工程尚未完成前，会在容易水浸的乡村装设洪水警告响号系统，作为临时措施。该响号系统主要由水位感应器、控制系统及警报器组成。当洪水达到预设的水位警戒线，水位感应器会经资料传输线启动警报器，自动向村民发出警报，让他们可在严重水浸前早做准备，如及时撤离或采取预防措施等（图6-15、图6-16）。渠务署亦印发宣传单张，让村民认识该响号系统，提高他们应对水浸的能力。

图 6-15　洪水警告响号系统

图 6-16　新界洪水桥丹桂村的洪水警告响号系统

五、应对转变

气候变化是人类现时面对的重大挑战。自 1750 年起，受人类活动影响，全球大气中温室气体浓度不断上升。联合国政府间气候变化专门委员会（Intergovernmental Panel on Climate Change）发表的第五份评估报告（Fifth Assessment Report, AR5）[10] 指出，自 20 世纪中叶以来观察所得，全球暖化极可能（机会高达 95% 或以上）因人类活动造成大气中温室气体浓度上升所致。

气候变化会令海平面上升及降雨量增加。海平面上升会增加近岸及低洼地区的水浸风险，暴雨则会增加径流，加重排水系统的负担。香港天文台利用 AR5 的多个电脑气候模式数据及统计方法，推算 21 世纪香港气候的变化 [11]。图 6-17 及图 6-18 显示香港天文台在两个温室气体浓度情景下，对海平面和年雨量的推算。至于极端降雨日（即日雨量多于 100mm），则会由 1986 ～ 2005 年实况观测到的平均每年 4.2 日增至 2091 ～ 2100 年的约 5.1 日。平均降雨强度及每年最高日雨量亦会增加。

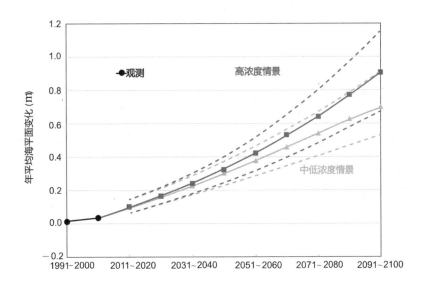

图 6-17 在高和中低温室气体浓度情景下，香港及邻近水域的平均海平面变化的未来推算

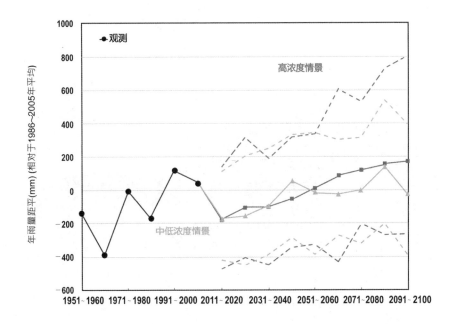

图 6-18 在高和中低温室气体浓度情景下，香港年雨量的未来推算

渠务署一直关注气候变化对排水系统的影响。早于 2007 年，渠务署便参与由香港特别行政区政府成立的气候变化跨部门工作小组，协助香港适应于减缓气候变化；进行雨水排放整体计划检讨研究时，亦会参考有关气候变化的文献（包括 AR5 及其他本地和海外的相关研究结果），以分析有关影响。此外，渠务署近年积极推广"蓝绿建设"，并为市民创造宜居的生活环境。

六、蓝绿建设

香港早年建成的排水设施，与许多国际城市一样，都以"抗洪"为设计理念，偏重排水渠的排洪功能。当时的渠道设计亦参考国际惯常做法，以混凝土修建。不过，随着时代转变，世界各地在防洪策略上，渐渐注重保护河道生态。渠务署亦与时并进，多年前开始试验不同的生态保护措施，为现有及新建防洪设施注入绿化及保护元素，并尽量少用混凝土建造排水道，以贯彻部门促进"可持续发展"的抱负。

此外，政府近年大力推动创建"宜居城市"，改善市民的居住和空间环境。为作配合，渠务署致力把香港建成整洁舒适、环境优美、妥善应对全球暖化和气候变化的城市，并善用水体及排水设施创造宜居环境，为此积极在社区发展项目中，采用"蓝绿建设"概念，以提高城市的耐洪能力（图 6-19）。"蓝绿建设"中的"蓝"泛指河道水体，"绿"则指绿化景观。此概念与"水敏型城市"（Water Sensitive Cities）、"可持续排水系统"（Sustainable Drainage System）、"低影响开发"（Low Impact Development）和"海绵城市"（Sponge City）等概念相类，旨在通过渗透、蒸发和蒸腾来模拟自然水循环，以采集雨水、控制洪水和善用雨水。"蓝绿建设"包括蓄洪湖、活化河道及其他可持续排水设施，如绿化天台、多孔路面、雨水收集系统等。"蓝绿建设"具有明显减缓和适应气候变化的好处，其中包括以下各项：

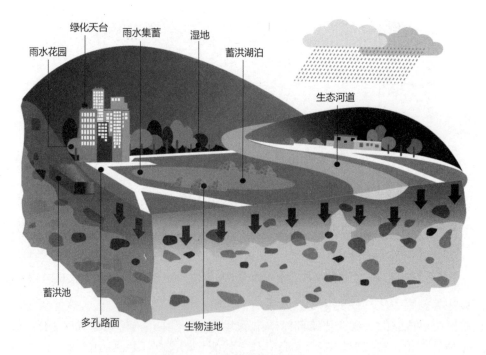

图 6-19　"蓝绿建设"概念

（1）整合城市景观及水体，降低热岛效应。

（2）善用天然雨水资源。

（3）改善城市居住环境，协调城市发展与自然保护。

（4）提高城市耐洪能力，应对气候变化。

（5）整合排水设施与土地用途，实行一地多用，善用土地资源。

这类基建和措施除为市民建设草木繁茂和水景优美的社区外，亦可让市民透过近水体验，学懂加倍珍惜天然资源。简括而言，"蓝绿建设"是集自然环境、社区特色和现代化功能于一身的都市排水布局。

1. 生态河道

天然河道除具排洪功能外，亦是许多动植物的栖息地。为使河道治理工程更趋完善，渠务署规划河道工程时，会尽量加入保护设施及保留天然河流环境的特色，以减少对环境的影响。现时新界不少河道既具备抗洪能力，又拥有翠绿河岸和良好生态环境。一些邻近河道的天然溪涧亦获得保留和绿化，使香港的河道环境更为理想。

渠务署在河道改善工程中，设法加入生态保护元素，保护生态。例如在蚝涌河、白银乡河及林村河上游的改善工程中，利用天然物料建造鱼梯，让鱼类能在上下游之间游动（图6-20、图6-21）；在元朗排水绕道工程中，在河道两岸和底部铺设草砖让植物生长；在梅窝鹿地塘排水绕道工程中，保留原有表土及原生植物种子，用以铺设河床。实施这些生态保护措施，目的是尽量模仿天然河道环境，减低工程对生态环境的影响。

图 6-20　改善后的大埔林村河上游与周边环境自然融合

图 6-21　西贡蚝涌河改善工程引入生态元素，以提升河溪生态多元性

为向业界推广生态河道的设计，渠务署在 2015 年发布实务备考编号 1/2015《河道设计的环境和生态考虑指引》（实务备考）[12]，取代旧的实务备考。新订实务备考提倡蓝绿建设概念，并提供技术指引，阐释如何在符合水力学要求的情况下，提升河道的生态价值，以及论述绿化河道设计的措施及考虑因素，更提供参考图片、图表及设计实例，说明生态河道设计的实际应用情况。此实务备考能作为政府及业界设计生态河道的参考指南。

2. 建造湿地

湿地泛指水陆交汇的地带，拥有丰富野生动植物资源，为各种生物提供栖息及觅食地，是重要的生态系统，并兼具储水、防洪、生态、经济和康乐等价值。2003 年，渠务署进行元朗排水绕道工程时，把附近数个荒废鱼塘开辟为人工湿地，以补偿工程对生态的影响。该人工湿地面积达 7hm²，相当于 10 个标准足球场，采用可持续用水的设计概念，内建多个净化池，以进行天然过滤及净化，改善水质（图 6-22、图 6-23）。湿地有多种植物，而特意建造的水池深浅不一，以吸引不同生物前来栖息。湿地自建成以来，吸引多种雀鸟、蜻蜓、蝴蝶、两栖动物以及爬虫品种在此栖息，显示湿地颇具生态价值。

另外，米埔是按《拉姆萨尔公约》设立的"国际重要湿地"，也是全港最大的天然湿地。渠务署管理山贝河和天水围明渠时，推行"红树林管理计划"，务求在防洪与保护生态上两相兼顾（图 6-24）。例如，为确保过境候鸟不受影响，修剪红树工程安排在候鸟迁徙期（即 11 月至翌年 3 月）以外进行。为保留红树林原貌，渠务署会不时复检修剪工作。一般而言，修剪工作只涉及常见的红树品种，而修剪范围只限泥面上的树干，树根则予保留。修剪后的红树林一般会在五年内完全复原。

图 6-22　元朗排水绕道的人工湿地

图 6-23　湿地内的沉淀池、碎砖池及蚝壳池

图 6-24　山贝河及天水围明渠河口的红树林

3. 蓄洪湖泊

蓄洪湖泊一方面能提供适合动植物的自然生态环境，提升河道的生态价值，另一方面又能在暴雨时暂存洪水，减低下游排水系统的负荷，一举两得。正在施工的治理深圳河第四期工程，采纳生态河道设计，走线除会弃用传统的河道拉直方法，改为根据河道原有地形，尽量保留自然走向外，亦会在最大的河曲兴建占地 22000m²、蓄洪量达 8 万 m³ 的蓄洪湖泊，在暴雨时分流雨水，控制下游水量。该蓄洪湖泊将辟设河滩湿地（图 6-25）。渠务署设计景观时，考虑到该处的特点及邻近地区的土地用途规划，决定种植水生植物，既能避免河堤侵蚀，又能净化河水，保护水资源。此外，亦会进行环境美化工程，并为动植物提供栖息地，以建立天然河岸的生态系统，促进环境的自然发展。

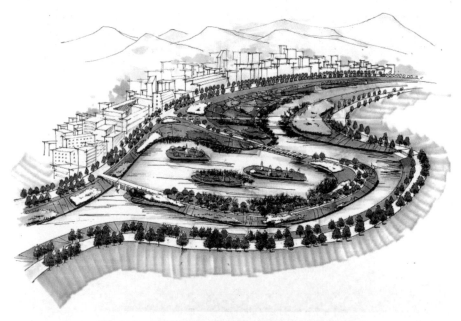

图 6-25　深圳河治理工程第四期的蓄洪湖泊草图

4. 绿化天台

在建筑物天台栽种绿色植被和色彩绚丽的植物，既可为邻近居民塑造赏心悦目的环境，又有助建筑物降温，节约能源之余，亦能减低市区的热岛效应，改善空气质量。渠务署积极绿化辖下渠务设施，截至 2015 年年底，已为 24000m² 的天台进行绿化（图 6-26）。

图 6-26　沙田污水处理厂的绿化天台

5. 雨水集蓄

　　雨水是珍贵的天然淡水资源，善用雨水能在源头减少雨水排放，以及减少依赖食水。渠务署正试验雨水回用方案，主要研究如何回用雨水排放隧道及蓄洪池收集的雨水。试行方案的项目包括荔枝角雨水排放隧道及跑马地地下蓄洪计划。荔枝角雨水排放隧道设有静水池，可让雨水中的沙石沉淀，避免主隧道淤塞。此外，隧道截取山上流下的雨水，水质较洁净，一经过滤及消毒，即可回用。雨水回用系统每天可把静水池约 $120m^3$ 的雨水净化，作冲厕、灌溉和清洗用途，让珍贵的水资源用得其所。在跑马地地下蓄洪计划中，渠务署建造一套地下水及雨水回用系统，设计每日处理量最高达 $600m^3$。该系统会直接收集地下水及运动场地的灌溉用水和雨水，将之输送至地下源水缸。水缸的水经净化系统处理后，会输送至地下清水缸，作冲厕及灌溉用途（图 6-27）。

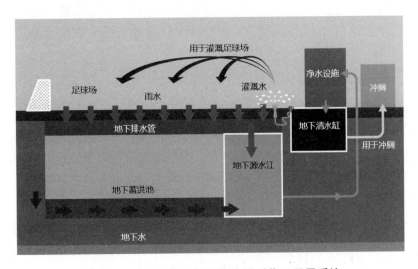

图 6-27　跑马地游乐场的水资源采集及回用系统

　　除上述蓝绿建设方案外，渠务署亦积极研究其他可持续排水设施的方案，包括多孔路面（让雨水渗入泥土）、生态排水系统（可提供绿化带，以天然方法收集、过滤及净化雨水），以及雨水花园（可提供绿化园境，减慢水流及过滤雨水）。这些设计可使香港在气候变化的挑战中，大大减低水浸威胁。

七、把握机遇

　　随着时代转变，政府渐渐注重保护水体生态及善用市区空间，以缔造宜居生活空间，因此在 2015 年的《施政报告》中，提倡亲水文化及近水活动，并建议在大型排水改善工程及新发展区的排水规划中，加入"活化水体"这一新意念，务求除有效排水外，还能达至促进绿化、生物多样性、美化和近水活动等目标。渠务署致力配合推动活化水体意念，改善市民生活环境，并从以下三方面着手：把握落实活化水体的机遇；全面认识水体的功能和价值、改变雨水管理模式；以及推广"蓝绿建设"。

1. 全面认识水体的功能和价值

城市中的河道及水体不只用做排洪防涝，更可通过适当规划和管理，改善生境和促进生物多样性，以及作为重要的社会、文化、环境和经济资源。活化水体时，不单从防洪角度出发，更要全面考虑水体的功能和价值，有效规划及利用水体，释放土地资源的潜在用途。例如"可泛洪土地"（Floodable Area）这一概念，便是其中可研究的方向。该概念旨在让城市更能容纳洪水，在严重极端天气下，把水浸局限于特定范围，减少洪水对大范围或重要城市设施造成破坏，避免造成严重社会经济损失，同时亦能解决洪水安全问题。该概念配合"一地多用"概念，可舒缓传统排水系统的压力，提高城市耐洪能力，同时营造美好居住环境。

活化水体规划需要公众及社区团体参与，以发掘水体的潜在功能和价值。在活化项目中，公众及其他持份者如积极参与，将可事半功倍，令项目更切合社区的期望和需要。此举有助大众透过近水体验，学习珍惜天然资源，长远培养节水、惜水、减排等观念。

2. 改变雨水管理模式

在城市急速发展过程中，大量表土被混凝土覆盖，引致地表径流大幅增加；而随着城市持续发展，土地资源紧绌，加上气候变化所带来的豪雨，单靠提升排水系统的排洪能力无法根治问题。再者，由于洪水的汇流时间短、尖峰流量大，河道土地难以利用。为长远解决排水问题、更加善用土地资源，以及促进可持续发展，渠务署会落实现代化的雨水管理模式，以渗、滞、蓄、净、用、排为原则，增加雨水渗透和蒸发，减少表面径流，以蓄洪池、滞洪池、蓄洪湖泊等设施，减低尖峰流量，以及积极引进雨水再用系统，舒缓排水系统的压力。渠务署亦积极研究不同净化方案（如人工湿地、生物洼地、雨水花园等），以自然净化雨水，达到亲水目标。

3. 推广"蓝绿建设"

为使香港继续成为宜居城市，渠务署会继续致力推广"蓝绿建设"，建造现代化雨水管理模式的都市排水设施，以达到活化水体中绿化、生物多样性、美化和进行近水活动的目标。此外，为推动香港成为低碳节能的绿色城市，渠务署近年所建的排水设施，部分都经广为业界接纳的绿建环评（BEAM＋）评估，以认证其环保表现水准（图 6-28）。

为满足香港未来发展需要，以及容纳新增人口，政府现正在新界及市区进行多个新发展区计划，其中包括洪水桥新发展区计划、元朗南具发展潜力区计划、安达臣道石矿场发展计划、启德发展计划等。在新发展区的排水系统规划中，渠务署会积极加入活化水体意念，建设草木繁茂和水景优美的河道，让市民有更多机会亲近水体。举例而言，安达臣道石矿场发展计划会兴建全港首个"防洪人工湖"，一方面能暂存洪水，以舒缓东九龙地区的水浸压力；另一方面则可供市民游玩，以达到亲水目标（图 6-29）。

图 6-28　九龙城一号污水泵房获绿建环评铂金级认证

图 6-29　安达臣道石矿场计划中的防洪人工湖构想图

　　另外，规划署现正编制《香港 2030 ＋：规划远景与策略》。这是一项全面的策略性研究[13]，旨在更新全港发展策略，审视跨越 2030 年的规划策略和空间发展方向，以应对未来的转变和挑战，把香港发展成高密度宜居城市。该项研究倡议优化与管理珍贵的蓝绿资源，制订概念性蓝绿自然资源空间规划框架，以及规划蓝绿空间等，从而提升生活质量，并改善社会、城市设计、环境和生态效益，带来可持续的排水系统和保护水资源。这些措施贯彻渠务署的"蓝绿建设"和"活化水体"意念。

八、科研合作

渠务署致力推动与业界和学界的科研合作，提升服务水平，并为应对未来挑战做好准备。1998 年，渠务署成立由副署长领导的"研究及发展督导委员会"，负责统筹研究方针的制订及推行工作，并监督新技术的研发、试验及评估情况，以支持部门的研究及发展计划。委员会定期召开会议，以审视进行中的研究项目进展，并讨论新的研究项目。截至 2016 年年底，渠务署共完成 155 个研究项目，进行中的研究项目则有 48 个，内容涵盖多个创新及高瞻远瞩的项目，包括智能水闸系统、地下水及雨水回收重用系统、可持续排水系统、热岛效应，以及绿化天台等。研究成果有助提升渠务署应用高新科学技术。

渠务署亦不遗余力推动业界与学术界交流，以及为持份者建立交流渠道。自 2006 年起，渠务署每年都举办研究与发展论坛（图 6-30），邀请业界翘楚和专家发表专题演说，并发布各项目研究成果。论坛每年都吸引数百名本地学者、专业人士及业界代表与会，促进业界了解最新技术发展和开拓合作机会，为把握未来发展机遇打好基础。渠务署在成立 25 周年时，举办了大型"渠务署国际会议 2014"，并与联合国教育、科学及文化组织的水教育学院（United Nations Educational, Scientific and Cultural Organization – Institute for Hydraulic Engineering）签署谅解备忘录，共同促进可持续雨水管理的知识及能力发展（图 6-31）。此外，自 2016 年起，渠务署每年都举办渠务科研茶聚（图 6-32），邀请各专上学院及科研机构的学者出席，除就最新的雨水管理及污水处理的科技及其应用进行交流外，亦让学者了解渠务署现时和未来科研及发展项目的目标，有利日后合作。

图 6-30　渠务署管理层与"研究及发展论坛 2016"的嘉宾及讲者合照

图 6-31　渠务署与联合国教育、科学及文化组织的水教育学院签署谅解备忘录

图 6-32　渠务署同事与一众学者参与渠务科研茶聚

　　此外，渠务署积极与环保团体保持沟通及合作，定期进行会面，就河道生态交换意见，包括在排水改善工程中引进环保设计和活化水体、在自然河道进行工程时实施生态保护措施，以及河道生态研究等，以善用河道的排洪功用之余，亦能提升其生态价值。

　　除了本地的交流合作，渠务署亦不时参与国际组织，例如加入国际组织"C40 城市气候领袖组织"（C40 Cities Climate Leadership Group）旗下的"联结三角洲城市"（Connecting Delta Cities, CDC）。自 2013 年起，渠务署每年都派员代表香港特区政府参与 CDC 举办的会议及工作坊，与其他三角洲城市交流防洪技术。在非会议日子，渠务署亦参与网上研讨会、视像会议等进行非官方交流。渠务署同时是"粤港应对气候变化联络协调小组"成员，定期与广东省政府交流排水系统规划的经验。

九、总结

渠务署致力提供世界级的污水处理和雨水排放服务，以促进香港的可持续发展。为此，渠务署除应付防洪需要外，亦与时并进，在排水系统的设计、操作及管理上精益求精，并顾及社会整体发展。

渠务署多年来一直推行"雨水排放整体计划研究"，并进行"雨水排放整体计划检讨研究"，就个别地方的水浸问题提供全面的解决方法。研究工作包括全面检视现有排水系统的效能，以及建议短期及长远的排水改善措施。研究结果亦奠定"截流"、"蓄洪"和"疏浚"为三大基本防洪策略，以根治香港的水浸问题。面对气候变化带来的极端降雨量及海平面上升的挑战，渠务署除提升城市的防洪能力外，还积极加入生态元素，推广"蓝绿建设"，并透过把握香港未来的发展机遇，运用最新的雨水管理模式，落实"活化水体"意念，以规划新发展区的排水系统，把香港建设成宜居、具有竞争力及可持续发展的高密度城市。渠务署更透过与本地及外地的科研合作，推展多项创新及高瞻远瞩的项目，并研究应用成果，以应对未来挑战。

本章作者介绍

梁华明先生为香港特区政府渠务署高级工程师，他于 1988 在英国谢菲尔德大学（University of Sheffield）毕业，获颁工学学士（土木工程）学位，期后于 1993 年成为香港工程师学会会员，并于 2014 年成为英国注册特许工程师。他于 1995 年加入香港政府任职工程师，在土木工程拓展署工作。2006 年调往渠务署工作。梁华明工程师于 2012 年取得获香港绿色建筑议会认可的绿建专才（BEAM Pro）资格。梁华明工程师曾参与多个新市镇发展和排水及污水处理工程的规划、设计和建造。梁华明工程师现职渠务署高级工程师，负责整体协调研究和发展项目及"蓝绿建设"的规划和推广。

参考文献

[1] 香港天文台. 香港全年气温及雨量的排行 [互联网]. 撷取自网页：http://www.hko.gov.hk/cis/statistic/crank13.htm.

[2] Mott-MacDonald. Territorial Land Drainage and Flood Control Strategy Study Phase I. Report to Drainage Services Department. Hong Kong Government, 1990.

[3] Drainage Services Department. Stormwater Drainage Manual. Hong Kong: The Government of the HKSAR, 2013.

[4] Environmental Protection Department. White Paper: Pollution in Hong Kong – A Time to Act.

Hong Kong: Hong Kong Government, 1989.

[5] Binnie Maunsell Consultants. Territorial Land Drainage and Flood Control Strategy Phase II, Report to Drainage Services Department, Hong Kong Government, 1993.

[6] Hyder Consulting Limited. Territorial Land Drainage and Flood Control Strategy Phase III, Sedimentation Study. Report to Drainage Services Department. Hong Kong Government, 1997.

[7] 渠务署. 雨水排放整体计划研究及雨水排放研究 [互联网]. 撷取自网页： http://www.dsd. gov.hk/TC/Flood_Prevention/Long_Term_Improvement_Measures/Drainage_Master_Plan_Studies_and_Drainage_Studies/index.html.

[8] 渠务署. 渠务署概览 [互联网]. 撷取自网页：http://www.dsd.gov.hk/EN/Files/DOC/2016-17_DSD_in_Brief_Chin.pdf.

[9] 渠务署. 水浸黑点 [互联网]. 撷取自网页： http://www.dsd.gov.hk/TC/Flood_Prevention/Our_Flooding_Situation/Flooding_Blackspots/index.html.

[10] Intergovernmental Panel on Climate Change. The fifth Assessment Report. 2014. Available from: https://www.ipcc.ch/report/ar5.

[11] 香港天文台. 香港气候推算 [互联网]. 撷取自网页：http://www.hko.gov.hk/climate_change/future_climate_c.htm.

[12] Drainage Services Department. DSD Practice Note No. 1/2015 – Guidelines on Environmental and Ecological Considerations for River Channel Design. Hong Kong: Drainage Services Department, 2015, 8. Available from: http://www.dsd.gov.hk/EN/Files/Technical_Manual/dsd_TechCirculars_n_PracticeNotes/DSDPN_201501.pdf.

[13] 规划署. 香港 2030 ＋：跨越 2030 年的规划远景与策略 [互联网]. 撷取自网页： http://www.hk2030plus.hk/TC/index.htm.

第七章　香港生物多样性保护规划及案例

侯智恒

一、引言：香港的生物多样性

香港是著名的国际金融中心，人口密集。其细小的土地面积（约 1100km²）长久以来受尽人为干扰。虽然如此，香港依然蕴含惊奇的丰富的生物多样性（表7-1）。例如，香港所拥有的陆地哺乳类、两栖动物和爬行类、蝴蝶和蜻蜓类物种远多于比香港大222倍的英国[1,2]。香港丰富的生物多样性是亚热带气候（湿热的夏季）与地理位置和地形之间的复杂相互作用的结果。香港的地形崎岖不平，75%的土地是丘陵[3]。另外，香港的生态系统多样性也很高。以海洋生物多样性而言，香港的东面水域广布珊瑚群落，以及从软的沙滩及泥滩到硬的岩岸等林林总总的海岸生境[4]。除此之外，还有各种湿地包括人工湿农地、鱼塘、基围和水库。天然湿地则有河溪、沼泽、泥滩和红树林[3]。实际上全港有 44 个不同规模的红树林[5]。陆地上有森林（和植林区）、灌丛、草原，占香港共66%的土地面积（表7-2）。其实，香港的已发展土地只有24%，使这个城市在航拍照片中显得绿意盎然[6]。

1. 香港的环境史和现在的自然生态

香港曾经一度完全被密集的热带森林所覆盖[3]。据推测香港从 700～1000 年前开始由一个完全的热带森林景观逐渐转变为以人为主的景观[3]。香港最后的全港性森林砍伐发生于第二次世界大战（1940～1945 年）期间，几乎所有天然或种植的森林皆受到破坏[3]。森林砍伐导致高度依赖森林的动物物种，例如本土灵长类、狗、熊、象、貘、犀牛、牛和松鼠的本地大灭绝。至于鸟类则失去了野鸡、犀鸟和咬鹃[2]。只有一种啄木鸟，黄嘴栗啄木鸟，最近再度留港繁殖[7]。

香港的物种多样性[1]　　　　　　　　　　　　　　　　　　表 7-1

生物分类群	物种总数
维管植物（包括本地和外来物种）	>3300
陆上哺乳动物	57
鸟类	>540
两栖动物	24
爬行类	86

生物分类群	物种总数
淡水鱼	198
蝴蝶	236
蜻蜓	123
常栖海洋哺乳动物	2
海鱼	>1000
石珊瑚	84
软珊瑚和柳珊瑚	67

同时，淡水和咸淡水湿地亦受到严重影响。几乎所有河流的洪泛平原在数百年前都转变为稻田[3]。同样地，沿岸红树林和泥滩，特别是在后海湾，变成鱼塘和基围虾塘。另一方面，香港的海洋生物多样性在近海水域遭到严重过度捕捞，以致政府需要在 2012 年年底开始实施禁止底拖网捕鱼[9, 10]。在过度捕捞之外，香港的很多天然海岸线都被填海作城市发展。直至 1996 年为止，大约 6000hm^2 的土地为近岸填海所得[11]。现时尚有更多的填海工程正在进行或计划中。目前港珠澳大桥的香港段工程涉及在北大屿山填海 150hm^2[12]。香港国际机场的三跑道系统亦在北大屿山海床填海 672hm^2[13]。

在第二次世界大战之后，有利生物多样性的条件开始出现[3]。大规模的森林砍伐停止，取而代之的是大量重新造林[14]和政府致力打击山火[8]。香港在 1976 年禁止打猎[15]。黄嘴栗啄木鸟是香港在上一次战争后生境有所改善的一个指标物种。天然更新的森林（及人工造林）和灌丛现时覆盖香港土地面积的 50%（表 7-2）。

香港土地利用[6]　　　　　　　　　　　　　　　　表 7-2

香港土地利用（截至 2010 年）	面积（km^2）	百分比（%）
已发展土地	263	23.8
农地	51	4.6
鱼塘 / 基围	17	1.5
林地	254	23.0
灌丛	303	27.4
草地	178	16.1
湿地（红树林、沼泽、泥滩）	5	0.5
劣地	2	0.2
石矿场	1	0.1
岩岸	4	0.4
水塘	25	2.3
河道和明渠	2	0.2
总数	1105	100

2. 香港现有生物多样性的特征

香港的全港性栖息地破坏和零碎化的历史对其生物多样性影响深远。香港现时的生物多样性，虽然依然丰富，但其特点是栖息地面积细小，而且物种都是栖息地零碎化下的幸存者。过往的一个香港陆地生物多样性研究显示，多数的生物多样性热点面积细小（<1km²）而且分散[16]。例如，香港特有种鲍氏双足蜥只出现在三个小岛[17]，即喜灵洲（1.93km²）、石鼓洲（1.19km²）和周公岛（0.54km²）[18]。因此，香港绝大部分的生物多样性热点都会受到严重的边缘效应所影响，因而很容易受到干扰，例如入侵物种。实际上，甚至香港最大的自然保护区"米埔自然保护区"（3.8km²）现时也面临严重的外来入侵物种问题[19]。

总而言之，香港现时的物种多样性依然算高，而且他们相当适应细小和零散的栖息地。事实上，绝大部分的栖息地是细小而零碎的。为了维持这些栖息地的有效运作，一般需要积极的管理措施。然而，由于近几十年来香港的生境质量逐渐改善，例如天然次生林日益成熟，很多物种，尤其是鸟类，正逐渐重新在香港出现。香港现有生物多样性的特征对于保护规划有重大影响。

二、香港的保护区规划

香港的保护规划大约是在 20 世纪 60 年代开始，当时瑞秋．卡森 (Rachel Carson) 以《寂静的春天》一书启发了全球的环保运动[20]。现时，香港的陆地保护区的覆盖率近 42%，世界排名第 5（表 7-3）。中国内地和中国台湾分别仅排名第 44 和第 57。虽然香港面积细小，并由于人口相对较多，造成土地用途互相竞争而充满挑战，但香港在生物多样性保护上就物种和生境保护都处于亚洲区的领先地位，这是政府和非政府组织共同努力保护的成果。

陆地保护区的覆盖率排名[21]　　　　　　　　　　　　　　　　表 7-3

排名	行政区	总保护区面积 (%)	排名	行政区	总保护区面积 (%)
1	斯洛文尼亚	54.86	12	尼加拉瓜	32.47
2	委内瑞拉	49.54	13	坦桑尼亚	31.66
3	德国	49.04	14	荷兰	31.48
4	纳米比亚	42.58	15	沙特阿拉伯	29.95
5	香港特别行政区	41.88	16	危地马拉	29.82
6	卢森堡	39.65	17	法国	28.70
7	赞比亚	37.78	18	不丹	28.35
8	博茨瓦纳	37.19	19	津巴布韦	27.17
9	斯洛伐克	36.09	20	几内亚	26.81
10	保加利亚	35.44	44	中国台湾	19.00
11	波兰	34.81	57	中国	16.12

香港保护规划中最重要的历史应该是 1965 年由戴尔博博士和戴玛黛夫人（Lee Talbot & Martha Talbot）的顾问研究 [22]。香港特区政府渔农署的这项顾问研究，据信源于林务主任戴礼（P.A. Daley）在 1964 年建立国家公园及保存自然委员会的建议 [22]。该建议获得政府的保护野生动物咨询委员会的支持。

戴尔博夫妇的顾问报告，名为《香港保存自然景物问题简要报告及建议》，包含三项主要建议 [22]。这些建议成为了香港保护规划的基础。首先，建议尽快成立一个具有代表性和权威性的国家公园和保存自然委员会，在香港进行保护规划和管理。第二项建议为分区公园体系，从易达、高游客量的康乐用地，到游客人数较少的游客区，以至面积虽小但具重要科学和教育意义的限制进出区域。最后亦是最重要的一项建议，是所建立的保护区体系应该通过立法来达致"最大程度的永久性" [22]。戴尔博夫妇警告一个公园体系可能会"由于个别管治者或政府部门受到的政治和经济压力增加被逐步破坏"。他们因此重申立法保卫保护区制度的重要性，使保护区只能"通过具有法律效力的立法工作予以解除" [22]。

现在，香港特区政府视郊野公园及特别地区、海岸公园及海岸保护区、限制地区、具有特殊科学价值地点、自然保护区和海岸保护区为香港的保护区 [1]（香港受保护地区的地图可参考《香港生物多样性策略及行动计划 2016-2021》第 11 页）。这些保护区的法律地位、管制程度和管理均以戴尔博夫妇的建议为雏型 [22]。

另一方面，根据国际自然保护联盟，保护区的定义是"一个清楚界定的地理区域，通过法律或其他有效手段所承认、管理并致力于实现长久保护自然及其相应的生态系统服务和文化价值" [23]。国际自然保护联盟的自然保护地管理分类应用指南 [23]，将保护区按管理类别和治理型态进行分类。按照这些指引，香港的香港联合国教科文组织世界地质公园应被视做保护区（表 7-4）。然而，香港联合国教科文组织世界地质公园的边界与香港东部的许多郊野公园和海岸公园显著重迭 [24]。再者，根据 2004 年香港新自然保护政策 [1]，那些在管理协议或公私营界别合作计划下的优先加强保护地点和郊野公园"不包括土地"亦应被视做保护区（表 7-4）。根据环境影响评估条例（第 499 章），为了补偿香港指定工程项目造成的栖息地丧失而设立的缓解湿地和林地亦应被视做保护区（表 7-4）。最后，香港亦有一个私人的自然保护区。按照国际自然保护联盟的准则，嘉道理农场暨植物园（www.kfbg.org）属于第四类保护区。

香港受保护地区和国际自然保护联盟对保护区的定义、管理类别和治理型态 [23]　　表 7-4

香港受保护地区	国际自然保护联盟对保护区的定义和管理类别	管理者
限制地区	Ia 严格的自然保护区 IV 生境和物种保护管理区	政府；共同管理
郊野公园	II 国家公园 IV 生境和物种保护管理区 V 陆地和海洋景观保护地	政府
特别地区	IV 生境和物种保护管理区	政府
海岸公园	II 国家公园 IV 生境和物种保护管理区	政府
海岸保护区 (Marine Reserve)	Ia 严格的自然保护区 IV 生境和物种保护管理区	政府

续表

香港受保护地区	国际自然保护联盟对保护区的定义和管理类别	管理者
具有特殊科学价值地点	IV 生境和物种保护管理区	政府
自然保护区	IV 生境和物种保护管理区	政府
海岸保护区 (CPA-Coastal Protection Area)	IV 生境和物种保护管理区	政府
香港联合国教科文组织世界地质公园	II 国家公园 V 陆地和海洋景观保护地	政府
管理协议及公私营界别合作计划下的优先加强保护地点	IV 生境和物种保护管理区	政府；私人管治
环境影响评估条例下指定工程项目的栖地补偿	IV 生境和物种保护管理区	政府；私人管治

1. 野生动物保护条例（第170章）的限制地区（1976年）

野生动物保护条例（第170章）是在1976年颁布的法例[15]，可能出自戴尔博夫妇的建议[22]。其主要目的是保护野生动物免受狩猎和其他人为干扰。虽然这项法例由渔农自然护理署（下称"渔护署"）署长执行，环境局局长获这个法例第22条授权修改或增加附表6所列的"限制进入或处于其内"的受保护地区。限制地区为严格的自然保护区（表7-4）。进出限制地区需要获得由渔护署署长批出的许可证[15]。

至今已指定三个限制地区。它们包括盐灶下鹭鸟林、米埔沼泽区和深湾沙滩[15]。它们全部由渔护署施行和管理。在所有限制地区中最大的是米埔沼泽区，在1976年被划定，并在1996年加入内后海湾潮间带泥滩，使其总面积达807hm²[25]。进入此限制地区在全年所有时间皆受到管制。除了渔护署之外，世界自然基金会在1983年起负责米埔限制地区的红树林和基围虾塘的环境教育以及生境和物种管理[26]。

盐灶下是在新界东北部的一个小型风水林。它在1971年被列为限制地区（小于0.5hm²）。限制进入期限为每年的4月1日至9月30日[15]，是鹭鸟的繁殖季节。追溯至1958年，它曾经是香港其中一个最早的鹭鸟林[27]。它亦是国际自然保护联盟濒危物种红色名录下的"易危物种"黄嘴白鹭（Egretta eulophotes）于60～80年代时在全世界唯一已知的繁殖地[28]。虽然鹭鸟在1993年起已放弃这个繁殖地点[28]，但在此条例下它仍然是限制地区。因此，近几十年来并没进行特别的生境和物种管理工作。

深湾沙滩位于南丫岛南部。它是国际自然保护联盟濒危物种红色名录下的"濒危物种"绿海龟（Chelonia mydas）的定期产卵海滩。它在1999年被列入限制地区（约0.5hm²）。限制进入期限为每年的6月1日至10月31日，是绿海龟的产卵季节[15]。除了进出限制，渔护署还负责生境和物种管理，包括海滩清理、科学研究、巡逻、龟蛋孵化、小海龟放生归野以及环境教育[29]。

2. 郊野公园条例（第208章）的郊野公园及特别地区（1976年）

郊野公园条例（第208章）在1976年颁布[30]，亦是戴尔博夫妇建议所得的结果[22]。这条法例让渔护署署长以郊野公园总监的身份，就指定、管理和发展香港的郊野公园及特

别地区提出建议 [30]。代替戴尔博夫妇所提出的国家公园和保存自然委员会 [22]，此法例成立了郊野公园及海岸公园委员会，所有成员由行政长官任命，作为代表团体就有关郊野公园及特别地区的发展和管理的所有事宜向郊野公园总监提供意见 [30]。

迄今为止，香港有 24 个郊野公园和 22 个特别地区。11 个特别地区位于郊野公园内 [1]。它们是香港最重要的受保护地区，占全体陆地保护区的 95%。在过去十年（2008 ～ 2017 年），郊野公园的平均每年访客人次是 1270 万人（±80 万人）[31]。郊野公园指定作自然保护、自然康乐及教育，而特别地区则具有较高的生物或地质价值，主要指定作保护用途 [31]。另一方面，郊野公园比起特别地区要大得多（表 7-5）。大部分的郊野公园及在郊野公园内的特别地区都是在 70 年代条例颁布时所指定的（表 7-5）。在郊野公园以外的特别地区是在最近年指定的。

虽然特别地区有较高的保护价值，但它们的法律地位与郊野公园相同 [30]。进出郊野公园和特别地区基本上是没有限制的，除了在香港湿地公园的特别地区和蕉坑特别地区的狮子会自然教育中心之外。在管理工作方面，则提供教育活动和设施，并在郊野公园及特别地区进行生境和物种管理工作 [31]。然而，只有在郊野公园提供如营地和烧烤炉等康乐设施。

尽管郊野公园及特别地区现已覆盖香港土地面积的 40%，有更多郊野公园仍在规划当中。渔护署现正规划在新界北部的红花岭新设立一个占地 500hm² 的郊野公园 [1]。这个新的郊野公园是与其他土地用途计划和基础建设工程一起提出的，借以开放香港边境禁区 [32]。另一方面，鉴于市民越来越关注郊野公园"不包括土地"所受到的发展威胁，渔护署分别在 2013 年和 2017 年将 77 个不包括土地中至少 6 个纳入相应的郊野公园（表 7-5）[33]。郊野公园不包括土地是指在郊野公园内或毗邻郊野公园，但以往排除在公园范围外的土地（大部分是私人的）。2010 年，在西贡东郊野公园内的不包括土地的一宗违例发展引起了广泛的公众关注。有见及此，政府在 2010 ～ 2011 年度的施政报告中，承诺将这些不包括土地纳入郊野公园或法定规划的管制范围。直至 2017 年年底，分别有 6 个不包括土地被纳入郊野公园，而另外 52 个不包括土地被分区规划大纲所涵盖 [33]。其余 19 个不包括土地现正由渔护署评估是否适合纳入郊野公园。

另一方面，占香港土地面积近 1/3 的集水区受到保护，以确保香港饮用水的数量和质量 [34]。这些集水区大部分位于郊野公园内。有人甚至认为成立郊野公园的其中一个目的是要保护集水区 [35]。水务署管辖和限制集水区的发展和土地利用 [36]。

香港郊野公园及特别地区的划定日期和面积   表 7-5

郊野公园	划定日期	面积 (hm²)
城门	1977.6.24	1400
金山	2013.12.30（修订）	339
塞拉利昂	1977.6.24	557
香港仔	1977.10.28	423
大潭	1977.10.28	1315
西贡东	2013.12.30（修订）	4494

续表

郊野公园	划定日期	面积 (hm²)
西贡西	1978.2.3	3000
船湾	2017.12.1（修订）	4600
南大屿	2017.12.1（修订）	5646
北大屿	1978.8.18	2200
八仙岭	1978.8.18	3125
大榄	2013.12.30（修订）	5412
大帽山	1979.2.23	1440
林村	1979.2.23	1520
马鞍山	1998.12.18（修订）	2880
桥咀	1979.6.1	100
船湾（扩建部分）	1979.6.1	630
石澳	1993.10.22（修订）	701
薄扶林	1979.9.21	270
大潭（鲗鱼涌扩建部分）	1979.9.21	270
清水湾	1979.9.28	615
西贡西（湾仔扩建部分）	1996.6.14	123
龙虎山	1998.12.18	47
北大屿（扩建部分）	2008.11.7	2360
合计		43467
特别地区	**划定日期**	**面积 (hm²)**
在郊野公园范围内之特别地区		
城门风水树林	1977.8.12	6
大帽山高地灌木林区	1977.8.12	130
吉澳洲	1979.9.28	24
凤凰山	1980.1.4	116
八仙岭	1980.1.4	128
北大刀屻	1980.1.4	32
大东山	1980.1.4	370

续表

特别地区	划定日期	面积 (hm²)
薄扶林	1980.3.7	155
马鞍山	1980.3.7	55
照镜潭	1980.3.7	8
梧桐寨	1980.3.7	128
	合计	1152

在郊野公园范围之外特别地区	划定日期	面积（hm²)
大埔滘自然护理区	1977.5.13	460
东龙洲炮台	1979.6.22	3
蕉坑	1987.12.18	24
马屎洲	1999.4.9	61
荔枝窝	2005.3.15	1
香港湿地公园	2005.10.1	61
印洲塘	2011.1.1	0.8
粮船湾	2011.1.1	3.9
桥咀洲	2011.1.1	0.06
瓮缸群岛	2011.1.1	176.8
果洲群岛	2011.1.1	53.1
	合计	844.66

3. 海岸公园条例（第476章）的海岸公园及海岸保护区（1995年）

指定海岸公园亦是戴尔博夫妇在1965年的建议之一[22]。此建议却延迟了近30年，直到90年代中。早期渔民的强烈反对，以及公众缺乏对海洋生物多样性的重要性的认识，没法为香港成立海岸保护区提供有利的环境[37]。1990年，在郊野公园委员会辖下海岸公园及保护区工作小组制定报告后，终于确定了向前迈进的动力[37]。七个选址被认为有潜力发展成海岸公园及海岸保护区[38]，它们包括海下湾、印洲塘、鹤咀、东平洲、外牛尾海、南丫岛以南水域和大屿山西南水域。海岸公园条例（第476章）终于在1995年颁布，渔护署署长兼任郊野公园及海岸公园管理局总监，就指定、管理和发展香港的海岸公园及海岸保护区提供意见[39]。

最终在1996年划定了3个海岸公园和1个海岸保护区（表7-6）。除了沙洲及龙鼓洲海岸公园外，全部来自1990年报告所鉴定的地点。指定沙洲及龙鼓洲海岸公园相信是由于赤鱲角国际机场对中华白海豚的影响。之后在2001年，设立东平洲海岸公园，是原本的潜在地点之一（表 7-6）。最近指定的是大小磨刀海岸公园，是港珠澳大桥工程项目根据环境影响评估条例（第 499 章）[40]而对保护中华白海豚（Sousa chinensis）的缓解措施。现时所有海岸公园及海岸保护区的总面积是 3400hm²，约占香港海面总面积的 2%[31]。

香港海岸公园及海岸保护区的划定时间和面积 [31]　　　　表 7-6

海岸公园及海岸保护区	划定时间	面积 (hm²)
海下湾海岸公园	1996 年 7 月	260
印洲塘海岸公园	1996 年 7 月	680
沙洲及龙鼓洲海岸公园	1996 年 11 月	1200
东平海岸公园	2001 年 11 月	270
大小磨刀海岸公园	2016 年 12 月	970
鹤咀海岸保护区	1996 年 7 月	20
总数		3400

《海岸公园条例》旨在保护、复原或改善海岸公园及保护区的海洋生物状况及海洋环境。海岸公园提供教育活动和科学研究的机会，而海岸保护区则具有较高的保护价值，所以被视为严格的自然保护区，只有已获批准的科学研究在此进行 [1]。事实上，海岸公园及保护区的管制似乎比郊野公园及特别地区更为严厉。这个条例下的《海岸公园及海岸保护区规例》[39]授权予渔护署署长，为了妥善管理而禁止或限制市民进入海岸公园或保护区的全部或部分区域。实际上，署长并没有限制市民进出任何海岸公园，但是在海岸保护区，进入受到若干限制，"任何人不得在海岸保护区内游泳、潜水或进行任何船艇活动"[41]，即只可在海岸保护区的浅水区域蹚水。只有已登记的渔民可在海岸公园内捕鱼，而且渔具有所限制。另一方面，规例亦授权署长设立附加管制的"特别区域"[41]。现时为止，特别区域有四种。海下湾、印洲塘和东平洲海岸公园设置碇泊区，限制船只放下船锚，以免珊瑚群落遭受破坏 [42]。两个核心区分别设置于东平洲海岸公园和大小磨刀海岸公园 [31,42]。在核心区内钓鱼受到限制，前者规定只可以在岸边以一条鱼丝及一个鱼钩钓鱼，后者则禁止任何类型的捕鱼 [31,39, 42]。海下湾海岸公园设置了两个船只禁区以保护珊瑚 [42]。最后，在所有海岸公园及海岸保护区（即使持有许可证），船速上限为 10 海里 [39]。

至于规划新的海岸公园方面，环保团体强烈要求在 2020 年前将香港海洋保护区的覆盖率大幅增加至 10%[43]。事实上，原先确认的三个潜在地点，包括有中华白海豚和江豚的大屿山西南水域、有江豚的南丫岛以南水域及有珊瑚和海洋生物的外牛尾海，虽然被视为是合适地点但尚未被划定 [38]。再者，因为中华白海豚和海洋生态，索罟群岛在 2001 年被确认为具有潜力的海岸公园 / 保护区 [44]。据说障碍是渔民的反对。随着香港水域，尤其是在西面和南面水域，所受到的发展压力增加，政府别无选择，唯有以政府主动倡议或通过环境影响评估条例作为补偿措施来推动成立更多海岸公园。大屿山西南海岸公园的未定案地图已经在 2017 年年底提交行政会议审批 [45]。拟议的索罟群岛海岸公园（1270hm²）现已进入详细设计阶段 [46]。在拟议的索罟群岛海岸公园旁边，是另一个因应石鼓洲综合废物管理措施的环境影响评估而设的补偿海岸公园（797hm²）[46]。此外，作为香港国际机场第三跑道的环境影响评估的缓解措施，在 2023 年前会建成一个 $2400hm^2$ 的海岸公园，连接沙洲及龙鼓洲海岸公园和大小磨刀海岸公园[47]。

总而言之，海岸公园及保护区的规划和发展是在香港郊野公园制度之后才进行的。近年来划定海岸公园的发展更为急速，显然是香港西部和南部水域的填海和发展增加所致。作为在海域建设的补偿措施而指定海岸公园的情况愈来愈多，这对于在香港领海内规划海洋保护区来说并非最佳方案。国际自然保护联盟的海洋保护区指南提倡有系统的规划，以"建立一个连贯及有代表性的保护区制度，涵盖所有主要栖息地和景观类型"，而不是以零碎、消极被动及以补偿为主的方式，作为规划海洋保护区选址的方法[48]。

4. 城市规划条例（第 131 章）下划作保护的土地用途地带（1939 年）

城市规划条例在 1939 年立法，指引和管制香港现存及具发展潜力的市区的发展和土地利用[49]。在 1991 年，城市规划条例的法定规划管制延伸至香港的乡郊地区。此举目的在于管制新界乡郊的违例发展，从以解决环境黑点，并防止违例发展在生态敏感和保护区域内扩散[49]。

根据城市规划条例，有五个法定土地用途地带与保护有关，并全部推定为不宜进行发展。它们是郊野公园、具有特殊科学价值地点、海岸保护区（CPA）、自然保护区和绿化地带[49]。另外米埔内后海湾拉姆萨尔湿地附近的湿地区域内亦有数个指定用途地带以管控发展[49]。这些在后海湾的指定用途地带和绿化地带不被政府视做保护区[1]。事实上，在 2013～2017 年，约 $318hm^2$ 的绿化地带被改划成其他用途，当中有 33 个绿化地带（$73hm^2$）被改划作房屋发展用途[50]。

对于法定保护区域，为了避免法定权限重迭，郊野公园及特别地区的土地发展管制，由地政当局（即地政总署署长）按照郊野公园及海岸公园管理局总监（即渔护署署长）的建议执行[49]。其他地带由规划当局（即规划署署长）执行。

（1）具有特殊科学价值地点

具有特殊科学价值地点是由渔护署所鉴定和指定，是在动植物、地理和地质特征上具有特殊科学价值的陆上或海上地点[36]。一份特殊科学价值地点的记录册由规划署所保管。"具有特殊科学价值地点"地带会在城市规划条例下的法定图则，以及非法定规划图则，即发展大纲图和发展蓝图上显示。由于并非所有香港土地都已纳入这些规划图则，因此亦非所有具有特殊科学价值地点均已纳入这些规划图则。结果，只有被划入"具有特殊科学价值地点"地带的具有特殊科学价值地点会直接受到城市规划条例的保护。其他位于限制地区、郊野公园及特别地区内的具有特殊科学价值地点亦同样受到相关条例的法律保护。其余的具有特殊科学价值地点则不受法律保护，例如果洲群岛[36]。

以往曾经有 72 个具有特殊科学价值地点，但其中 5 个在 2006～2016 年间被移除[36]，可能是由于自然变化而丧失科学价值。例如，在上文提及的盐灶下风水林，是香港在 1975 年首个被指定的具特殊科学价值地点，因为鹭鸟和苍鹭自 1993 年起放弃此筑巢地[28] 而在 2016 年被移除[36]。

具有特殊科学价值地点的地带一般不容许作新发展，但若用做具有特殊科学价值地点的保护用途则作别论[36]。在管理方面，由渔护署巡逻并监察所有具有特殊科学价值地点的情况。必要时会在某些具有特殊科学价值地点进行一定的生境管理工作，例如控制或清

除外来入侵物种 [51]。

（2）海岸保护区（Coastal Protection Area-CPA）

海岸保护区的成立是为了保留天然海岸线，和保护易受破坏的天然海岸环境 [36]，包括具有吸引力的地质特征、地形，或在景观、风景或生态方面价值高的地方。它同时是防止风暴潮或海岸侵蚀向陆地发展的天然屏障。一般推定此地带不宜进行发展 [36]。此地带虽然限制发展，但没有进行任何生境和物种管理工作。城市规划条例授权规划署署长对违例发展进行执法和检控工作，例如检控在海岸保护区堆填 [49]。它亦容许规划署署长在必要时复原受破坏土地。

（3）自然保护区

自然保护区的成立是为了保留天然景观、生态或地形特质以作保护、教育和研究用途 [36]。它对于易受破坏地区也是一个缓冲区，如具特殊科学价值地点或郊野公园等，使其免受发展所影响。其保护及管理状况与海岸保护区完全相同。

5. 香港的其他受保护地区

除了上述的受保护地区是获香港特区政府认定的受保护地区之外，根据国际自然保护联盟的自然保护地管理分类应用指南 [36]（表 7-4)，还有三个其他类型的受保护地区。

（1）香港的联合国教科文组织世界地质公园

香港的联合国教科文组织世界地质公园在 2009 年 11 月被指定为中国国家地质公园。然后在 2011 年 9 月获接纳为世界地质公园网络的成员。其后随着世界地质公园网络的创立，在 2015 年 11 月更名为香港联合国教科文组织世界地质公园 [24]。联合国教科文组织世界地质公园的目标是保护具有国际意义的地质景点；促进地质景点的可持续发展，进行知识交流活动；推广地质旅游和社区发展 [24]。

与郊野公园和海岸公园不同，香港没有关于地质公园的特定条例。香港联合国教科文组织世界地质公园的土地面积超过 150km²，并包括相近面积的海洋水域（http://www.geopark.gov.hk/images/p/hkggpmap.jpg)，其中大部分与香港东部的郊野公园和海岸公园重叠，因此而受到郊野公园条例和海岸公园条例的法律保护 [36]。另一方面，不受海岸公园覆盖的大部分海洋水域（超过 90%）并不受法律保护。与郊野公园和海岸公园一样，渔护署同样负责香港联合国教科文组织世界地质公园的管理、环境教育和社区参与 [36]。

香港联合国教科文组织世界地质公园由两个地区组成。西贡火山岩园区由世界级六角形岩柱组成 [24]。新界东北沉积岩园区包括 4 亿年形成的多种沉积岩。渔护署对香港联合国教科文组织世界地质公园进行分区管理。核心保护区（粮船湾花山、果洲群岛、黄竹角咀）不鼓励游客登陆，以保护重要的地质遗迹 [24]。特别保护区（马屎洲、荔枝庄、万宜水库东坝）设有基本访客设施，进行科普教育活动。综合保护区（荔枝窝、东平洲、桥咀洲、西贡大浪湾）为大众旅游提供综合旅游设施 [24]。

（2）新自然保护政策的优先加强保护地点和郊野公园"不包括土地"

在 20 世纪 90 年代末至 21 世纪初，当城市发展日益入侵新界乡郊地区，人们愈加关注在生态敏感地区内和毗邻区域的私人发展建议，例如沙罗洞、米埔和内后海湾。有见及此，政府于 2003 年就检讨自然保护政策展开公众咨询。新自然保护政策在 2004 年 11 月 22 日公布 [52]。新政策的主要焦点是保护价值高的私人土地，是保护人士和发展商或土地拥有人之间的主要战场。12 个边界清晰的地点被选定并按计分制排名，纳入优先加强保护清单（表 7-7）。

新自然保护政策提出两个计划，积极保护 12 个优先加强保护地点。公私营界别合作计划会考虑发展计划，容许发展商在优先加强保护地点中生态较不易受破坏的部分进行发展，但发展商须长期保护该地点的其余部分[52]。自 2004 年起，已向政府提交 6 个公私营界别合作计划的申请，但无一能落实。只有其中一个申请仍然被政府审议当中[53]。在 2011 年的政策检讨中，公私营界别合作计划新增一项要求，项目倡议者必需向环境及自然保护基金预付一笔捐款，保证公私营界别合作计划建议书的保护计划的长期持续性[53]。

管理协议计划比起公私营界别合作计划实施得好。在管理协议计划下，非政府组织可向环境及自然保护基金申请资助，与土地拥有人签订管理协议，在 12 个优先加强保护地点进行保护管理。管理协议计划的目的在于优先加强保护地点的物种和生境，但同时通过土地租赁向土地拥有人提供收入。自 2005 年起，共有 4 个优先加强保护地点已在进行各种管理协议计划，金额大约是港币 8700 万[53]（表 7-7）。环保协进会自 2005 年起一直管理凤园，进行蝴蝶保护[54]。长春社和香港观鸟会自 2005 年起在塱原联合开展管理协议计划，保护湿地动物群，特别是鸟类和两栖类动物[55]。最后，香港观鸟会自 2012 年起管理拉姆萨尔湿地内的渔塘（见下文的米埔案例），及拉姆萨尔湿地以外的渔塘[56]。全部四个管理协议计划都显示其物种多样性、丰富度及生境质量有显著增长[53]。

在 2011 年的新自然保护政策检讨，管理协议计划扩展至涵盖郊野公园内的私人土地及"不包括土地"[53]。郊野公园的不包括土地"是指被《郊野公园条例》（第 208 章）所指定的郊野公园所包围或在其毗邻，但本身不纳入该等郊野公园范围的土地"[57]。不包括土地的大部分土地属于私人土地。在 2010 年 6 月，在西贡东郊野公园不包括土地的西湾的一宗违例发展，广泛引起公众对保护香港这些不包括土地的强烈抗议[57]。于是，政府承诺对加强保护 77 幅不包括土地作出检讨，将该等土地纳入郊野公园，或纳入规划管制。直至 2017 年年底，有 6 幅不包括土地已经被纳入或正在新增至毗邻郊野公园，52 幅不包括土地被划在法定规划图则内[57]。其余不包括土地正在评估当中。到目前为止，有两个郊野公园不包括土地自 2017 年起已展开管理协议计划。长春社和香港乡郊基金联合管理荔枝窝不包括土地的农地以保护湿地动物群[58]。西贡区社区中心现时在西贡的大浪西湾不包括土地营运一个复耕的管理协议计划[59]。

2004 年新自然保护政策下的优先加强保护地点清单[52]　　　　　　　　表 7-7

地点	排名	纳入管理协议计划的年份
拉姆萨尔湿地	1	2012
沙罗洞	2	
大蚝	3	
凤园	4	2005
鹿颈沼泽	5	
梅子林及茅坪	6	
乌蛟腾	7	

续表

地点	排名	纳入管理协议计划的年份
塱原及河上乡	8	2005
拉姆萨尔湿地以外之后海湾湿地	9	2012
嶂上	10	
榕树澳	10	
深涌	12	

（3）环境影响评估条例（第 499 章）的补偿生境（1998 年）

根据环境影响评估条例（第 499 章），香港的发展工程如被视做指定工程项目，需要按该条例进行环境影响评估。对于受到该等项目破坏或严重影响的生境，有时需要采取缓解措施。最常见的生境丧失缓解措施是回避或补偿。一般而言，补偿湿地和林地是最常见的。补偿林地通常比湿地细小，而且欠缺长期管理。环境影响评估项目的湿地补偿通常涉及湿地的重建和 / 或管理工作，例如红树林、鱼塘和淡水沼泽。虽然一些补偿湿地较小而且不涉及长期管理，但有些项目则涉及大型补偿湿地（超过几 hm^2），并且需要长期管理。例如，上水至落马洲的铁路支线的落马洲补偿湿地[60]；元朗排水绕道补偿湿地[61]和元朗及生围综合发展的补偿湿地[62]。更多此类型的补偿湿地正在规划中，包括塱原自然生态公园[63]和东涌河流自然公园[64]。

6. 以米埔沼泽区和内后海湾作为香港生物多样性保护规划的案例研究

香港最重要的保护区必定是米埔沼泽及内后海湾。事实上，因为其丰富的鸟类多样性，戴尔博夫妇[22]在 1965 年已经提议将米埔沼泽区列为严格的自然保护区。现时，米埔沼泽区在香港拥有多重保护地位。米埔沼泽和内后海湾分别在 1976 年和 1986 年被列为具有特殊科学价值地点[26]。米埔沼泽区，所有与该沼泽区毗连的红树沼泽，以及内后海湾的潮间带泥滩及浅水水域（807hm²）于 1995 年 12 月被列为限制地区[15]。同年，米埔和内后海湾（1500hm²）被联合国的《国际重要湿地特别是水禽栖息地公约》（简称拉姆萨尔公约）划为拉姆萨尔湿地[25]。尽管大部分的米埔沼泽限制地区（377hm²）自 1983 年起一直由世界自然基金会香港分会管理[26]，拉姆萨尔湿地则由渔护署管理。除了生境和物种管理，科学研究、保护区管理培训和公众教育全部都是拉姆萨尔湿地的核心活动[25, 26]。

三、香港的物种保护

相对而言，香港的物种保护不如保护区规划那么全面。《野生动物保护条例（第 170 章）》附表 2 包含一个奇怪的受保护动物物种清单[15]。该清单并非完全根据一般条件如稀有度、保护价值或易受害程度等来制定。例如，所有的野生鸟类在香港都受到保护。另一方面，《林区及郊区条例（第 96 章）》的《林务规例》设有一份香港受保护植物物种清单[65]。此受保护植物清单主要针对那些易被采集作观赏和药用用途的物种。这两项法例分别管辖采集 / 狩猎及管有受保护的动植物。《野生动物保护条例》亦管控对受保护动物

（包括其巢穴）的任何蓄意干扰。渔护署署长以及香港警察执行这两条法例。

至于海洋物种，《渔业保护条例（第 171 章）》促进在香港水域的鱼类和其他形式的水中生物的保护[66]。它管控捕鱼活动，以实现可持续渔业发展。它还可以指定渔业保护区。然而，该法律中没有特定物种保护清单。海洋物种，除了在《野生动物保护条例》所列的物种如海豚和海龟等，在香港不受直接保护。

有一个对此三项法律作全面检讨的研究显示，受保护物种名单已经过时[67]。事实上，这些物种保护清单在各自发表后从未更新。另亦欠缺海洋鱼类和无脊椎动物的保护物种清单。该研究建议应该根据国际自然保护联盟濒危物种红色名录拟订香港的保护物种名单，这将会成为香港保护及其规划上更有代表性和更全面的指南[67]。该研究亦建议妥善编制和管理威胁本地生物多样性的外来入侵物种名单。

在立法保护以外，香港特区政府，尤其是渔护署，一直管理一些受威胁物种。多年来已经制定了某些物种的物种行动计划，如黑脸琵鹭、卢氏小树蛙、中华白海豚[68]。其中有些由渔护署执行，有些则在非政府组织的协助下实施。然而，没有一份全面的香港物种保护名单，物种行动计划是不全面的。

四、讨论与总结

对于不熟识香港的人而言，读过本章后，他们肯定可以感受到香港的生物多样性保护一点也不差。香港的各种受保护区和历史悠久的物种保护在亚洲甚至全世界都是相当出色的。许多香港人及游客对香港的郊野公园制度珍而重之。为了进一步加强生物多样性保护，香港特区政府承诺实施联合国的生物多样性公约，并在 2013 年开始制定城市级的生物多样性策略及行动计划[1]。几乎所有的本地生物多样性专家都参与制定过程，《香港生物多样性策略及行动计划 2016—2021》在 2016 年 12 月出版。《香港生物多样性策略及行动计划 2016—2021》设 4 个主要范畴共 23 项行动[1]。该计划包括进一步加强保护措施，将生物多样性纳入城市发展、城市环境及可持续渔业和农业的主流，通过研究增进生物多样性的知识，最终推动社会参与生物多样性保护[1]。

然而，香港的生物多样性并非没有威胁。城市发展和山火所导致的栖息地丧失和生境退化，对香港的生物多样性持续造成威胁[1]。特定物种遭受非法狩猎（如龟）和采集（如土沉香）的情况在近年来不断加剧。香港对于外来入侵物种管理欠佳。作为一个国际港口，香港特别高危。在所有这些威胁当中，最迫在眉睫的应该是来自促进香港经济发展的压力。自 1997 年起，由于每天都有来自中国大陆的移民而人口不断增加，物色土地以应付住屋需求并促进经济发展的压力不断上升。为了提供更多土地作发展用途，在 2013～2017 年有大约 318hm² 的绿化地被改划为其他用途，其中 33 块绿化地带（约 73hm²）被改划为房屋发展[50]。绿化地带是城市发展的缓冲区，以免影响更自然的乡郊地区或郊野公园[36]。再者，由 22 名来自不同专业界别的非官方成员以及 8 名由行政长官任命的官方成员所组成的土地供应专责小组在 2017 年 9 月成立。他们的任务是确定公众最易接受的短期、中期及长期的土地供应选项，以便香港进一步发展。在 18 个土地供应选项中，最少有 3 个选项涉及开发郊野公园作房屋发展[69]。香港现时正处于一个交叉点，是进一步优化香港人在全世界都能够引以为傲的保护区制度，还是牺牲它来换取更多经济发展。在全球气候变化威胁和寻求可持续发展的全球趋势下，选择一点也不困难。还有，香港的保护与发展之间是否存在必然的冲突呢？

本章作者介绍

侯智恒博士于香港大学取得植物生态学博士学位。他是一名陆地生态学家和自然环境保护主义者，主要研究生态修复，尤其关注东亚热带地区退化的陆地生境。

侯博士亦从事城市生物多样性的应用研究。他在生态修复方面的工作扩展至斜坡绿化，并参与香港特区政府土木工程拓展署的多个合约研究项目。

侯博士在香港大学教授生态学和生物多样性逾15年，现为香港大学生物科学学院首席讲师暨环境管理学硕士课程总监。

多年来，侯博士曾任职于多个与生态保护有关的政府部门委员会及非政府环保团体，目前为香港特区政府城市规划委员会成员和环境咨询委员会委员。

参考文献

[1] Hong Kong. Hong Kong biodiversity strategy and action plan 2016-2021. Environment Bureau, Hong Kong SAR Government，2016.

[2] Natural History Museum [Internet]. U.K.: Natural History Museum, 2017 [cited 2017 Dec 4]. Available from: http://www.nhm.ac.uk/our-science/data/uk-species/checklists/index.html.

[3] Dudgeon D, Corlett R. The ecology and biodiversity of Hong Kong. Hong Kong: Joint Publishing, 2004.

[4] Morton B, Morton J. The sea shore ecology of Hong Kong. Hong Kong: Hong Kong University Press, 1983.

[5] Tam NFY, Wong YS. Hong Kong mangroves. Hong Kong: City University of Hong Kong Press, 2000.

[6] Chan EHW, Wang A, Lang Wei. Comprehensive evaluation framework for sustainable land use: case study of Hong Kong in 2000-2010. J Urban Plann,2016, 142(4):1-12.

[7] Hong Kong. Hong Kong bird report 2015. Hong Kong: Hong Kong Bird Watching Society, 2017.

[8] Hau BCH, Dudgeon D, Corlett RT. Beyond Singapore: Hong Kong and Asian biodiversity. TREE. 2005,20(6):281-282.

[9] Morton B. At last, a trawling ban for Hong Kong's inshore waters. Mar Pollut Bull, 2011, 62:1153-1154.

[10] Agriculture, Fisheries and Conservation Department [Internet]. Hong Kong: Agriculture, Fisheries and Conservation Department, 2017 [cited 2017 Dec 5]. Available from https://www.afcd.gov.hk/english/fisheries/fish_cap/fish_cap_con/fish_cap_con.html.

[11] Hong Kong. Survey and Mapping Office. Reclamation and development in Hong Kong 1977-1996. Hong Kong: Lands Department, 1996.

[12] Highways Department [Internet]. Hong Kong: Hong Kong-Zhuhai-Macao Bridge Related Hong

Kong Projects, 2017 [cited 2017 Dec 5]. Available from: http://www.hzmb.hk/eng/index.html.

[13] Mott McDonald. Expansion of Hong Kong International Airport into a three-runway system. Environmental Impact Assessment Report (Final). Vol. 1. Hong Kong: Airport Authority Hong Kong, 2014.

[14] Corlett RT. Environmental forestry in Hong Kong: 1871-1997. For Ecol Manage,1999, 116:93-105.

[15] Hong Kong e-Legislation [Internet]. Wild Animals Protection Ordinance Cap. 170.; [cited 2018 May 8]. Hong Kong. Available from: https://www.elegislation.gov.hk/hk/cap170.

[16] Yip JY, Corlett RT, Dudgeon D. A fine-gap analysis of the existing protected area system in Hong Kong, China. Biodivers Conserv, 2004，13:943-957.

[17] Karsen SJ, Lau MWN, Bogadek A. Hong Kong amphibians and reptiles. Hong Kong: Provisional Urban Council,1998.

[18] Survey and Mapping Office. Hong Kong geographic data. Hong Kong: Lands Department, 2017.

[19] WWF Hong Kong. Mai Po Nature Reserve habitat management, monitoring and research plan 2013-2018. Hong Kong: WWF Hong Kong, 2013.

[20] Carson R. Silent spring. USA: Houghton Mifflin, 1962.

[21] Crotti R, Misrahi T. Editors. The travel and tourism competitiveness report 2015. Geneva: World Economic Forum, 2015.

[22] Talbot LM, Talbot MH. Conservation of the Hong Kong countryside – summary report and recommendation. Hong Kong: Agriculture and Fisheries Department, 1965.

[23] Dudley N. Editor. Guidelines for applying protected area management categories. Gland, Switzerland: IUCN, 2008.

[24] Hong Kong Global UNESCO Global Park [Internet]. Hong Kong: Environment Bureau; [cited 2018 May 3]. Available from: http://www.geopark.gov.hk/en_s1a.htm.

[25] Hong Kong. Mai Po Inner Deep Bay Ramsar site management plan. Agriculture, Fisheries and Conservation Department, Hong Kong SAR Government, 2011.

[26] Hong Kong. Mai Po nature reserve habitat management, monitoring and research plan 2013-2018. WWF Hong Kong, 2013.

[27] Lee WH, Wong EYH, Chow GKL and Lai PCC. Review of egretries in Hong Kong. Hong Kong Biodiversity 2007,14:1-6.

[28] UK. Directory of important bird areas in China (mainland): Key sites for conservation. BirdLife International, 2009.

[29] Chan S. Green turtles in Hong Kong. Hong Kong: Friends of Country Park, 2003.

[30] Hong Kong e-Legislation [Internet]. Country Parks Ordinance Cap. 208; 1976 [cited 2018 May 8]. Hong Kong. Available from: https://www.elegislation.gov.hk/hk/cap208.

[31] Country and marine parks [Internet]. Hong Kong: Agriculture, Fisheries and Conservation Department; [cited 2018 May 3]. Available from: https://www.afcd.gov.hk/english/country/cou_

vis/cou_vis.html.

[32] Arup. Land use planning for the closed area – feasibility study executive summary. Hong Kong: Planning Department, 2010.

[33] House Committee: Report of the Subcommittee on Country Parks (Designation) (Consolidation) (Amendment) Order 2017. LC Paper No. CB(1)164/17-18. Hong Kong: Legislative Council, 2017.

[34] Water Supplies Department. From source to tap. Water: learning and conserve, teaching kit for Liberal Studies. Hong Kong: Water Supplies Department, 2011.

[35] Sadhwani D, Chau S, Loh C, Kilburn M and Lawson A. Liquid assets: water security and management in the Pearl River Basin and Hong Kong. Hong Kong: Civic Exchange, 2009.

[36] Planning Department. Hong Kong planning standards and guidelines chapter 10 conservation. Hong Kong: Planning Department, 2017.

[37] Morton B, Harper E. An introduction to the Cape d'Aguilar marine reserve, Hong Kong. Hong Kong: Hong Kong University Press, 1995.

[38] Pilotage Advisory Committee PAC Paper No. 13/99 [Internet]. Establishment of marine parks, marine reserves and artificial reefs, 1999 [cited 2018 May 28]. Marine Department, Hong Kong. Available from: https://www.mardep.gov.hk/en/aboutus/pdf/pacp13_99.pdf.

[39] Hong Kong e-Legislation [Internet]. Marine Parks Ordinance Cap. 476, 1995 [cited 2018 May 15]. Hong Kong. Available from: https://www.elegislation.gov.hk/hk/cap476.

[40] Arup: Hong Kong section of Hong Kong - Zhuhai - Macao bridge and connection with North Lantau Highway EIA report. Hong Kong: Highways Department, 2009.

[41] Hong Kong e-Legislation [Internet]. Marine Parks and Marine Reserves Regulation Ordinance Cap. 476, Section 20, 1996 [cited 2018 May 15]. Hong Kong. Available from: https://www.elegislation.gov.hk/hk/cap476A?p0=1&p1=1.

[42] Country and Marine Parks Board meeting paper [Internet]. WP/CMPB/11/2013. Management and protection of marine parks and marine reserve in Hong Kong, 2013 [cited 2018 May 28]. Hong Kong. Available from: http://www.afcd.gov.hk/textonly/english/aboutus/abt_adv/files/WP_CMPB_11_2013.pdf.

[43] WWF Hong Kong [Internet]. Advocating for more marine protected areas; [cited 2018 May 18]. Hong Kong. Available from: https://www.wwf.org.hk/en/whatwedo/oceans/protecting_our_seas/advocating_for_more_marine_protected_areas/.

[44] Planning Department: South west New Territories development strategy review, recommended development strategy, final report. Hong Kong: Planning Department, 2001.

[45] Country and Marine Parks Board AF CPA 01/1/0 [Internet]. Confirmed minutes of the 65th meeting of the Country and Marine Parks Board, 2013 [cited 2018 May 28]. Hong Kong. Available at: https://www.afcd.gov.hk/english/aboutus/abt_adv/files/Minutes_of_meeting_130523_CMPB_Confirmed.pdf.

[46] Country and Marine Parks Board WP/CMPB/12/2017 [Internet]. Detailed design and progress of the marine park development in South Lantau waters - Soko Islands marine park and compensatory marine park for the integrated waste management facilities phase 1, 2017 [cited 2018 May 28]. Hong Kong. Available at: https://www.afcd.gov.hk/english/aboutus/abt_adv/files/WP_CMPB_12_2017Eng.2.pdf.

[47] Environmental Resources Management [Internet]. Marine park proposal: Hong Kong International Airport contract 3103-3RS environmental permit consultancy services, 2016 [cited 2018 May 28]. ERM, Hong Kong. Available at: http://env.threerunwaysystem.com/ep%20submissions/201603%20Marine%20Park%20Proposal/0313181_Marine%20Park%20Proposal_v3.htm.

[48] Kelleher G. Guidelines for marine protected areas. Gland, Switzerland: IUCN, 1999.

[49] Planning Department. Planning enforcement under the Town Planning Ordinance. TPB Paper No. 8753. Hong Kong: Town Planning Board, 2011.

[50] Hong Kong SAR Government Press Releases [Internet]. LCQ10: Statistics on and rezoning of green belt sites, 2018 [cited 2018 June 6]. Hong Kong. Available at: https://www.info.gov.hk/gia/general/201801/24/P2018012400288.htm.

[51] Agriculture, Fisheries and Conservation Department [Internet]. Annual report-nature conservation, 2013 [cited 2018 June 6]. Hong Kong. Available at: http://www.afcd.gov.hk/misc/download/annualreport2013/en/natural.html.

[52] Agriculture, Fisheries and Conservation Department [Internet]. New Nature Conservation Policy, 2004 [cited 2018 June 20]. Environment, Transport and Works Bureau, Hong Kong. Available at: http://www.afcd.gov.hk/english/conservation/con_nncp/con_nncp_leaf/files/leaflet2.pdf.

[53] Hong Kong SAR Government Press Releases [Internet]. LCQ2: New nature conservation policy, 2016 [cited 2018 June 20]. Hong Kong. Available at: http://www.info.gov.hk/gia/general/201605/18/P201605180430.htm.

[54] Environmental Association [Internet]. Fung Yuen Butterfly Reserve; [cited 2018 June 20]. Hong Kong. Available at: http://www.fungyuen.org/en/.

[55] The Conservancy Association [Internet]. Nature conservation management for Long Valley; [cited 2018 June 20]. Hong Kong. Available at: http://www.cahk.org.hk/show_works.php?type=sid&u=76.

[56] Hong Kong Bird Watching Society [Internet]. Fishpond conservation scheme; [cited 2018 June 20]. Hong Kong. Available at: https://cms.hkbws.org.hk/cms/index.php/fpmenu1-tw \.

[57] Legislative Council [Internet]. Paper for House Committee: Report of the Subcommittee on Country Parks (Designation)(Consolidation)(Amendment) Order 2017, 2017 [cited 2018 June 20]. Hong Kong. Available at: http://www.legco.gov.hk/yr17-18/english/hc/papers/hc20171027cb1-164-e.pdf.

[58] The Conservancy Association [Internet]. Sustainable Lai Chi Wo; [cited 2018 June 20]. Hong

Kong. Available at: http://www.cahk.org.hk/show_works.php?type=uid&u=53&lang=tc.

[59] Sai Kung District Community Centre [Internet]. Rehabilitation Project for Sai Wan Area; [cited 2018 July 8]. Hong Kong. Available at: http://www.skdcc.org.

[60] Hong Kong EIA Register [Internet]. KCRC Sheung Shui to Lok Ma Chau Spurline EIA Report; [cited 2018 July 8]. Hong Kong. Available at: https://www.epd.gov.hk/eia/register/report/eiareport/eia_0712001/Index.htm.

[61] Hong Kong EIA Register [Internet]. Yuen Long Bypass Floodway - Feasibility Study EIA Report; [cited 2018 July 8]. Hong Kong. Available at: https://www.epd.gov.hk/eia/register/report/eiareport/eia_00498/eia_report.pdf.

[62] Hong Kong EIA Register [Internet]. Proposed Comprehensive Development at Wo Shang Wai, Yuen Long EIA Report; [cited 2018 July 8]. Hong Kong. Available at: https://www.epd.gov.hk/eia/register/report/eiareport/eia_1442008/eia_144.pdf.

[63] Hong Kong EIA Register [Internet]. North East New Territories New Development Areas EIA Report; [cited 2018 July 8]. Hong Kong. Available at: https://www.epd.gov.hk/eia/register/report/eiareport/eia_2132013/index.htm.

[64] Hong Kong EIA Register [Internet]. Tung Chung New Town Extension EIA Report; [cited 2018 July 8]. Hong Kong. Available at: https://www.epd.gov.hk/eia/register/report/eiareport/eia_2332015/MainV1_CH.htm.

[65] Hong Kong e-Legislation [Internet]. Forest and Countryside Ordinance Cap. 96; [cited 2018 July 8]. Hong Kong. Available at: https://www.elegislation.gov.hk/hk/cap96.

[66] Hong Kong e-Legislation [Internet]. Fisheries Protection Ordinance Cap. 171; [cited 2018 July 8]. Hong Kong. Available at: https://www.elegislation.gov.hk/hk/cap171.

[67] Whitfort AS, Cornish A, Griffiths R and Woodhouse FM. A review of Hong Kong's wild animal and plant protection laws. HKU KE IP 2011/12-52. Hong Kong: The University of Hong Kong, 2013.

[68] Advisory Council on the Environment NCSC 1/2015 [Internet]. Updates on species action plans and conservation measures; [cited 2018 July 8]. Hong Kong: Agriculture, Fisheries and Conservation Department, 2015. Available at: https://www.epd.gov.hk/epd/sites/default/files/epd/english/boards/advisory_council/files/ncsc_paper01_2015.pdf.

[69] Task Force on Land Supply [Internet]. Land supply options; [cited 2018 July 8]. Hong Kong: Hong Kong SAR Government. Available at: https://landforhongkong.hk/en/supply_analysis/index.php.

第三部分：香港城市交通规划与开发

第八章　香港城市交通规划

何定国

一、香港交通发展背景和重要节点

香港城市交通发展可以追溯到 1964 年引入交通调查概念，对当时出行方式加深了解，并展开科学化的分析研究，为制定未来交通发展策略提供了参考[1]。1967 年发表《香港乘客运输研究》[2]，并于 1976 年为香港城市交通发展进行综合交通规划研究《第一次整体运输研究》[1]，并制定 1979 年香港交通政策"保持交通畅通"（Keep Hong Kong Moving）。接着由 1981 年开始进行《出行特征调查》为综合交通规划研究建立稳固数据基础。而每隔约 10 年进行一次的大规模出行特征调查《交通习惯调查研究报告》1992 年、2002 年及 2011 年，为期后的综合交通规划研究提供全面的数据支持，包括 1989 年《第二次整体运输研究》，并制定 1990 年香港交通政策"迈向二十一世纪"（Moving into the 21st Century）、1993 年《香港铁路发展研究》，以及 1999 年《第三次整体运输研究》，同年制定香港长运策略"迈步向前"（Hong Kong Moving Ahead）、2000 年《铁路发展策略 2000》、《第三次综合交通规划研究 restructuring》2004 ～ 2007 年、《第三次综合交通规划更新研究》2010 年，以及《铁路发展策略 2014》等研究。

以上定期交通规划研究及贯彻轨道交通为客运系统的骨干依据，为香港城市奠定了重要交通规划及建设的基础：

（1）1976 年《第一次整体运输研究》：建议兴建地铁系统。

（2）1989 年《第二次整体运输研究》：建议多项重要轨道及道路基建，配合位于赤鱲角的新国际机场及多项城市规划，包括机场铁路、东涌线、将军澳支线及西铁线、北大屿山快速公路及青屿干线。

（3）1990 年《迈向二十一世纪》运输政策白皮书：按《第二次整体运输研究》的建议制定香港交通政策，其中建议兴建铁路项目，如机场铁路 / 东涌线、地铁将军澳支线、西铁（第一期）连接新界西北部与荃湾。

（4）1993 年《香港铁路发展研究》：建议多条新轨道方案，包括西部走廊连接新界西与九龙。

（5）1999 年《第三次整体运输研究》：制定各种公共交通系统定位，发展高效服务和功能。例如，轨道系统为骨干、完善公共交通、推广先进科技管理交通及环保交通系统。

（6）1999 年《香港长运策略"迈步向前"》：高效整合交通和土地利用规划及利用轨

道作为客运系统的骨干、提升公共交通服务和设施效率、采用先进技术（1997 年八达通电子付费系统），以及环境保护。

（7）2000 年《铁路发展策略 2000》：建议兴建铁路项目，如港岛线沿线（即西港岛线及南港岛线东段）、沙田中环线（沙中线）、九龙南环线（观塘线沿线）、北环线、区域快线（广深港高速铁路香港段）及港口铁路线。

（8）2014 年《铁路发展策略 2014》：制订 2031 年轨道网络规划蓝图—北环线、增设西铁古洞站及洪水桥站、东涌西沿线、屯门南沿线、东九龙线、南港岛线西段、北港岛线。

随着香港经济迅速发展，同时面临地少人多境况，必须采用高效及大运量交通系统策略，以轨道交通为客运系统的骨干，缓解巨大的交通需求并善用土地资源。所以围绕轨道站点的设计成为交通规划的重心，在过去的 30 多年，由 1978 年通过东铁线全面现代化及电气化计划于 1983 年完成[1]、第一条地铁线观塘线于 1979 年通车[1]，期后新增线路如荃湾线 1982 年、港岛线 1985 年、屯门 / 元朗轻铁线 1988 年、机场快线及东涌线 1998 年、将军澳线 2002 年、西铁线 2003 年、马鞍山线 2004 年、迪士尼线 2005 年、南港岛线 2016 年。

到现在 12 条轨道线 91 个站点、68 个轻轨站点及未来规划站点，当中，有 21 个站是换乘站[3]。大多数站点采用 Transit Oriented Development (TOD) 公共交通导向发展模式。其中住宅开发规模较大及综合业态较多的 TOD 项目，如九龙站、奥运站、青衣站、东涌站、太古站、九龙湾站、荃湾站及沙田站等。以商业办公的开发站点，如香港站及金钟站。其他高效利用土地资源于车辆段进行高强度的开发站点，如火炭站、大围站、九龙湾站、荃湾站、杏花邨站、轻铁车厂站、康城站。

二、交通规划配合高强度 TOD 开发

从交通规划设计的角度，如何成功打造高效的公共交通导向发展模式，首先简单说明 TOD 发展模式：

Transit = 高效及大运量交通系统

Oriented = 骨干

Development= 综合规划（业态及交通系统等综合考虑）

TOD 采用高效及大运量交通系统为交通骨干，并结合综合规划发展模式。当中"高效及大运量交通系统（Transit）"并不一定是轨道交通（铁路、地铁、轻轨等），高效而大运量的快速公交 Bus Rapid Transit (BRT) 系统同样可以采用 TOD 模式开发。另外，需要说明 TOD 概念并不代表只是将开发容积率抬高，还需要同时将站点服务范围扩大。而且关键是如何打造一体化设计，让各交通系统达到无缝连接，同时结合多种业态的特点，大大提升站点的可达性，提供便捷交通系统，鼓励公共交通出行，提倡绿色可持续生活。所以交通规划需要达到以下重点：

（1）综合规划完善一体化设计，将各交通系统效益最大化。

（2）加强整体便捷性及可达性，同时提升土地的经济效益。

（3）让公共交道系统乘客方便换乘，达到无缝换乘。

（4）扩大整个交通系统的覆盖范围。

（5）设计需要平衡各方，提倡公众利益，达至共赢。

（6）同时配合分期发展，提供合适的交通系统安排。

采用 TOD 理念开发的项目，与交通方面需发挥多功能交通系统的特点全面配合。从交通设施的配建要求及位置和交通网络路线安排，到乘客换乘设施及配套，以及整体乘客体验等重要设计考虑因素。因此，交通规划设计方面，必须充分考虑：

（1）现状及未来规划条件；

（2）片区及周边的交通需求及连接；

（3）如何连接其他交通系统类型；

（4）规划需要同时按未来片区的发展预留交通设施。

为弥补现状及未来规划条件的限制，站点步行距离不合理或站点周边道路条件不合理，必须利用高效的优化方案完善 TOD 站点设计。例如，在规划香港机场快线的香港站于中环的站点选址与中环站距离较远，为达到轨道整体的完整性，两个站点设有 4 条自动行人步道设计规划（图 8-1）。除了于地下连接中环站及中环中心商务区，规划同时综合考虑与中区空中走廊系统连接，打造多层人行连接系统。同样，连接尖沙咀站与尖东站两个站点的直线距离（约 200m）的地下环形人行系统（约 500 多米），通道设有 14 条自动行人步道（图 8-2、图 8-3），缩短换乘时间。地下人行通道连接商场地下层（图 8-4），加强与周边地块的连接，地下环形人行通道设有地下商业（图 8-5）。尖沙咀站设有 11 个人行出入口连接，尖东站设有 15 个人行出入口连接。另外，由于现状及规划原因，地点受周边道路条件限制，可参考奥运站及东涌站案例，采用各种人行连廊连接周边地块（图 8-6）。

图 8-1　香港站与中环站地下人行通道设自动行人步道（摄：何定国）

图 8-2　尖沙咀站与尖东站地下人行通道自动行人步道（摄：何定国）

图 8-3　尖沙咀站与尖东站地下人行通道单向自动行人步道（摄：何定国）

图 8-4　尖沙咀站地下人行通道连接地下商业（摄：何定国）

图 8-5　尖沙咀站与尖东站地下人行通道设有商铺（摄：何定国）

图8-6　奥运站人行连廊（摄：何定国）

　　另外，设计需要充分考虑片区现状及规划，如九龙站（机场快线及东涌线）综合规划考虑整体轨道网络连接性，与西铁线的柯士甸站、未来高铁站及西九龙文化区的连接，同样采用多层人行连接系统，提升各地块与站点的可达性。规划设计必须配合分期开发，以九龙站为典范，妥善规划整体交通安排，包括九龙站机场快线及东涌线站点、连接各种交通系统、机场预办登机设施、各住宅楼、园方商场、办公楼环球贸易广场，以及两间高档酒店的交通安排。九龙站分开九期开发，先开发各住宅楼，然后开发园方商场，最后开发环球贸易广场办公楼。其他案例有将军澳线康城站车辆段上盖及沙中线大围站车辆段上盖等。

　　交通系统及设施安排：香港以轨道为骨干的交通政策，所以为配合新轨道线路规划还需要进行公共交通重组研究，确保轨道与公共交通系统互相合作扩大覆盖范围。例如考虑将与新建轨道为同一条走廊的公共交通线进行调配，以减少竞争并扩大整体范围，让轨道站更大片区的市民通过公共交通出行，形成平衡共赢的局面。

　　同时，采用免费接驳专车服务连接乘客往来港铁站点，方便市民并有助增加客源。早期设于东铁线火炭站及大埔墟站（1985年9月9日）[4]接送乘客。其后还增加免费接驳专车服务旺角站、尖东站、南昌站，但目前只保留大埔墟站路线。接驳专车可扩大轨道交通的覆盖范围，一般于轨道走线的周边发展未成熟，发挥高效连接性。

　　需要全面考虑各交通系统的特征及条件，连接其他交通系统，为充分发挥轨道交通的强大运输能力并提高公共交通使用。多个TOD站点安排轨道与公交首末站及其他公共交通设施同层便捷换乘。另外，屯门站配合新建的轨道西铁线高架站，将原有于地面行驶的轻轨线逐步抬高并改为高抬站，而两个轨道系统于屯门站换乘大堂无缝连接（图8-7、图8-8）。

图 8-7　屯门站西铁线 / 轻轨线无缝换乘（西铁站厅）（摄：何定国）

图 8-8　屯门站西铁线 / 轻轨线无缝换乘（轻轨站厅）（摄：何定国）

　　如何让换乘设计效益最大化，包括乘客体验、各动线连接、设施安排、空间利用（增设合理舒适的等候区，并设有商业配套）。

　　参考案例如机场快线于香港站及九龙站设有预办登机及行李托运设施，为旅客带来便利，大大提升旅客出行及体验效率，不但降低机场快轨车厢的空间需求，同时提高乘客上下车的便捷性及轨道线整体运营效率。

　　参考案例如九龙站跨境巴士站设计融入商业（设于园方商场部分）（图 8-9），售票处（设有办理深圳国际机场预办登机手续安排处）、舒适的等候区，以及行李箱储存服务等配套设施（图 8-10）。等候区设有班次显示屏，乘客按班车广播通过电扶梯往下层乘车（图 8-11）。除此以外，交通组织安排旅游大巴通过坡度往上一层停靠，缩短乘客上下车的距离，增加乘客的便捷性。

图 8-9　九龙站跨境巴士站设计融入商业（摄：何定国）

图 8-10　九龙站跨境巴士站等候区（摄：何定国）

如何让交通系统配建及安排，配合打造成功的 TOD，并带动整体效益，包括：

（1）方便乘客使用，便捷可达性强。

（2）大大提升公共交通使用比例。

（3）满足多元化的业态规划设计要求，让站点开发注入活力（延长站点及周边片区的经济及休闲活动等）。

（4）善用紧凑空间。

除此以外，一般 TOD 开发包含多种业态的综合发展，例如住宅、办公、商业、酒店、教育和社区配套等。交通规划需要充分了解各业态的出行特征，考虑错峰交通需求以达到高效分配交通资源。例如办公停车位在周末变为商业停车位，从而减少整体停车配建。

图 8-11　九龙站跨境巴士站连接上层等候区（摄：何定国）

同时，需要政府制定城市及交通规划政策配合，以及整体的交通系统扩大服务范围。轨道车站上盖物业发展，强制性折减停车配建数量，规划极低车位供应。按《香港规划标准与准则》[5]，推动公共交通出行。详细停车配建指标参考以下章节。

香港土地供应少，规划需要采取高强度开发及更复杂的方法，达到高效使用土地资源。同时，规划设计也需要充分考虑乘客体验。因此设计采用多层次的设计，而不是平面分布（二维规划）交通设施。多层次规划设计可以有效缩短大部分行人的步行距离。但多层次规划设计必须同时满足行动不便的乘客。

三、TOD 开发模式的种类及交通配套安排

香港大部分 TOD 上盖开发或 500m 半径内设有大型住宅开发，以下列出各种 TOD 综合开发的组合（表 8-1）：

（1）住宅＋大型商业：站点物业停车位配建低，鼓励公共交通出行。一般设有公交首末站及其他交通设施站点，扩大轨道站点覆盖范围。

（2）办公＋大型商业：设大型交通枢纽及多个公交首末站（参考案例香港站、金钟站）。

（3）住宅＋大型商业＋办公：设大型交通枢纽及多个公交首末站（参考案例九龙站、沙田站）。

（4）住宅＋大型商业＋车辆段：一般设有公交首末站及其他交通设施站点，设于地面层，多层人行连接，需克服高差问题。停车场可以设于车辆段上盖，通过坡道连接地面

（参考案例火炭站、大围站、康城站、屯门轻轨线轻铁车厂站、规划中轻轨线天荣站）。

（5）住宅＋大型商业＋办公＋车辆段：上盖设有公交首末站及其他交通设施站点，坡道要求及难度较高。另设有多层人行连接及多条连廊贯通各业态（参考案例九龙湾站）。

（6）除以上业态外，还需要配合其他公共服务设施，方便市民使用，详细案例说明可参考沙田站及九龙湾站。

典型 TOD 站案例　　　　　　　　　　　　　　　　　　　　　　表 8-1

	早期开发 TOD 站点	较近期开发 TOD 站点
综合业态站点	太古站、九龙湾站、荃湾站、沙田站	九龙站、奥运站、青衣站、东涌站
商业办公站点	金钟站	香港站
车辆段站点	火炭站、九龙湾站、荃湾站、杏花邨站、轻铁车厂站	大围站、康城站

以上各模式 TOD 综合开发组合，说明每个站点的业态组合各有变化，各站点需按现状及规划条件，制定合适合理的业态组合。同样，各 TOD 站点的交通系统规划，必须配合现状及规划需求安排。

一般而言，综合开发组合业态越多的 TOD 站点设计越复杂，因为出行特征不同，对交通设施的安排不一。例如，一般办公的早高峰需求与商业存在错峰（办公 07:30~09:30，而商业 10:00 后才开业。还有平日繁忙的办公楼上落客区，于周末假日可以面向商业顾客开放使用，对整体建筑、交通规划设计及后期运营息息相关），所以交通设施或空间资源可以更高效运用分担。另外，地块条件同样重要，往往大大增加设计难度，如奥运站站点两侧设快速路隔离，采用多方向的人行连廊，而且连廊必须使用有盖连接，大部分设空调，打造舒适的步行环境并配合各业态延伸步行的范围，提倡绿色出行（图 8-12）。

图 8-12　奥运站站点两侧道路隔离（摄：何定国）

另外，轨道线路越多及客流量越繁忙的 TOD 站点，相对的换乘需求及交通配套的安排更高。需要充分了解各换乘的组合，由站点规划到详细设计都需要充分体现无缝换乘，达到各换乘站乘客步行距离的合理性。例如，香港地铁旺角站、太子站、金钟站、红磡站及油塘站达到同台换乘，大围站往九龙方向同台换乘（图 8-13）。除此以外，TOD 站点与各种公共交通系统及机动车的配合同样重要，复杂但高效的安排，可以借鉴香港的 TOD 站点成功案例，以下章节详述。

图 8-13　大围站往九龙方向同台换乘（摄：何定国）

除了以上各种业态，社区设施也同样重要，必须提供良好的人行连接，方便市民使用。其中，可参考沙田站及九龙湾站：

（1）东铁线沙田站的新城市中心设有大型购物中心，并且包括住宅、商业办公楼、酒店及戏院。附近还有各种公共服务设施，如大会堂、公共图书馆、沙田公园、婚姻注册处、政府合署、沙田裁判法院、菜市场等。大部分由人行连廊连接（图 8-14、图 8-15）。

（2）另外，位于观塘线九龙湾站德福花园，设施包括大型购物中心德福广场一期、二期，并设有戏院，以及港铁总部办公大楼。德福广场露天部分设有各种公共服务设施，如银行、幼儿园、社区中心、音乐及舞蹈培训中心、香港城市大学专上学院、诊所等（图 8-16、图 8-17）。

四、TOD 交通设施指标

从交通政策层面落实以轨道为交通骨干，香港规划署《泊车设施标准》[6] 规定，在轨道站点 500m 半径范围内，住宅按比例每 6 ～ 9 个户配建停车位数量进行折减。鼓励 TOD

开发居民使用 TOD 开发的轨道交通出行，减少对机动车的依赖。香港 TOD 站上盖住宅的停车配建指标与其他城市比较相对极低，直接降低小汽车的保有量，促使民众出行更多地使用公共交通。从而有助保证轨道交通的客流量及收入回报。

图 8-14　沙田站连接大型购物中心（摄：何定国）

图 8-15　沙田站连接大会堂、公共图书馆、沙田公园等（摄：何定国）

图8-16　九龙湾站人行连接港铁总部办公大楼并设商场（摄：何定国）

图8-17　九龙湾站人行连接港铁总部办公大楼并设商场（摄：何定国）

以下为港铁轨道上盖物业停车位配建比例，从此发现住宅户数停车位比例，前期、近期及规划中的 TOD 上盖开发项目，一般配建极少量的停车位。详细停车配建指标参见表 8-2。

TOD 上盖开发项目停车配建指标　　　　　　　　　　表 8-2

物业名称	站点	住宅户数	停车位	户数与每停车位比例	建成年份
朗屏 8 号	朗屏站	910	80	11.4	2018
新葵芳花园	葵芳站	1260	126	10.0	1983
柏傲湾	荃湾西站	983	114	8.6	2018
恒福花园	三圣站	1500	198	7.6	1993
银湖·天峰	乌溪沙站	2160	289	7.5	2009
君傲湾	将军澳站	1470	199	7.4	2006
蔚蓝湾畔	坑口站	2130	321	6.6	2004
首都	康城站	2090	325	6.4	2008
都会駅 / 城中駅	调景岭站	3770	609	6.2	2006～2007 年分期落成
御龙山	火炭站	1370	239	5.7	2009
君汇港	奥运站	1510	264	5.7	2006
名城	大围维修中心	4260	745	5.7	2010～2011 年分期落成
蓝天海岸	东涌站	3370	625	5.4	2002～2007 年分期落成
将军澳豪庭	将军澳站	390	74	5.3	2005
珑门及珑门二期	屯门站	1990	384	5.2	2012～2014 年分期落成
致蓝天	康城站	1648	327	5.0	2014
盈翠半岛	青衣站	3500	700	5.0	1999
领都 / 领峯 / 领凯	康城站	4270	905	4.7	2010～2012 年分期落成
映湾园	东涌站	5330	1185	4.5	2002～2008 年分期落成
滌岸 8 号	车公庙站	980	236	4.2	2012
（待定）	大围站	2900	713	4.1	2022
天晋	将军澳站	1020	254	4.0	2011
维港湾	奥运站	2310	579	4.0	2000

五、TOD 的交通及其他配套设施

综合香港各 TOD 开发项目，交通配套设施的安排，一般设有公交首末站（公交、专线小巴及出租车）、人行连接，以及停车换乘（Park &Ride）等设施。但各 TOD 开发的交通配套设施的规模及安排必须按站点地块的现状及未来规划条件，进行详细规划设计。香港的 TOD 开发采用高效布局安排，立体分层让乘客无缝换乘。例如青衣站的公交首末站设于地铁站厅同层，公交车通过坡道连接（图 8-18），让乘客同层无缝换乘（图 8-19、图 8-20）。交通布局设计安排车辆通过坡道往上层或地下层让乘客同层进行换乘。公交及专线小巴及出租车往上层或地下层的案例如下：

（1）机场快线香港站及九龙站：出租车于地面层落客（图 8-21），直接进入售票区及预办登机（图 8-22）。地下层上客并于机场快线站台同层等候乘客（图 8-23 ～图 8-25），设计特意为从机场过来拿行李的乘客，方便换乘。

（2）机场快线青衣站：出租车于地上层落客，乘客同层乘坐机场快线去机场（图 8-26）。而从机场快线到达的乘客下车后，乘客同样同层乘坐出租车离开（图 8-27）。

（3）东涌线青衣站：地面小巴及出租车，地上二层公交与轨道站厅同层连接（图 8-20）。

（4）东铁线沙田站：地面小巴及出租车，地上二层公交及小巴与轨道站厅同层连接，地上三层为出租车下客区（图 8-28、图 8-29）。

（5）东铁线旺角东站：公交、小巴及出租车往地上层与轨道站厅同层连接（图 8-30 ～图 8-32）。

图 8-18　青衣站公交车通过坡道连接（摄：何定国）

图 8-19　青衣站地铁站 / 公交首末站让乘客同层无缝换乘（摄：何定国）

图 8-20　青衣站地铁站 / 公交首末站让乘客同层无缝换乘（摄：何定国）

图 8-21　机场快线香港站出租车地面层落客（摄：何定国）

图 8-22　机场快线九龙站乘客直接进入售票区及预办登机（摄：何定国）

图 8-23　机场快线九龙站出租车地下层上客（同台换乘）（摄：何定国）

图 8-24　机场快线九龙站出租车地下层上客（同台换乘）（摄：何定国）

图 8-25　机场快线九龙站出租车地下层上客（舒适排队环境）（摄：何定国）

图 8-26　机场快线青衣站乘客直接进入售票区及台站（摄：何定国）

图 8-27　机场快线青衣站乘客从机场快线到达后同层乘出租车离开（摄：何定国）

图 8-28　沙田站地上二层公交及小巴与轨道站厅同层连接（摄：何定国）

图 8-29　沙田站地上二层公交及小巴与轨道站厅同层连接（摄：何定国）

图 8-30　旺角东站公交、小巴及出租车往地上层与轨道站厅同层连接（摄：何定国）

图 8-31　旺角东站连接各公共交通设施（摄：何定国）

图 8-32　旺角东站连接大型商场（摄：何定国）

除轨道与公交外，不同类型的轨道也安排同层换乘，如屯门站轻轨与西铁线，设计让轻轨进站前通过坡道往上层，让乘客无缝换乘西铁线。

一直以来，香港 TOD 的开发贯彻多层连接，节省空间，便捷换乘，无缝连接。连接各物业打造良好的步行环境。此外，初期轨道公司提供免费接驳专车，接送周边较远片区的居民，同时政府安排小巴专线服务，方便居民往来轨道站，提高公共交通的使用率。

1. Park & Ride 停车转乘

Park & Ride 停车转乘设施共有 12 个站点，香港站（293 个）、九龙站（261 个）、青衣站（405 个）、锦上路站（584 个）、海洋公园站（71 个）、奥运站（293 个）、坑口站、彩虹站（450 个）、红磡站（810 个）、上水站（91 个）、乌溪沙站（65 个）及屯门站[3]。提供停车优惠，鼓励驾驶者转乘公共交通（图 8-33）。

图 8-33　九龙站停车转乘设施（摄：何定国）

2. 人行连接

TOD 开发除各种公共交通系统安排外，还必须增强行人连接及体验，了解当前系统的不足，缩小步行差距，关键因素如行人舒适度、安全性和可达性。舒适度包括清洁和舒适的步行空间，如注入充满活力及创造的社区环境。安全性，如车辆和行人隔离，监控和路灯。无障碍设施将包括在整个步行系统的连接和可达性，并防止其他不安全和不合法的零售活动占用行人走廊。

（1）中环站及香港站

分别为港岛线（中环站），机场快线及东涌线（香港站），两个站点距离（半径）约300 多米，由于客流量极大，两个站设有地下人行通道并设自动人行步道（图 8-34），有效缩短步行时间。同时，香港站位于国际金融中心连接香港中环连廊系统，系统连接上环（西侧）顺德中心至中信大厦（东侧）和金钟香港公园（南侧），距离 2.5km。通过行人天桥连接各重要建筑物的高架步行网络，行人通过建筑物到建筑物，其中一些大堂通道需要每天 24h 开放，以确保行人方便通行（图 8-35 ～图 8-37）。自 20 世纪 70 年代以来，人行连廊系统由政府计划将土地出让条件作为发展的一部分，政府和开发商分阶段建成，部分设有空调。人行连廊系统计划进一步延伸至沿港岛北岸以东的湾仔及铜锣湾。此外，整个系统由中环连接中半山，设有自动扶梯系统，通过自动扶梯和人行道系统连接中半山住宅，长度约 800m，系统爬升高度约为 135m（图 8-38），完成整个旅程需时约 20min，单向自动扶梯系统按繁忙时段早晚高峰潮汐人流安排不同方向通行。地铁上环站、香港站、中环站及金钟站采用连廊及部分地下人行通道贯通，打造有盖步行网络并将人车分流。

图 8-34　中环站 / 香港站地下人行通道设自动人行步道（摄：何定国）

图 8-35　中环连廊系统（人车分流）（摄：何定国）

图 8-36　中环连廊系统（摄：何定国）

图 8-37　中环连廊系统（连接中环码头及公交首末站）（摄：何定国）

图 8-38　中环连接中半山自动扶梯系统（皇后大道中 - 左侧连二层商业 - 右侧垂直连接到地面）（摄：何定国）

（2）旺角东站及旺角站

另一个人行走廊案例位于人流量极大的旺角，连接旺角东站及旺角站，旺角东站为高架站，站点与地面有较大高差，同时离旺角站有较远距离（半径）约 450m。人行连廊系统不但让人车分流，还可以大大发挥连廊的功能解决两站的高差问题。现有的网络覆盖约 600m 步行距离，并有计划进一步扩大人行连廊系统范围。

（3）尖沙咀站及尖东站

除高架人行系统外，地下人行系统案例可参考荃湾线尖沙咀站及东铁线尖东站。两站距离（半径）只有约 360m，但来往两站的客流需求极大。地下人行系统设有多条通道，并连接多个商场地下层，总长度约为 500 多米，同时设有多条自动人行步道（图 8-2 ～图 8-4），有效缩短步行时间。

图 8-39　中环连廊系统（香港国际金融中心商场连廊）（摄：何定国）

（4）香港站、东涌站

设于香港站及东涌站 TOD 的开发，采用较宽裕的人行连廊配合其地业态，如商业及餐饮，有效连接建筑，弥补道路交通对一体化设计的影响（图 8-39）。

（5）奥运站

站点被两条繁忙道路分割，TOD 的开发充分利用人行连廊系统配合各物业的通过，扩大覆盖范围，提供全天候人行连接（图 8-12）。

3. 站点与安排

轨道线规划设计经过详细研究，多方面考虑各条件因素，决定站点的最优位置。当中需要详细研究及论证站点的标高，一般分三种高程：

（1）地上站；

（2）地面站；

（3）地下站。

无论站点位于地上、地面或地下，必须充分考虑现状及规划条件。包括各种交通系统的连接方法，以及高效连接为乘客带来方便及安全。

（1）地上站

由于站点条件及走线标高，需要将站点设于高架层，可以减少与地面人行及机动车交通交织。一般站厅设于站台下一层高架层，公共交通设施与站厅设于同层，方便乘客无缝换乘。

1）青衣站：位于岛屿，站点旁边紧靠跨海青荃桥及青衣北岸公路，因外部条件连接跨海桥，站点定于高架层地上二层及地上三层，地上三层设机场快线及东涌线往机场及东涌方向，地上二层设机场快线及东涌线往香港站方向。设有多个站厅于地上二层及地上三层，与站台同层。地上三层设出租车、社会车及机场快线接驳专车下客区，接站厅及站台设于同层，可以让拿行李的旅客直接同层连接机场快线（图 8-26），非常便捷。同样，地上二层设出租车、社会车及机场快线接驳专车上客区，从机场过来的乘客可以直接同层换乘出租车（图 8-27）。另外，地上二层设有公交首末站连接站厅，方便乘客无缝换乘，并连接大型商业及住宅。地面层设出租车上客区，专线小巴及社会车上下客区。地面设250 多米有盖连接多个公共房屋住宅社区。

2）九龙湾站：站点紧靠车辆段旁及繁忙的观塘道，站点定于高架层，地上二层设厅及地上三层设站台。车辆段上盖为大型综合开发，包括大型住宅、商业及办公总部，并设有多种公共服务设施。地上二层站厅采用垂直连接大型商业，解决高差问题。地上三层设公交首末站、接驳专车、出租车站及专线小巴站（图 8-40）。另外，沿观塘道设有多个公交站点，地上二层站厅采用垂直连接地面层，方便乘客往来（图 8-41）。

（2）地面站

通常与人行及机动车交通同层，而产生较严重交织。所以地面站的站厅设计于地上二层，乘客安全进出于二层站厅，并通过垂直连接往来站台。同样，站厅可设于地下层，需要考虑地块其他条件、工程难度及成本而决定。

图 8-40　九龙湾站地上三层连接交通设施（摄：何定国）

图 8-41　九龙湾站站厅垂直连接地面层公交站点（摄：何定国）

1）沙田站：站台位于地面层，依靠 9 号干线新界环回公路，地面限制极大，所以站厅设于地上二层。其中一个公交首末站及专线小巴站同样设于地上二层，让乘客无缝换乘方便快捷。另外，地上三层设出租车及社会车下客区，通过商场连接二层站厅。地面层设专线小巴站，市区及新界区出租车上客区。第二个大型公交首末站设于站台另一边被 9 号干线道路分割，乘客可以通过地上二层商业通道连接公交首末站。因此，围绕沙田站的开发充分使用地上二层作为人行廊道系统。周边的住宅发展项目，连接沙田站与各个商场，共有 7 个私人住宅发展项目，约 14988 位居民，5862 户，以及 3 个公共房屋，27610 位居民，9155 户。站点与二层连廊系统还连接公共设施（公园、市政厅、图书馆、法院）、办公楼及酒店。其中私人住宅发展项目，不但连接二层连廊系统，更连通地上三层平台层，提高可达性。整个二层连廊系统超过 1.2km 长，轨道站、两个公交首末站及其他交通设施，共服务了 42598 位居民[7]（图 8-42～图 8-46）。

图 8-42　沙田站：地面道路及轨道站，地上二层公交及小巴，
地上三层社会车及出租车落客区（摄：何定国）

　　2）奥运站：位于 2 号干线西九龙公路及连翔道中间，两条道路相隔只有约 50 多米宽度，站点限制极大。站台设于地面层，站厅设于地上二层。采用 5 条人行连廊连接周边开发，并构建另外 7 条人行连廊高效连接地块，总长度超过 1.7km，人行连廊系统配合商业通道让站点覆盖范围增强，往东面延伸超过 800m，北面延伸超过 750m，有助提升站点及周边地块可达性。公交首末站、出租车站及专线小巴站，分别设于周边地块地面层。

　　（3）地下站

　　地下站一般于地块价值高的片区，因为地下开发难度及成本较高。地下层设站台，而站厅设于站上面，更靠近地面。其他交通设施可按地块条件设于地下层或地面层，靠近站厅无缝连接。

图 8-43　沙田站：地上二层公交首末站及专线小巴站（摄：何定国）

图 8-44　沙田站：地面层第二个大型公交首末站（摄：何定国）

图 8-45　沙田站二层连廊连接多个住宅（摄：何定国）

图 8-46　沙田站二层连廊连接大型公园（摄：何定国）

太古站：站台位于地下二层，站厅设于地下一层，地面空间可以高效运用。地面人行连廊连接周边各大型住宅区。但没有设公交首末站，多个公交站设于主要道路，并设出租车站及专线小巴站。

六、更高效的 TOD 及未来规划

以上章节说明多个位于香港的 TOD 案例，各式各样 TOD 业态配搭及相关交通设施的安排，包括站点位置，各种交通系统如何安排，达到高效换乘方便乘客，以配合可持续及高密度高强度开发。借鉴 TOD 案例后，发现香港 TOD 开发也存在优化空间，可以配合整体规划更大发挥 TOD 的优势。相对其他城市，香港有极大的空间让 TOD 开发发展更完善的网络，更大的服务范围，更绿色环保的出行习惯。

加强慢行系统的效益，大部分香港的 TOD 开发项目对步行系统的规划及安排都能达到良好的步行环境，包括全天候或室外有盖的人行通道，为配合最先及最后一公里的步行需求。但站点一公里以外的范围，步行距离开始不合理，考虑外部环境包括天气等因素，打造舒适步行系统的难度更高。现在比较远的范围一般需要依赖专线小巴、公交、出租车及私人屋院接驳专车等连接。未有将绿色可持续的出行发挥。所以连接站点的自行车网络规划非常重要，不单需要提供共享自行车（如 GoBee、ofo、Mobike、小鸣）停放位置，安全及快速的自行车网络对骑车使用者更为重要。而且提倡绿色出行模式，鼓励步行和骑自行车，对市民健康还有正面影响。

共享经济未来发展趋势，TOD 站点的交通安排可以更有效善用资源，减少对道路压力及资源运用。例如，TOD 站点的出租车站，可以安排出租车并车。将站点周边范围分区，乘客按分区排队，每辆出租车可载 3 ~ 4 位乘客，每位乘客付同样指定车费，出租车按所定的区域按目的地先后送乘客到达。案例可以参考英国伦敦帕丁顿火车站（London Paddington）及尤斯顿火车站（Euston Station），分别设有 7 个区域收费，乘客可选择单独乘坐或共享出租车，按选择排队。共享出租车的安排，大大减低道路交通压力，帮助减少排放及善用资源，乘客车费比较便宜，但出租司机收入却增加。

除此以外，未来无人驾驶技术配合共享经济的发展，对 TOD 及其他项目开发，也有一定的影响。例如：（1）停车位需求大大减少；（2）停车位空间缩减，无人驾驶车辆停车不需提供打开车门空间，常规的停车位尺寸及停车库车道也可以减少。另外，共享经济降低汽车拥有等因素；（3）无人驾驶车辆的普及将增加上下客空间需求。以上建议及未来发展趋势，让整体空间使用及操作更高效。

本章作者介绍

何定国先生为奥雅纳工程顾问公司副总工程师，主要负责中国华南 / 华北地区交通咨询业务及领导东亚地区交通仿真业务，拥有超过 18 年交通规划经验。英国公路及运输学会会员、英国皇家物流与运输学会特许会员、香港大学建筑学院客座讲师。曾于中国、英国、爱尔兰等地工作，广泛参与规划设计、项目管理及多项策略性交通项目。国际经验包括中国香港及澳门、中国内地、英国、美国、爱尔兰、葡萄牙、印度、牙买加、马来西亚、印度尼西亚、泰国及菲律宾等各地的项目。负责项目包括：香港金钟交通枢纽、北京丰台站交通枢纽、南京马群综合换乘中心、澳门轻轨横琴延伸线、深圳 4 号线龙华车辆段 TOD、佛山市 2/3 号线 TOD 等研究。获邀为深圳前海轨道及道路规划专家评审（2013 年）、深圳前海综合交通枢纽规划专家评审（2016 年）等。

参考文献

[1] 香港特区政府运输署 . 香港运输 40 年 [互联网]. 香港：运输署，2008. 撷取自网页：http://www.td.gov.hk/filemanager/tc/publication/td-booklet-final-251108.pdf.

[2] Freeman, Fox, Wilbur Smith and Associates.Hong Kong Mass Transport Study - Report Prepared for the Hong Kong Government. Hong Kong：Government Printer,1967.

[3] 港铁网站 [互联网]. 撷取自网页：http://www.mtr.com.hk.

[4] 维基百科 . 东铁线接驳巴士线 [互联网].https://zh.wikipedia.org/zh-hk/.

[5] 香港政府规划署 .《香港规划标准与准则》[互联网]. 撷取自网页：http://www.pland.gov.hk/pland_tc/tech_doc/hkpsg/sum/pdf/sum.pdf.

[6] 香港特区政府规划署 .《泊车设施标准》[互联网]. 撷取自网页：http://www.pland.gov.hk.

[7] 香港特区政府统计处 .2011 年香港人口普查 [互联网]. 撷取自网页：http://www.census2011.gov.hk/tc/.

第九章　香港轨道交通的规划与发展

姚　展

一、与众不同的香港轨道

和世界其他城市比较，香港轨道交通的发展有两大特点。第一，轨道超越了运输上的功能，与城市发展紧扣在一起，两者融合产生协同效应带来庞大的经济、社会、环境效益。有研究香港轨道的学者形容轨道发展造就了香港成为东亚的经济奇迹[1]。香港由20世纪70年代从制造业经济过渡到服务业经济，再逐步发展成为今天的国际金融中心，优质轨道服务令市民出行畅通无阻，准时到达目的地，实在功不可没。第二个特点是轨道的建设和运营面向市场，按照商业原则运作，不对政府公共财政造成负担，又能提供优质服务，达到轨道交通可持续经营。香港经营轨道交通独有的模式引起很多城市的兴趣，并派员到香港参观考察，研究香港模式是否可以作为借鉴和参考。

谈到城市发展，人们总是喜欢拿香港和新加坡作比较。在轨道交通方面，新加坡交通部长许文远先生自2015年上任后，曾在不同场合多次赞扬香港的轨道服务表现卓越（"Best in class"），并鼓励有关部门以香港为目标，努力迎头赶上[2, 3]。香港的轨道服务也被新加坡媒体推崇为"国际金级标准"（Global Gold Standard）[4]。一向支持自由市场经济的美国智库组织Cato@Liberty在赞赏香港轨道服务之余更提出应该邀请港铁公司到华盛顿经营地铁[5]。事实上，港铁公司早在十多年前已开始走出香港，在中国内地、英国、瑞典及澳大利亚等地参与运营轨道线，到2016年底所运营的轨道线已超过960km，比香港的全网运营线路266km要长得多，工作日平均出行量多达564万人次。此外，港铁公司在世界各地也参与轨道建造项目，以及提供顾问及承包服务。

在香港，由于轨道与城市高度结合发展，渐次成为市民出行的最主要交通工具，在2016年底，港铁公司占专营公共交通市场约48.4%，工作日平均客运量达850万人次。轨道已经成为市民大众急促生活节奏的一部分，人们习惯了安全、便捷、可靠的轨道服务并逐渐看成是现代化城市生活理应提供的服务。港铁公司以运营轨道服务高效率见称，准点率多年来维持在99.9%高水平，而2016年全年高运量线路和轻轨所分别提供的191万和109万班次列车服务中，超过30分钟的延误只有六宗和两宗。然而，随着优质服务常态化，乘客的期望和要求也不断提升，每当偶尔遇上那0.1%列车延误为乘客带来不便，即往往引起大众的关注。这反映了轨道系统确实已经成为香港整个现代化城市的大动脉，每一班列车的准时开出和到站，好比城市跃动的脉搏，不能片刻停止。港铁公司作为运营者所面对的挑战是要尽力确保这个城市经络运行得快捷畅顺，避免延误并须在出现延误时迅速应变，把影响减至最低。

不计算在 1911 年通车由香港往广州的九广铁路，香港第一条建设的城市轨道始于 1979 年开通的地铁线。发展到今天拥有 11 条高运量线共达 230km，另有 36km 轻轨的网络，在轨道运输行业来说算是已经步入中年了，设备难免逐渐老化。要维持 99.9% 乘客准点到达目的地实在是殊不容易，每年需要投资数以十亿港元以进行设备维修、更新和升级。这恰好是许多城市的老大难题。因为经营轨道业务本身大多亏损，需要政府财政补贴，要在项目完成投入服务后再作出追加投资，实在是谈何容易，这方面港铁公司却有着明显优势。有别于大部分城市，港铁公司是按审慎商业原则，面向市场经营，财政长期得以保持稳健，日常运营在无需公帑补贴之余，更连年保持稳定盈利，提供资金可用于更新设备以至建设新线，这在世界城市轨道建设史上翻开了新的一页。单计在过去两年签订的重大资产更新投资项目就超过 100 亿港元（表 9-1）。

2015 ～ 2016 年港铁签订的资产更新投资项目 表 9-1

资产更新投资项目	支出（港元）
更换 93 列 8 卡列车	60 亿
更换信号系统以提升客运量约 10%	33 亿
更换 30 部旧轻轨列车另添置 10 部新轻轨列车	7.5 亿

港铁公司的安全、高效运营其中一个秘诀其实就是有充足的财政资源投放在轨道系统的维护和提升。同于 2016 年，港铁公司也完成了自资兴建造价估算分别达 69 亿及 172 亿港元的观塘沿线及南港岛线（东段）并投入服务[6]。

稳定的财政收入主要来自两个方面。首先，港铁公司有一个和政府协议的票价调整机制，其调整幅度是按照固定的方程式计算，即前一年的物价变动与运输业工资变动的平均值减去生产力增幅。另外，香港采用了独特的"轨道加物业"审慎商业经营模式，在建设轨道项目时透过政府批出物业发展权兴建车站或车厂上盖物业发展。两者成为轨道项目在财政上达到自给自足的基石。

上盖物业发展除了可以产生利润外，也为轨道带来稳定的客流，增加长远票务收入。这个经营模式使轨道建设及运营在商业上变得可行。从政府角度看，不需补贴轨道建设及运营，腾出来的公帑可以运用到其他基建设施及社会服务。而项目工程会否超支及将来票务收入等风险也可以转移到港铁公司，无须由纳税人承担。对于社会大众，轨道相关土地交通方便，善加利用可以作高密度发展建成新的社区，提供大量住宅单位，有助满足对房屋的需求并为喜欢居住在交通方便地点的居民提供不错的选择。这些住在车站上盖的居民出行一般超过六成都会利用轨道，一定程度有助减轻路面交通压力，也减少所带来的噪声及空气污染。图 9-1 归纳了"轨道加物业"经营模式在各方面产生的相关效益。

港铁公司按照商业原则采用"轨道加物业"模式经营，业务走向多元化。例如在 2016 年来自香港轨道运营的盈利只占该年度共 94 亿港元基本业务盈利（未包括投资物业价值重估）约 16%，其余盈利分别来自车站商务、投资物业租务、物业发展及海外业务。提供经常性收入的主要来源包括车站内的小商店 1392 间共 57151m² 总零售面积，车站及列车内广告点共 46232 个，以及车站上盖商场可出租面积共 212538m² 和办公室 39410m²。

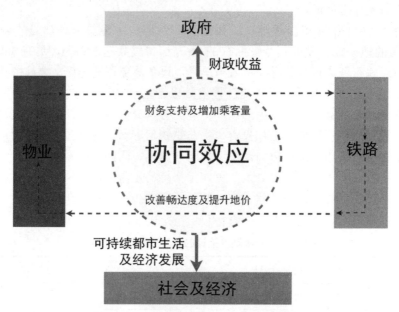

图 9-1　"轨道加物业"模式协同效益

用"轨道加物业"发展模式来经营轨道交通多年来在香港行之有效，有其本身的特殊因素。例如地理上狭长而有限的平地有利城市沿轨道走廊作带状高密度发展；香港经济在 80 年代随着国家改革开放迅速发展和转型，增加市民对快捷可靠轨道服务的需求；政府政策着意向公交和轨道倾斜，配以相关的法规等。其他城市可以参考香港的经验，但要看实际情况比较和香港的异同，研究是否适用并须思考如何应用。

研究香港的模式，还需要注意轨道运营经常被一般市民看做是与教育、医疗等性质相近的社会公共服务，不甚理解为何要按商业原则经营，特别是港铁公司每年有可观盈利的同时仍要按既定机制增加票价。因此，每当票价需要按机制上调时都会遇到不少反对声音。当其他城市的轨道交通一般都由政府补贴，香港走商业化经营这条道路可以说是面对相当挑战的，如何走下去令轨道更好地善用资源服务社会又得到市民认同，这是一个很艰难的课题。社会上也有一些声音提出政府应考虑把港铁公司小股东的股份回购，期望回购后或可以较少增加、冻结甚至减低票价。眼前的例子是与香港同于 2000 年上市的新加坡运营轨道的公司 SMRT 已于 2016 年底进行了私有化，不再是独立上市公司了。香港的轨道如何从开始发展到今天，而明天又何去何从，相信会是其他城市有兴趣了解作为参考，并从中或多或少可以得到一些启发。

二、以商业原则经营的香港轨道

难题往往可以驱动创意的产生。香港在第二次世界大战后人口急剧膨胀，在十年间由 1950 年的 220 万人激增至 1961 年的 310 万人。随着人口及经济活动的增加，车辆数目急速上升，远超道路系统所能负荷，交通挤塞成为常态，严重影响城市运作及市民日常生活，也阻碍经济继续发展。

面对严峻的交通困境，香港特区政府经内部检讨后，决定聘请外国专家顾问，就整个交通系统作出全面深入研究，并于 1967 年 9 月向政府提交了"香港集体运输研究"，建议兴建长达 64 公里的地铁网络。其后经反复论证，加上政府忧虑财务上的负担，终于在 1972 年决定兴建只有 20 公里长的"早期系统"并为此进行招标。政府于 1974 年 2 月以 50 亿元封顶的造价批出整个项目预入选的日资财团，但后来因石油危机引发的通货膨胀，造价估计会受影响，日资财团于同年 9 月决定放弃项目。然而兴建地铁以改善交通实在刻不容缓，政府于是迅速决定于 1975 年筹备成立由其全资拥有的法定机构"地下铁路公司"（港铁公司的前身）接手项目，把工程分拆进行招标，并将系统再进一步缩减至 15.6km 由观塘至中环的"修正早期系统"以减低建设成本，造价维持在约 50 亿港元（未计算利息支出）。

这项任务比想象中更为艰巨。由于没有大财团做总承包，项目造价无法封顶，政府在财务上需要承担的潜在风险大增。在 1975 年 5 月 7 日正式完成法定程序成立地下铁路公司前几个月，当时的香港立法局曾就应否兴建地铁发生激烈辩论，商界人士及社会舆论也意见分歧。反对的意见主要是担心以香港当时的经济实力无法负担昂贵的地铁造价，勉强兴建恐怕会拖垮整个经济，另外也会减少对社会当时也十分需要的房屋、教育、社会福利等各方面的投入 [7]。那时不少意见认为改善现有交通系统较兴建地铁更符合成本效益。政府虽然面对不同的意见，仍能保持宏观、长远规划的视野，坚持兴建地铁项目。为了争取社会广泛支持，富有创意地提出地铁经营须按"审慎商业原则"，并明确写进"地下铁路公司条例"以确保兴建和运营轨道须面对市场、基于商业考虑，而非听从行政指令，目的是使地铁不会为香港构成沉重的财政负担。定下这个原则可以说是决定了港铁公司未来的命运，影响深远的措施包括 [1]：

（1）可以自行厘定票价，只需知会政府而不需得到同意。

（2）可以进行轨道以外其他业务。

（3）若因按政府指令而需采取违背商业原则的措施，政府须负责公司相关损失。

经营轨道不需政府补贴，在世界其他城市并不常见。其中一个关键是港铁公司早期有权按照运作成本、市场竞争及市民负担能力等自行订定票价，直至 2007 年和九广铁路公司合并为止，之后则按照前述协议的票价调整机制自动调整票价。由于可以按市场需求厘定票价，在第一条地铁开通后次年即 1980 年，运营已经开始获得经营利润（未计算折旧、利息等）。而容许经营多元化业务，奠定了日后港铁公司从事车站商务、进行物业发展和物业投资的基础，成为票务收入以外每年财务收入的重要支柱。由于法例清楚界定了政府这个当时唯一股东在轨道业务上的角色，港铁公司董事局虽然由政府委任但也发挥很大的自主权，切实地按商业原则审慎经营，赢得了本地及海外财务机构的信任，乐意批出大额长期贷款，其中只有部分贷款须由政府担保。

当第一条地铁线于 1979 年 10 月通车，根据港铁公司该年的年报显示，所筹集的建设和运营资金来源主要靠向本地及外国财务机构取得的贷款约 41 亿港元，发行债券及票据 6 亿港元及物业发展按金或预付款项约 76000 万港元。政府资金投入化为股本只需 114000 万港元，而且还从四个物业发展项目收回超过 6 亿港元的地价。所以政府净投入公帑实在并不太多 [8]。之后于 1977 年决定兴建荃湾线时，政府表示可以不用投入资金，只需以车

1　详见已废除"地下铁路条例"（第 270 章）。

站及车厂上盖地价注入化为股东资金，由港铁公司自行安排贷款。从此"铁路加物业"模式逐渐成型，并以此模式兴建荃湾线和港岛线，分别于 1982 年及 1985 年完成通车，基本覆盖了市区主要人口（图 9-2）。昔日被视为较为偏远的荃湾和观塘，从此与城市核心区联系得更为紧密，也基本解决了港岛东区长期堵车的现象，并慢慢发展成为今天的商务次中心区。

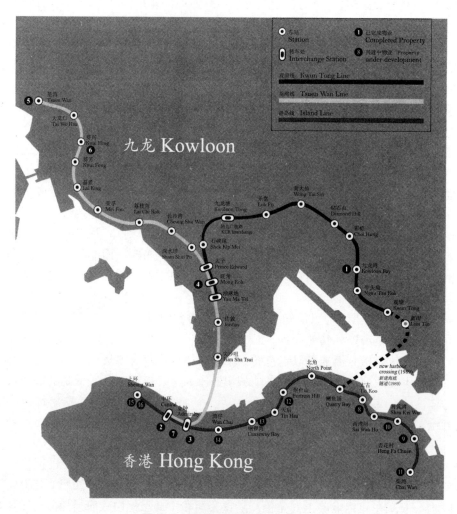

图 9-2　香港地铁网络（1985）

1980 ～ 1987 年间地铁刚通车，港铁公司利息负担非常沉重。债务随着兴建荃湾线和港岛线不断上升，加上 20 世纪 80 年代初环球利息飙升，在仅有一条观塘线投入的情况下票务收入有限，因此运营初期连年遭到亏损。到 1985 年港岛线通车时，长期债务已超过 140 亿港元。贷款对资金比率达至 4.9 ：1，由借贷支持的资产百分率达 75%[9]。幸好三条线路相继完后初步建立了网络，客流明显地逐渐增加。1985 年当香港人口上升至 550 万人，轨道网络周日平均载客量已超过 100 万人次，占公共交通运输市场的 23%，票务收入也相应增长。加上政府增加注资减轻债务令利息支出减少，亏损由该年开始逐渐下降，至 1988 年首见利润约 2 亿港元，到八年后的 1996 年才完成清除承前累积亏损，首次出现滚存盈利，并于同年开始分红 6 亿多港元给予当时唯一股东香港特区政府，从此每年分红直到今天 [10]。自此以后，港铁公司用"铁路加物业"模式继续在不需公帑补贴下兴建了机场线（含机场快线及东涌线）、将军澳线、观塘沿线及南港岛线（东段），并研究在其他未来新线也沿用这个经营模式。香港现时的轨道网络如图 9-3 所示。

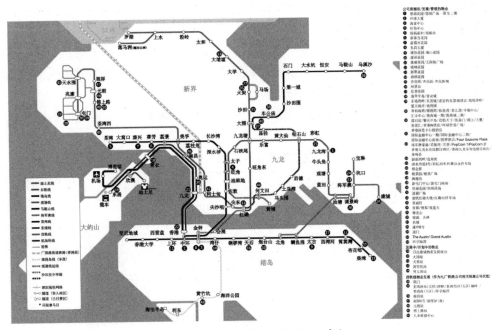

图 9-3　港铁轨道网络（2016 年）

随着港铁公司于 2000 年在香港联合交易所上市，港铁公司的商业化经营获得进一步确立；于 2007 年与"九广铁路公司"合并后，更成为服务全港的唯一轨道公司。连同早期建设市区地铁网络及兴建机场铁路的注资，政府合共投入资金约 320 亿港元，成就了今天的轨道网络。反映在港铁公司在 2016 年底市值达 2226 亿港元，其中政府仍占约 75%，即约 1670 亿港元。香港的经验在国际上证明了轨道交通在合适条件下透过票价适度调整及高效使用车站周边土地是可以运用商业模式经营，无需政府在财政上长期补贴的。

三、与城市结合发展的香港轨道

香港的轨道既要面向市场以商业原则经营，又须按照严谨的规划程序进行建设，力求所建设的不是一条只考虑交通、工程因素，所谓"工程师的轨道"，而是富有前瞻性，由整体城市规划建设出发全盘考虑，满足长远未来经济、社会发展需要，真正能服务广大市民的轨道。

香港以低税率自由经济见称，政府对投资基建一向审慎，十分强调成本效益，大型项目都经过详细规划和充分论证后才会上马，期望善用有限的财政资源而对社会、经济产生最大的效益。在轨道发展上也贯彻了这个审慎理财原则，采取的措施是透过把城市规划、交通规划及轨道发展规划三者联动配合，拟订出未来需要扩建的新线及建设时间表。在每一个规划的过程，相关的财政、环保、地政、民政等部门都参与提供意见，形成未来发展政策，并咨询公众，寻求社会共识。

当 1975 年第一条地铁开始施工后，香港即于 1976 年完成了首次"香港整体运输研究"，全面评估地铁通车后的交通需求及勾画出未来的交通策略，其中包括建议兴建荃湾线及港岛线，形成服务市区的基本网络。接着进行的是全港首次发展策略研究，评估长远城市发展的趋势，并在 1984 年颁布了"全港发展策略"，定出未来有关土地及运输的规划及发展框架，为未来轨道与城市结合发展奠下基础。交通运输方面随之进行并于 1989 年完成了第二次"整体运输研究"，制定相互配合的政策；有了城市发展策略及交通运输政策，香港政府于 1994 年完成了首个"轨道发展策略"，确定了未来主要新建的轨道包括西铁线、将军澳线及马鞍山线及其建设时间表。

在过去 40 年，这三个分别有关城市发展策略、整体交通运输及轨道发展的研究以互动循环方式交替进行（表 9-2）。

城市交通运输及轨道发展相关研究年表 表 9-2

1976	第一次整体运输研究
1984	全港发展策略
1989	第二次整体运输研究
1994	铁路发展策略
1996	全港发展策略检讨
1999	第三次整体运输研究
2000	铁路发展策略 2000
2007	香港 2030 规划远景及策略
2014	铁路发展策略 2014
2017	跨越 2030 年的规划远景与策略（正在进行公众咨询）
待定	第四次整体运输研究（即将展开）

从这三个不同方面进行相辅相成的研究，前瞻未来，确立目标，审视资源，逐渐确立了城市交通运输及轨道发展的大方向，并体现在政府施政以致收集市民意见并达成共识。其中最主要的包括：（1）发展以公共运输为本，并以轨道为骨干的客运系统；（2）城市发展集中于轨道站点的周边，鼓励市民利用环保的轨道作为主要的出行交通工具。

这些政策方向其实已经确立了城市以公共交通为主导发展（TOD）的大方向。城市规划及轨道发展政策逐步贯彻落实到地区建设层面，反映在新发展区规划图则的编制。以车站为发展核心，约 500m 步行范围内一般规划作高密度发展，并以天桥或隧道等与车站连接，方便居民使用轨道交通出行。TOD 这个概念由美国学者 Peter Calthorpe 在 20 世纪 90 年代初期提出，其实香港在 70 年代建设第一条地铁线时已经开始在观塘线车厂上盖付诸实践，建成德福花园，并在扩建网络时发扬光大。从此轨道逐渐成为香港最主要交通工具，公共交通占市民出行达 90%，而轨道又占专营公共交通接近一半。2016 年各主要专营公共交通市场比率见表 9-3 [11]。

2016 年各主要专营公共交通市场比率　　　　　　　　　　表 9-3

铁路	48.4%
公交巴士	35.3%
公交小巴	13.9%
电车、渡轮	2.4%

经过 30 多年后，城市发展基本是沿着轨道进行，在 500m 步行范围内居住单位达 43%，也包括商业及办公室 75% 的楼面面积 [12]。

在城市发展过程中，"市场"和"规划"两者往往出现矛盾，如何实践轨道与城市发展综合规划以化解矛盾并达到良好的效果，香港很大程度受惠于所采用了"轨道加物业"的经营模式。政府把 TOD 的理念应用在城市及交通规划，而政府拥有控股权的港铁公司又切实把 TOD 规划落实到车站上盖发展，协助达到解决交通问题又建设可持续发展宜居城市的目标。

自从 1979 年第一条地铁开通至 2016 年底，轨道网络总长度逐步增加至约 266 公里，政府按实际情况决定每条新线适合采用的发展模式，包括以"轨道加物业"模式建造（表 9-4）。

综合发展模式　　　　　　　　　　表 9-4

"轨道加物业"模式由港铁公司自资兴建及拥有——共 135.3km	观塘线、荃湾线、港岛线、机场线（包括机场快线及东涌线）、将军澳线、观塘沿线、南港岛线（东段）
政府出资兴建后以专营权方式交由港铁公司管理——共 124.1km	东铁线、西铁线、马铁线、轻铁系统
政府以现金或免除收取分红来填补项目资金缺口，建成后由港铁公司拥有——共 6.5km	西港岛线（建成后属港岛线一部分）、迪士尼线

所谓实际情况，是要看经济、规划等因素，例如沿线是否有合适土地可供物业发展用途，经济及市场环境下土地的价值是否足够填补项目资金差额，以至政府及轨道公司各自的考虑等。刚在 2016 年建成并投入服务的观塘沿线及南港岛线（东段）采用了"轨道加物业"模式，但现在尚在兴建的沙田至中环线及广深港高速铁路（香港段）均是由政府斥资并委托港铁公司兴建，而非采用"轨道加物业"模式。

一般而言，当政府属意考虑以"轨道加物业"模式兴建新线，会就"铁路发展策略"建议的轨道项目邀请港铁公司提交建议书。收到邀请后，港铁公司会就新线的走线、车站选址等进行初步研究，并在沿线寻找适当可供开发的土地。以 50 年项目全寿命运营周期计，依据现有及未来沿线的发展来预计将来的客流量及估算票务与非票务收入，减去日常运营及资产更新的支出，所得出每年净值的总和再折算到现值，成为项目的资金缺口。然后再把从土地发展可能获得的预计收益也折算到现值，若两者达到持平，即预计项目在商业上可行。

有关车站上盖地块的用途和开发强度，需要符合城市规划的规定。如果出现不一致的情况，但因建设轨道后规划条件有所改变，可和政府商议透过城市规划程序进行土地用途改划。在完成轨道设计及土地规划有关法定程序后，政府与港铁公司便可以经过商讨并签订项目协议书，开展建设工程，同时按"轨道加物业"模式由政府直接把相关地块的发展权批给港铁公司，作为对项目的资助，日后不会再给予其他补贴。

以2016年底刚通车的南港岛线（东段）为例，就该线的融资、设计、建造、营运及维修，政府于2007年邀请港铁公司进行初步规划及设计，经过双方商讨后，一致认为单靠票务收入该项目财政上并不可行，于是考虑将属于政府前黄竹坑公共屋邨拆卸后的地块作车厂和上盖物业发展。土地用途经过改划程序成为"综合发展区"，决定了楼宇的限高为150m及主要发展参数包括地块面积为71700m²，住宅最高楼面面积为357500m²及商业最高楼面面积为47000m²，以及所需公交、社区配套设施等。

当完成项目详细设计，港铁公司向政府提交项目成本及收入预算总额，政府随即委托独立审核顾问公司予以审查，以确定妥当，同意建设成本为124亿港元，50年全寿命资金缺口为99亿港元。而路政署则估计项目通车50年内产生净经济效益为420亿港元。为确保批出的土地收益不多于所需填补资金缺口，政府另外再委托两间独立测量公司为发展项目估值。结果显示车厂上盖物业预计收益并没有超出资金缺口。有了这些数据，政府遂于2011年5月决定批出车厂用地物业发展权给港铁公司作为进行南港岛线（东段）项目的财政资源[13]。所批出的是土地发展权，并非无偿出让土地，港铁公司需要付出市值地价，估算是以假设铁路尚未兴建为基础。当港铁公司运用自己筹集得来的资金把轨道建成，为地块增值，便可透过上盖物业发展返还所产生的价值，用来填补资金缺口。

为了分担土地发展的风险，并从发展商获得资金及引入物业开发方面例如市场定位及产品营销的专长，港铁公司一般会采用公开招标的形式选择伙拍合适的发展商共同进行物业发展，并摊分发展收益。至2016年底，港铁公司透过摊分实物分红方式保留了车站上盖13个商场共约21.2万m²出租面积及中环"国际金融中心"甲级办公室约4万m²出租面积作为长期持有投资物业，每年提供稳定的现金流以支持轨道业务。以2016年为例，投资业务及管理的税后盈利占公司总基本业务盈利达35%。

实施"轨道加物业"模式的前提首先是政府可以用协议出让的方式批出土地，并有相关法规容许一块土地可以同时用做轨道及物业发展用途，在项目完成后以"分层业权"（strata title）形式把属于发展部分分配予相关业权人，轨道部分的业权则由港铁公司保留，并与物业其他业主按大厦公契（deed of mutual covenant）所清楚界定的权利与义务，共同拥有及参与管理整个上盖发展。

由于轨道上盖地块普遍面积较大，一般会配合轨道建设分期开发。地价并非在签订项目协议时一次支付，而是在该期发展即将开展时按当时市场情况由政府厘定的。这个做法对双方都较为公平，减少因市场波动而蒙受的风险。经过多年来的实践，地政署已经建立一套颇为完整的独立地价评估机制，可以适时评定反映市况需付的地价。

规划方面，若车站或车厂上盖综合物业发展具有相当规模而结构复杂，政府会在规划图则上指定为"综合发展区"，港铁公司须按规划署拟定的规划指引进行详细规划，并编制"总纲发展蓝图"送交独立的"城市规划委员会"审批。图9-4是2016年底通南港岛线（东段）黄竹坑车厂上盖总纲发展蓝图。这个规划机制给予物业发展规划及设计弹性，可以在较长的发展期因应城市规划或市场转变而适时作出修订。

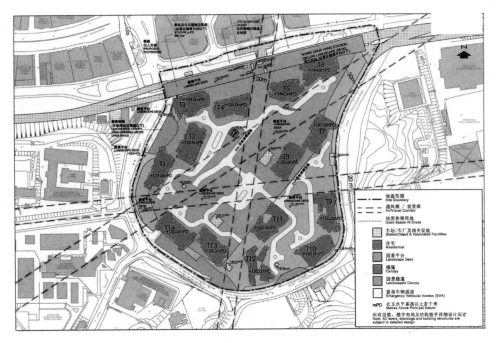

图 9-4　黄竹坑车厂总纲发展蓝图

　　香港并没有专为轨道上盖发展另行制订一套特别的规划标准，例如在容积率上限再予以增加，但明显地这些上盖物业开发强度要比附近发展要高。这是因为透过综合发展规划，较大面积的地块若以邻近地方相同的容积率进行发展，表示车站、道路、绿地等都用来计算容积率，令整体建筑面积增加不少。因为有适当的综合规划，透过楼宇布局、绿地安排、人车分隔等措施使土地作较高密度发展也不会带来不良影响。经过规划及设计上的充分协调，确保了轨道设施及物业发展两者工程衔接更为顺畅，轨道工程与物业前期工程经协调按时完成，令日后发展工程无需在轨道范围内进行。在设计时着重物业与车站之间达到"无缝连接"，尽量方便日后住客、上班人士或商场顾客以最安全、快捷、舒适的途径到达车站。这样方便的设计自然可促使铁路客流量的不断上升，增加票务收入，也提升了物业的价值。

　　最后，要推行"轨道加物业"模式，港铁公司的角色十分重要。因为同时负责轨道与物业发展，两者利益紧扣，通过共同规划、共享成果，才能发挥两者的协同效益。由图 9-5 可见，港铁公司物业及轨道建设两个团队如何在规划、设计、施工等不同阶段互相配合协调达到最佳效果。否则若两者分别从属不同机构，便会倾向考虑各自的利益，选择减少建筑衔接工程，以控制成本和减低风险。这样便不能达到综合发展、无缝连接的目标，车站少了客流，物业价值也会下降。虽然港铁公司既主管铁路业务又参与上盖大型物业发展，但因为政府拥有约 75% 股权和委派了库务、运输及发展等相关政策局长进入董事局，并保证将来仍将拥有不少于 50% 的控股权，足以继续领导公司发展方向不会偏离服务社会、照顾公众利益等原则。

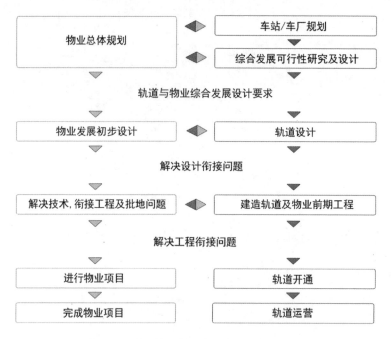

图 9-5 "轨道加物业"协调发展流程

四、案例分析

以下介绍两条轨道线作为案例分析香港轨道的规划和发展,分别是轨道和物业均已全部完成的机场铁路,和轨道已通车但物业发展仍在进行的将军澳线。

1. 机场铁路

机场铁路包括机场快线和共享部分路轨、服务沿线地区的东涌线。机场铁路是完成三条市区地铁线又尚未定出"铁路发展策略"之前决定兴建的一条主要轨道。当政府在 1989 年 11 月决定在大屿山兴建新机场,十大核心工程其中一项便是机场铁路以提供到新机场的配套交通服务。轨道全长约 35km,政府于 1994 年 11 月正式批准兴建,并于 1998 年 7 月通车。项目当时估算的造价约 340 亿港元(未包括借贷利息),政府批出共 62hm² 沿线土地的发展权以资助铁路的兴建,并注资 237 亿港元以强化港铁公司的资本。

机场快线最快时速达 135km,由香港中环市区中心到达机场仅需要 24min。轨道主要建在填海得来的土地,位于市区外围及乡郊尚未开发地区。为了更好地利用庞大的轨道投资带动城市发展,香港特区政府于是在沿线土地规划过程中在五个车站包括香港、九龙、奥运、青衣及东涌上盖和附近土地规划了五个新社区,共提供了总楼面面积约 350 万 m²,其中包括约 230 万 m² 住宅楼面面积(约 29000 套住宅)及 120 万 m² 商业楼面面积。由于是从填海得来的土地新规划出来的社区,少了之前建市区线时沿线大部分土地已经发展的限制,政府规划署采用轨道导向、善用土地资源的原则,以车站为核心规划每一个社区。有关地块都被划定为"综合发展区",以高密度进行发展(表 9-5)。

机场快线五个车站的物业发展			表 9-5
	土地面积（hm²）	容积率	住宅单位
香港站	5.71	7.3	0
九龙站	13.54	8.1	6390
奥运站	16.02	4.2	6750
青衣站	5.4	5.4	3500
东涌站	21.7	4.7	12380

（1）香港站

香港站（图 9-6）集中发展办公室、酒店、服务式住宅和商场，总建筑面积达 41 万 m²，容积率约 7.3 倍。虽然位于中环核心商业区的边沿，并与中环站相隔达 400m，但由于加建了天桥及兴建了宽敞明亮的隧道方便连接，隧道内且设有自动人行道，令往来香港站上盖发展变得十分方便，逐渐形成商务核心商业区向香港站方向伸延。车站上面楼高 88 层的"国际金融中心二期"在 2017 初办公室租金达每月 2000 港元/m²[14]，成为中环核心商业区之最。和其他机场铁路站一样，香港站旁边配置了大型公交车站，方便乘客换乘，有多条天桥连接附近楼宇，平台上提供优美的绿化公共空间。

图 9-6 港铁香港站

（2）九龙站

九龙站（图 9-7）的车站上盖发展堪称是现时为止，港铁公司兴建最复杂的综合发展项目。有别于香港站，与中环一海之隔的九龙站上盖用做混合用途而规模更大，以容积率 8.1 倍发展，总建筑面积超过 100 万 m²，其中约五成半作住宅，四成半作商业用途，包括办公室、酒店及大型商场。虽然填海区附近土地尚在建设中，但已预留了多个与将来天桥及隧道连通的接驳口，到时可以发挥交通枢纽及地区发展核心的作用。综合发展大平台下除了公交车站还有一个跨境客车终点站，方便机场快线乘客换乘客车前往深圳。

图 9-7　港铁九龙站

　　机场铁路沿线还有奥运、青衣及东涌站（图 9-8），分别都按规划发展成为地区核心，协助旧区更新或建设新市镇中心区。

图 9-8　港铁奥运站（左）、青衣站（中）及东涌站（右）

2. 将军澳线

将军澳线主要服务九龙市区东部的将军澳新市镇，规划人口约 45 万人。该线长 12.5km 于 1998 年获得批准后开始动工，并于 2002 年 8 月通车，工程费用约为 240 亿港元。项目采用"轨道加物业"经营模式，政府无须投入资金，按协议批出四个车站共约 43hm² 土地作为物业发展，均成为该区的发展核心（表 9-6）。

将军澳线四个车站的物业发展   表 9-6

	土地面积（hm²）	容积率	住宅单位
调景岭站	3.11	8.0	3770
将军澳站	5.55	5.2	2880
坑口站	1.77	8.0	2130
日出康城站	32.7	5.0	25500

将军澳新市镇由于邻近市区，市镇的规划基本围绕着轨道车站作高密度发展，80% 以上住宅都在车站 500m 步行范围内，并以天桥与车站连接。新市镇内的车站综合发展主要是在车站旁配置公交车站，并在平台上设置商场及发展住宅，以天桥和附近发展连接（图 9-9）。

图 9-9　将军澳新市镇的车站综合发展

（1）将军澳站

将军澳站（图 9-10）在新市镇中心的地块约 4hm²。上盖发展约一半楼面面积作酒店、商场及办公室用途，另一半则为住宅。相对于其他车站，这里作为新市镇中心以较低的 4 倍容积率发展，可以保留较多公共空间供居民使用，包括一个文娱广场及两个站前广场，总面积达 6000m²，占土地面积的 15%。文娱广场有绿化平台横跨道路连接对面的公园用地。应地区议会的要求，港铁公司斥资兴建了该相邻公园，令车站上盖发展及市镇广场可以经绿化平台与公园融合在一起，成为新市镇的地标。

图 9-10　将军澳站上盖发展及附近公共空间

（2）日出康城

日出康城（图 9-11）是港铁公司历来最大规模的发展项目，位于将军澳线康城站及车厂上盖。发展占地约 32hm²，以容积率 5 倍发展，住宅建筑面积达 160 万 m²，另 45000m² 作商场用途，共提供 25500 个单位，规划人口为 68000 人。"日出康城"的规划理念是一个步行优先，各项配套设施齐全，注重环保、健康的新型社区。住宅大厦楼高 46~59 层，以天桥或连廊串联起来，达到人车完全分隔，居民可以不用横越道路而经有盖行人通道安全舒适地步行往车站、商场及各项社区设施。在地面及平台上提供的休憩用地约占发展区四成面积，经悉心规划布局及园景设计令这个高密度的发展成为宜居的社区。整个发展分 13 期进行，3 期超过 8000 个单位已竣工入伙，另外 7 期正在施工中。

图 9-11　将军澳线康城站及车厂上盖的日出康城项目（一）

图 9-11 将军澳线康城站及车厂上盖的日出康城项目（二）

以上实例展示了轨道沿线车站的综合发展都是利用车站的优势，结合公交车站及人车分隔设施建设成吸引客流的交通枢纽，在交通枢纽上盖进行高密度但悉心设计的住宅及商业发展，打造成地区的核心。在"轨道加物业"发展模式下，车站不只是月台加售票厅，一个乘客往来集散的地方，而是以 TOD 理念所建成提供优质生活社区，而每一个社区都是产生和吸引客流的实体。人们居住在车站上盖，无论衣、食、住、行，都可以徒步安全、舒适地到达车站并以轨道作为出行的主要交通工具，到沿线其他车站上班、购物及娱乐。这样轨道不再单纯是一种交通工具，而是主导了一条新的城市发展带。随着轨道网络扩展，整个城市迈向结构性转变，成为以轨道为导向，逐步建设成高效率、低消耗、少污染及可持续发展的宜居城市。

五、未来的展望

香港轨道发展的经验，说明轨道基建重大投资必须要有前瞻性，不能单用现在的思维和数据。当年香港特区政府若非在反对声音中仍决定上马兴建地铁，恐怕今天香港不会成为现代化国际大都会。将来轨道建设是否能够配合城市的迅速发展也取决于是否能维持对未来远景的前瞻性。

在最新的"铁路发展策略 2014"报告中，香港特区政府建议新一轮七个轨道项目在未来几年上马，初步于 2030 年前落实。这七个项目的经济回报预料仅有 2%，较上一次公布"铁路发展策略 2000"的 15% 大幅下降。反映现有网络已基本覆盖主要人口密集的地区，建设和运营新轨道线财务上会日趋困难，政府需要付出更多的资助。环顾欧美国际大都会，随着城市发展日趋成熟，扩展轨道网络不能只看经济效益，还需考虑其他效益包括支持土地发展规划，满足运输需求，创建更环保的生活环境，创造就业机会等。政府对七个项目的初步成本估算为 1100 亿港元[15]。

城市规划方面，规划署为新发展区包括古洞、洪水桥、东涌东等编制的规划图则都明确表示会按照轨道为主导的规划原则进行，可以预见未来轨道与城市仍会以 TOD 方式综合发展，市民的生活与轨道将更息息相关。"轨道加物业"发展模式在香港行之有效，相信会在一些新轨道项目继续被采用。

居住在香港这个高密度、紧凑生活的城市，市民一方面得享衣食住行的方便，另一方面也十分珍惜 3/4 尚未开发的土地，特别是希望保护占香港 40% 的郊野公园。面对一些建议提出探讨开发部分郊野公园作住宅发展的，主流市民意见都是予以强烈反对。因此香港城市发展的趋势看来仍然会继续以轨道结合社区建设达到高密度可持续发展。但是轨道交通作为公共服务而以商业模式经营，所产生的矛盾仍然有待化解。事实上，过去票价加幅和通胀及市民收入比较实在算是温和（表 9-7）。

港铁票价加幅 (2008 ～ 2016 年)	表 9-7
2008~ 2016 年	加幅比例
票价加幅	2.9 %
通胀增幅	3.4 %
收入加幅	4.5 %

　　和其他主要城市比较，港铁公司的票价在没有政府直接资助下也偏向较低水平（图 9-12）。举例说，2016 年本地网络的平均单程票价仅约 1 美元，比伦敦地铁的 2.8 美元和纽约的 1.9 美元要低而服务水平和可靠性则更为优胜。

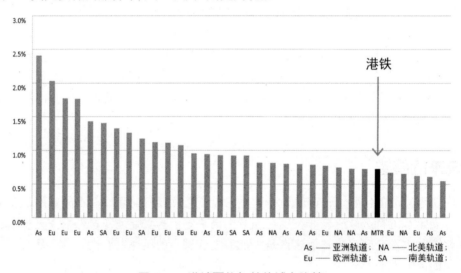

图 9-12　港铁票价与其他城市比较

资料来源：CoMET, 2015。

　　一些市民的意见是轨道作为社会公共服务便不应以盈利作为目标，更不应在有可观盈利下仍增加票价。然而，以商业原则经营轨道如前所述是提供高质量服务的基石，若放弃这个原则会为香港带来连串严重后果，例如经营效率下降，土地资源未能善用，为公共财政带来沉重负担等，这些问题在其他城市已屡见不鲜。须知政府每年从港铁商业化运作取得数以十亿计的分红已成为医疗支出、教育支出、福利支出等公共开支的一部分。如果背离市场原则，扣减票价，则政府分红减少，政府仍须从其他途径（例如税收）筹措取代该等分红的收入来源，无疑会影响香港低赋税的竞争力基础。假若演变至需要政府恒常补贴轨道运营，更有可能大幅削弱香港的竞争力。

　　如何化解这个矛盾，港铁公司主席马时亨教授提出一个富有创意的建议：政府作为拥有港铁公司 75% 股权的大股东，可以利用从港铁公司收取的分红，或减持港铁公司股份，成立基金并进行投资，所赚取的收益，用以补贴所有公共交通工具的长途乘客车费[16]。这个构思虽然有待政府采纳，但无疑有继续探讨的价值。这样的安排若成为事实，大概可以开启轨道铁路运营的先河，既按商业原则经营，又满足市民对轨道交通作为公共服务的期望，应有助未来轨道的发展和经营更加顺利。

香港在提供高质量轨道交通服务，财务上达到自给自足及有效支持城市的可持续发展等方面所取得的成绩在国际上获得充分肯定。当国内许多城市投入大量资源建设轨道项目，在决策过程中也常常参考国内外其他城市包括香港的实践经验，力求把项目做得更好。在香港行之有效以商业原则经营轨道，与城市综合建设，以至"轨道加物业"一体化发展等近年在国内日益受到的重视，并在一些城市开始以不同方式应用于新的轨道线上，所采取各项措施的成效如何尚有待观察。

当考虑把香港的经验应用到国内，除了探讨城市所具备的条件和各方面实际适合采取的措施外，更需注意香港获得的成绩很大程度受惠于多年来建立起来独特的机制，能够在商业性经营和提供公共服务两者之间取得合理平衡。港铁公司无论是由政府全资拥有或成为上市公司，基本任务都十分清楚，就是要同时兼顾公共交通服务职能和实现商业性经营。公司需面向市场运作，但政府作为拥有控股权的大股东，可透过董事会监察公司的管治和决策，既要符合商业原则，又需保障社会公众利益。从考虑市民负担能力来厘定票价，以至一直沿用公开招标方式推展上盖物业发展以维持市场公平竞争，无不反映上述机制的良性影响。虽然这个机制在香港行之有效，但因体制的差异未必可以应用到国内城市。然而，凭借国家对改革创新的鼓励，在面对轨道重大项目投资既是机遇又是挑战时，相信会激发学者们、专家们和决策者勇于寻求突破，找出切合实际的机制，把我国城市轨道建设得更好。

（注：本文只反映作者个人观点，并不代表所属工作机构的意见。）

本章作者介绍

姚展先生于 1996 年加入港铁公司，多年来出任城市规划主管，负责策划及管理轨道沿线物业的规划工作，累积了不少实践经验。2017 年 7 月开始他转任"首席顾问—物业规划"一职，除继续参与本地发展项目外，也拓展港铁的海外业务，探讨在其他城市轨道沿线进行物业发展。他曾参与多个港铁在香港的大型物业综合发展项目，工作包括物业发展前期规划，拟订方案后送审以至项目实施。他也负责统筹港铁公司"轨道加物业"的相关研究，在多个专业研讨会上作专题演讲，并曾于 2016 年初应邀前往美国加州柏克利大学作为访问学者从事 TOD 研究并分享实践心得。姚展持有英国利物浦大学城市设计硕士学位，具有英国皇家规划学会及香港规划师学会会员资格。他曾于香港特区政府规划部门服务了11 年，熟悉政府的城市规划工作。在加入港铁公司后，致力促进轨道上盖物业的综合设计与政府规划互相配合，为城市建设产生更大协同效益。

参考文献

[1] Yeung R. Moving Millions: The Commercial Success and Political Controversies of Hong Kong's Railways. Hong Kong: HKU Press，2008.

[2] Lee MK. Dubbed 'the best in class': 6 things about Hong Kong's MTR rail system [Internet].

The Strait Times. 2015 Oct 29. [cited 2017 August 21]. Available from: https://www.straitstimes.com/asia/east-asia/dubbed-the-best-in-class-6-things-about-hong-kongs-mtr-rail-system.

[3] Singapore's new transport minister aims to deliver the best in class on rail reliability [Internet]. The Business Times. 2015 Oct 9. [cited 2017 August 21]. Available from: http://www.businesstimes.com.sg/transport/singapores-new-transport-minister-aims-to-deliver-the-best-in-class-on-rail-reliability.

[4] Hoe PS. The model behind Hong Kong MTR's gold standard [Internet]. The Business Times. 2016 Dec 30. [cited 2017 August 21]. Available from: http://www.businesstimes.com.sg/transport/the-model-behind-hk-mtrs-gold-standard.

[5] Edwards C. Privatize Washington's Metro System [Internet]. Cato at Liberty; 2017 Jan 18. [cited 2017 August 21]. Available from: https://www.cato.org/blog/privatize-washingtons-metro-system.

[6] 香港铁路公司.2016 年度业绩公告， 2017 年 3 月 7 日. [引用于 2017 年 8 月 21 日]. 撷取自网页：http://www.mtr.com.hk/archive/corporate/en/press_release/PR-17-025-C.pdf.

[7] Leung YC. Railway Development and Colonial Governance in Hong Kong since the 1960s [M. Phil.'s Thesis on the Internet]. Hong Kong: The Chinese University of Hong Kong; 2009 [cited 2017 August 21]. Available from: CUHK electronic theses & dissertations collection.

[8] 地下铁路公司 1979 年年报. 香港：地下铁路公司,1979.

[9] 地下铁路公司 1985 年年报. 香港：地下铁路公司, 1985.

[10] 地下铁路公司 1996 年年报. 香港：地下铁路公司, 1996.

[11] 香港特区政府运输署.交通运输资料月报， 2016 年 12 月. [引用于 2017 年 8 月 21 日]. 撷 取 自 网 页：http://www.td.gov.hk/tc/transport_in_hong_kong/transport_figures/monthly_traffic_and_transport_digest/index.html.

[12] 香港特区政府规划署"宜居湾区研究"2013 年公布资料.

[13] 香港特区政府运输及房屋局.立法会参考资料摘要：南港岛线 (东段) 财务安排， 2011 年 5 月. [引用于 2017 年 8 月 21 日]. 撷取自网页：http://www.legco.gov.hk/yr10-11/chinese/panels/tp/tp_rdp/papers/tp_rdp-thb201105a-c.pdf.

[14] 国金 2 期纪录. 东方日报. 2017 年 3 月 15 日；B08.

[15] 香港特区政府运输及房屋局. 铁路发展策略2014， 2014. [引用于 2017 年 8 月 21 日]. 撷取自网页：http://www.thb.gov.hk/tc/psp/publications/transport/publications/rds2014.pdf.

[16] 港铁倡政府『还股于民』. 东方日报. 2017 年 3 月 25 日，A16.

第十章 港铁结合周边住宅项目开发与设计

吕庆耀 张文政 黄佳武 潘嘉祥 梁文杰

一、背景

位处中国门户的香港，拥有独特的历史。它曾为英国殖民地，150多年间吸纳了如潮而至的大量中国移民。应对人口密度迅速增长的最有效方法之一，就是在交通干道及枢纽上发展住宅及综合高层商业大厦。香港自从在20世纪70年代规划地铁系统开始，就授予了铁路公司物业开发权来资助地铁建设。通过这样的一个模式，社区与地铁系统的设计得以紧密结合。

我们的确可以称香港为一个公交导向的城市。香港的地铁系统每天具有庞大的人流量，地铁系统对于香港持续而成功的发展至关重要。围绕香港的地铁系统将生活、工作、学习和娱乐活动紧密组织和集合在一起，是十分自然而理想的方式。根据联合国的研究，香港在与交通相关的能源消耗方面，是世界上最高效的城市之一。再加上通过精心设计的混合功能模式，我们得以建造真正环境友好的社区乃至城市。

二、公共交通导向开发

要了解香港铁路有限公司（以下简称"港铁"）结合周边住宅项目开发与设计，就得提到公共交通导向开发（Transit-Oriented Development, TOD）的建筑概念。TOD这个名词的首创者是彼得·卡尔索尔普（Peter Calthorpe），他是美国加州的一个建筑师、城市设计学者和教师。他早在20世纪80年代就明确了TOD的几大关键要素：

（1）在区域层面上组织城市的发展，使其布局紧凑，得到公交支持。

（2）将商业、住宅、就业岗位和公共设施设置在公交站点步行可达的范围内。

（3）创造步行友好的街道系统，直接连接周边场所。

（4）混合不同类型的住宅、活动场所，分摊建造费用。

（5）保护敏感的动物栖息地、河岸湿地，以及优质的开放空间。

（6）将公共活动空间成为建筑的主要朝向，并成为社区活动的核心。

TOD为许多市民提供住宅，缩减交通时间，成果斐然，在香港造就日后名为"新市镇"的计划发展项目。新市镇模式取自英国"卫星都市（satellite city）"规划概念，其设计不只为解决香港人口爆炸问题，更兼容并包括生活各方面，从而遏止市区伸延。新市镇中，私人、公共住宅发展并存，商用、工业机构亦然。

TOD 为急速发展城市带来了关键的利益：

（1）一应俱全的综合区域，直接连接铁路站和物业，减少使用者通勤时间。

（2）平衡生活、工作、消闲，社区自给自足，改善生活质量。

（3）交通联运，有利于管理高密度发展项目的交通流量，进而减少依赖私家车，降低废气排放量。

（4）保留土地资源，确保绿化空间最大化。

（5）特别设计的平台和绿化空间，鼓励住户散步行走。

（6）家居与工作场所交通更便利。

（7）活化商业地段。

下面通过几个例子来了解香港的 TOD 发展状况。九龙湾的德福花园是香港首批公共交通导向发展（TOD）项目之一。德福花园于 1980 年落成，共有 41 座住宅楼宇，含 4992 个单位，配套香港铁路有限公司发展的商务、零售、公共机构、康乐等方面的设施，是港铁首个连接当时新建的地铁观塘线的物业发展项目。德福花园整体发展建于平台之上，平台下为港铁九龙湾车厂，乃整个香港铁路系统中最大规模的列车存放设施。透过购物中心及九龙湾铁路站，可直达德福花园楼群；德福花园位于繁忙的观塘道，公共交通连接便利。其成果已成为其他 TOD 项目的参考模式。

自德福花园后，香港陆续落成设计渐趋成熟的 TOD 项目，包括 20 世纪 80 年代后期港铁金钟站的太古广场，具备纯商务枢纽设计；另有港铁奥运站上盖及毗连的各式住宅及办公室大楼，位处 20 世纪 90 年代后期大角咀填海而成的土地；及 21 世纪港铁九龙站的环球贸易广场，混合了甲级写字楼、高级购物中心、机场铁路连接、公共运输交汇处、直通巴士站、酒店及多个住宅项目。

日出康城是香港一大住宅发展项目，亦为新近落成的大型 TOD 项目。其英文简称"LOHAS"取"Lifestyle Of Health And Sustainability"之首字母，代表健康生活、可持续发展。日出康城由港铁构思，将连接新加入铁路系统的将军澳支线。位处海滨，含 50 幢住宅大厦，平均 50 层高，并有面积达 45000 平方米的购物中心、五所学校、各种政府及公共机构设施。其下为日出康城港铁站、将军澳车厂、公共巴士总站，建筑面积达 166 万 m²。日出康城于 2005 年设计，预计容纳 21500 个家庭或 57620 名住户，第一期于 2009 年竣工入住。

2003 年，非典型肺炎（SARS）于香港爆发，令市民更关注卫生需要——包括新鲜空气和适当运动。因此，日出康城的建筑设计作出对应改善，为高密度发展引入更绿化、更优化生活的元素。住宅大厦四面以花园、商场、运动场及其他康乐设施围绕。大厦之间保留宽阔空间，令每座大厦光线充足、空气流通，阳光亦可照射楼下的园景平台。占地 23000m² 的公园、长达 300m 的海傍，也是日出康城的卖点。

垂直叠加的空间经过精心规划，令人、车得以并行无虞。许多设施皆由有盖行人通道连接，行人无须横越主要交通干道，使交通更为顺畅。下层铁路与公共巴士联运连接，路轨集中于列车厂和巴士总站之间。地面安排了连接铁路站、巴士总站、住宅平台、购物中心的设施，车辆交通则设于上方的公路。顶层为园景平台，具有各式平台、室外广场，供多人进行户外活动。即使香港时有台风、暴雨等恶劣天气，住户仍可前往工作场所、市场而滴水不沾，花园亦得以保存，让住户随时畅游。

香港的日出康城项目发展足以证明，有了熟悉 TOD 项目复杂细节的专业人士的细心规划，项目用户是可以少用私人车辆的。日出康城单靠一个铁路站，便能够容纳 57620 名住户。由于建筑主要坐落于铁路站上盖和车厂，而非地面，加上车厂和车站先于上盖物业竣工，因此事先必须进行巨细靡遗的规划。在设计初期，须先构思稳妥地基及结构荷重；水、电、气、污水处理、排水、洗盥污水循环再用等基础建设；车站出入口；未来的花园空间；纵向运输通道；有盖行人通路网等。

日出康城等 TOD 项目，令香港人均能源消耗比全球其他城市为低。废气排放减少，行人空间增加，散步、消闲更畅快，大大改善使用者的生活水平。

三、高强度公共交通导向开发（HDTOD）及十项基本原则

前面提到的彼得·卡尔索尔普的 TOD 概念，有一点是美国的倾向，主要针对的是靠近公交线的社区（公交站点周边 400 米或 800 米半径范围内）。我们觉得彼得·卡尔索尔普关于 TOD 的指引是有价值的，但对于直接在车站或车辆段上盖的开发，以及香港或其他高密度人口城市的开发来说，就需要进一步优化。

在早期参与港铁结合周边住宅项目规划和设计工作的经验中，我们发觉一个常见现象，就是轨道交通自身建设往往先于上盖开发，没有给予未来社区发展构建以足够的重视，导致整体设计欠佳。另一个问题是因为上盖开发未能紧跟时代要求而变迁。缺乏前瞻性、事先的规划以及各系统紧密的配合，都不利于上盖物业的宜居和再建设的可行性。

我们提出一套新的策略来针对轨道交通上盖开发项目，衍生出新的概念名词：高强度公共交通导向开发（High-Density Transit-Oriented Development, HDTOD）。

HDTOD 是指在大型公共交通站点起计算，在适宜步行的服务半径内进行的中等到高强度的城市开发，通常是一种居住、就业和商业混合的开发，设计成方便步行，隔离车行交通的模式。HDTOD 可以是新开发项目或是通过对单个或多个建筑项目的更新改造来促进对公共交通导向的使用。

我们为 HDTOD 制定了十项基本原则如下：

（1）创造充满活力的生活空间；

（2）建立新型社区中心；

（3）提供混合用途功能；

（4）旨在适当强度的开发；

（5）构建立体的空间系统；

（6）造就无缝衔接的都市空间；

（7）成为多种交通模式的转换中心；

（8）培育有利健康的生活环境；

（9）优化步行路径；

（10）预先做好规划。

我们所提出的原则是基于我们多年来在多个地铁站上盖开发项目的设计实践经验的积累，涵盖了从宏观到微观的规划手段，排列不分先后，皆具有同等的重要性。这些经验正

好与我们在香港日出康城等大型 HDTOD 项目中得以体验。下面将对十项基本原则逐一进行阐述，并给出香港 TOD 项目具体实例来辅佐说明。

1. 原则一：创造充满活力的生活空间

（1）创造以人为本的空间，而不仅是乘客聚散的公交站。

（2）创造一个有个性和活力的场所，刺激社会交往和经济互动。

"创造充满活力的生活空间"是 HDTOD 设计的首要原则，原因是公共交通线路和站点的规划及设计通常都是发生在周边的居住和商业开发之前。公交策略制定者和铁路技术专家的首要考虑是高效地运送乘客，但这往往会忽视乘客体验的重要性以及通勤过程中人际交往的可能性。

例如在伦敦，众所周知特拉法加广场是城市的中心地带。作为伦敦北线和贝克鲁线两条地铁的交汇点，它的优势不仅仅是汇集了大量地铁乘客，而更是因为它提供了公众聚集的场所，以及周边浓厚的文化和商业气氛。虽然还有一些地方有两条甚至多条地铁线的交汇，但就是没有哪一个地方能像特拉法加广场那样地位崇高，成为那么多人聚集的一个公共交汇点。

我们设想的 HDTOD 是一个充满活力的生活空间。这样的空间成了居民的家园，也是休憩和消磨时间的好地方。精心设计的公共空间因人群活动而喧闹，令社区更健康、更欢乐，更人性化。

2. 原则二：建立新型社区中心

（1）提供有吸引力的场所，让公众聚会和交往，从而建立一种新型的多层多功能的社区之"核"。

（2）提供多用途的公共设施，供周边邻里使用，让他们充分融入社区日常生活。

（3）将项目定位为社区的新形象和地标。

在历史上，西方城市引以为傲的城市广场是市民们日常聚集、培育文化、精神和政治素养的地方。不管地域多么狭小，这个场所俨如微缩的大千世界，是都市生活的心脏。

在 HDTOD 中，公共活动中心让大型社区的居民有机会通过邻里间的人际互动而进行社会交往，因而更具重要性。作为 HDTOD 的核心部分，它不仅应具备设施完善的专属空间供居民们交往，更应该提供多样化的公共服务设施，如学校和娱乐中心等，以满足大众不同的需求。

此外，HDTOD 重视如何塑造怡人的都市空间，这可以是公园、庭院、广场或林荫商店街。这样的社区中心也将因为滋养了富有活力的城市生活而发挥出最大的潜能。

新型社区中心还应该能通过多种交通方式，为市民与其他社区提供一个更快捷方便的联系系统。它是一个地标，使居民对此具有自身文化的认同感，并为之骄傲。

香港日出康城这座"乐活之城"（图 10-1），以崇尚自然的风格建造。坐落于港铁康城站和将军澳车辆段之上的日出康城附设 $45000 \mathrm{m}^2$ 的购物中心、一个公交换乘枢纽、五所学校、运动场、托儿所、长者中心，以及青少年服务中心等。整个裙房部分被设计成一个社区中心，并为社区提供一个 2 万 m^2 的景观绿地，其中布局了诸多不同功能的公共服务设施，既方便居民又与公交系统联系紧密。

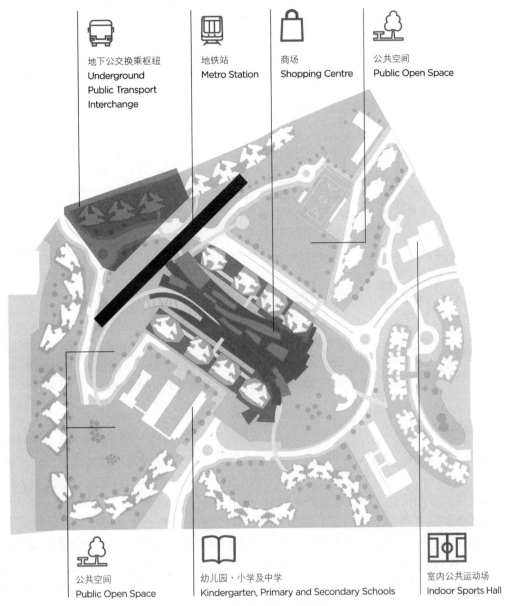

地下公交换乘枢纽
Underground
Public Transport
Interchange

地铁站
Metro Station

商场
Shopping Centre

公共空间
Public Open Space

公共空间
Public Open Space

幼儿园·小学及中学
Kindergarten, Primary and Secondary Schools

室内公共运动场
Indoor Sports Hall

图 10-1　香港将军澳日出康城

3. 原则三：提供混合用途功能

（1）集结不同的活动，从而减少出行和增添便利。

（2）造就一个全天候生活的社区。

（3）鼓励大众使用公交，减少碳排放。

（4）创造邻近就业机会。

如果城市像一个运转良好的机器，那多种多样的交通方式便能让这个机器的触手延伸到离自身核心更远的地方。然而，城市主要日常活动的离心化导致了长途通勤、交通拥堵，以及生活品质降低等问题。

HDTOD 提供了一种理想的都市生活方式，集生活、工作、学习、购物、餐饮娱乐于一体；或者，退一步说，搭几站地铁就可以满足所需，而不用纠结是否要开车。

对一个住在大洛杉矶区域的普通中产家庭来说，日常通勤需耗时 3h，而在香港这样公交导向的城市，则 2h 足矣（图 10-2）。

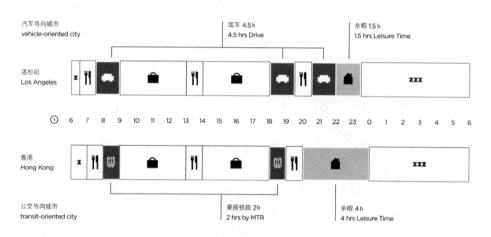

图 10-2　汽车导向城市与公交导向城市的通勤时间和生活方式

为混合用途的综合体开发所增添的公共交通元素，允许居民沿着地铁线更快到达更远的地方。经济中心自然也就更分散，每一个中心的服务压力也更小。同时，还减少了对化石燃料交通工具的依赖，减少碳排放，导向一种更环保的生活方式。

建造于港铁红磡站上盖的国际都会（图 10-3），是一个包含了购物中心、停车库、办公楼、酒店和公寓的综合体开发项目。红磡站是城际列车和本地轨道交通线的换乘枢纽，还连接了一系列穿越香港岛和九龙的过海巴士路线。人们可以在回家途中或往中国内地的旅途中在此停歇，购物、用餐或休闲。旁边的香港体育馆更因为频繁的演艺活动而成为时尚生活的地标。

4. 原则四：旨在适当强度的开发

（1）包含多种用途的 HDTOD 应有相对的高强度。

（2）用增加的容积率换取 HDTOD 内更多的绿化带。

对一个综合用途开发项目来说，相对高一些的容积率是合理的。这是因为办公楼和住宅的使用者在一天当中的不同时间段使用同一个空间，而学校与购物中心的繁忙时段通常也不会重合。这是许多混合用途的开发项目常见的使用模式，但有一点异于 HDTOD，便是一般的混合用途开发缺少高效的公共交通方式来吞吐大量人流。

每个城市或国家都有各自不同的情况，我们建议在确定 HDTOD 的容积率时，应该有一定的灵活性，HDTOD 应该比周边的容积率标准高。整个项目的容积率可按以下的公式计算，比方说将每一项用途的一般容积率标准的 75% 的建筑面积加起来，就是 HDTOD 的实际容积率。

HDTOD 的实际容积率＝ 75%×［一般容积率（用途 X）＋一般容积率（用途 Y）＋ 一般容积率（用途 Z）＋……］

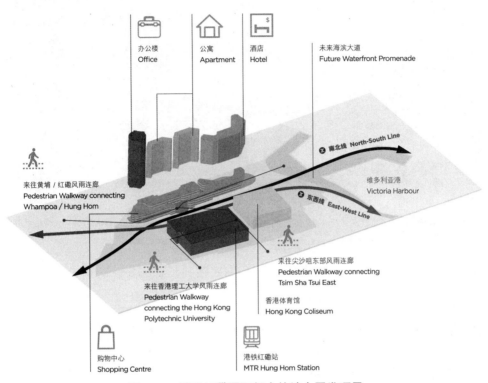

图 10-3　香港红磡国际都会的综合开发项目

以上的运算中，轨道或交通设施用途的容积率被单独考虑作为附加部分而不是被统算在 HDTOD 的容积率内。然而，对于位于环境敏感地点的项目，如项目位于主要通风走廊的情况下，还是应该另有特别考虑。

以香港的日出康城为例，开发计划混合了住宅、购物中心、政府部门、社区公共设施等。居住用途的容积率是 5，这与邻近其他开发项目容积率差不多；但其他设施的容积率大约是 2。因此，这个项目容积率只计算主要用途的容积率，而其他配套设施的容积率只作为额外考虑。

香港港铁荃湾西站上盖综合发展项目（图 10-4），包括了 14 栋 12~48 层不等的住宅大厦和一个 51210h 的购物中心、一个幼儿园，一个公共停车库和公交换乘枢纽。项目设计通过复杂的天桥网络创造步行动线，在购物中心内整合一个综合性的上落车处。较高的容积率使项目形成紧凑的垂直空间布局，减少在综合体内部的交通时间。项目的容积率大约是 5.2，包括住宅、购物中心、幼儿园和公共停车库。如果加上公交换乘枢纽车处以及地铁站，总容积率则略超过 6。

= 1万人

图 10-4　香港港铁荃湾西站上盖综合发展项目

5. 原则五：构建立体的空间系统

（1）建立多层次的空间，联系各种公共交通方式和社区邻里。

（2）创造便于交往的多层公共空间而不是仅供通行的走廊。

（3）创造富有活力的三维都市景观。

一个多世纪以前，建筑师安东尼奥．圣埃里亚（Antonio Sant'Elia）曾预言城市会深入探底同时向天空延伸。尽管目前城市规划依然还在二维空间中进行，其实 19 世纪的建造技术已经开始将人类从低矮建筑环境中解放出来。虽然在文艺复兴时期，传统的广场和人行道堪称完美，但面对今天生活在摩天建筑中的大量人口，仅有广场和人行道已经不再足够了。

HDTOD 应该是三维向度的发展设计，多层的城市空间有效地将居民联系到各个活动层面上。这些空间可能是花园、内院、中庭、广场和林荫商业街等各种形式，纵横交错的网络结构促进偶然互动的发生，形成富有活力的都市生活方式——一种真正的邻里关系。

在香港，港铁大围站是位于沙田的繁忙换乘枢纽站（图 10-5），设计为服务周边半径 500m 范围内的居民，日客流量达 20 万人次。每天从市中心往返区内的人流原先需要通过一条十分迂回的路线来换乘。而港铁大围站上盖综合发展项目则利用规划中的购物中心为居民提供了另一种选择。退勤后也可以在这里享受购物、餐饮、娱乐或者与家人及朋友小聚，再通过下一层的综合入口大厅或位于不同层面的天桥系统继续回家的路程。

第三部分：香港城市交通规划与开发

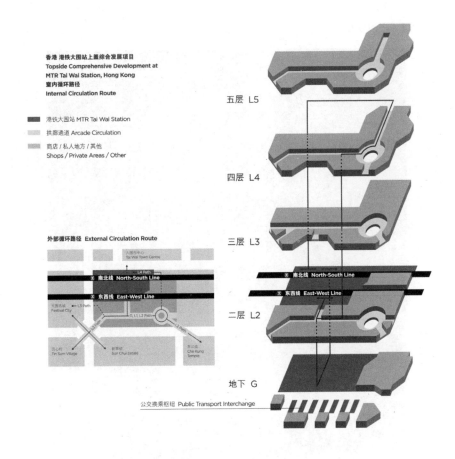

图 10-5　香港港铁大围站上盖综合发展项目

6. 原则六：造就无缝衔接的都市空间

（1）让周边邻里透过参与 HDTOD 内的各种公共活动而集聚起来。

（2）使 HDTOD 成为所在地区的都市生活核心。

1999 年时，L·贝托里尼（L. Bertolini）曾设想过公共交通站点及其周边区域是当代都市中市民可以自由交流的场所之一。整合 HDTOD 及其周边邻里将成就一个双赢的状况，周边居民会因为能十分便利地使用公共交通系统而获益良多。从 HDTOD 周边到轨交车站的路径整合了天桥、地下通道、多层出入口，自行车道、停车换乘设施，以及短驳巴士，这大大增加了城市公共轨道交通系统的吸引力，整个 HDTOD 将更加成功。

其他的研究还显示，主要的公交系统附近的物业价值亦会得到很大幅度的提升。如果居民可以方便地步行搭乘公共交通，他们就会慢慢变成习惯，从而增加综合体购物中心的客流量。当社区公共服务设施与公共交通站点无缝连接，HDTOD 会从中得到无形的好处，有效提升 HDTOD 作为社区中心乃至城市中心的形象和地位。

在位于香港屯门的珑门落成前，市镇中心与主要的商业区和港铁屯门站相互隔离。珑门设有住宅、购物中心、公交换乘枢纽和停车换乘设施，并为区内提供六座人行天桥，这不仅将整个 HDTOD 与上述的三部分联系在一起，更将人流活动进一步集聚于珑门的购物中心——V-City（图 10-6）。

图 10-6　香港屯门珑门的购物中心 V-City

7. 原则七：成为多种交通模式的转换中心

（1）规划多种形式的步行动线，使换乘枢纽在多个层面上与不同的交通方式衔接。

（2）提供从高速的跨地区交通线到多种慢速交通公交模式，以及穿行于社区的舒适步行环境。

不少社区的交通方式只按需要而增加，往往缺乏事前规划或忽略与公交运营者、持份者和政府不同部门之间的详细商议。在轨道交通与其他交通方式间的换乘安排和设施建设因而滞后，要让位于轨交的运营需要。

举例来说，在机动车主导的城市如泰国曼谷，从碧武里地铁站到马卡桑站换乘机场快线的经历实在令人沮丧，特别是对那些初来乍到的旅游者来说尤其如此，必须拖着行李走过长达一公里的室外碎石小道才能换乘。

精心规划的 HDTOD 会带来方便的不同交通模式换乘。HDTOD 担当了一种枢纽的角色，令高速公交系统顺利连接那些城郊社区或乡村地区的慢速交通方式，如轻轨、巴士、出租车、自行车或步行道。顺畅的交通并不意味着最直接的联系，但必须以乘客所需来设计，比如要有清晰的标志系统，以及避免受天气影响的设计。

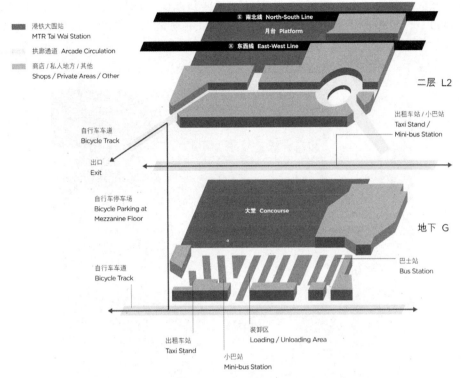

图 10-7　港铁大围站上盖综合发展项目

　　港铁大围站上盖综合发展项目坐落于东铁线和马鞍山线交汇的车站上方，为乘客提供了一种轻松而高效的换乘方式。设计令上班族只需穿过月台就可以在同层换乘开往市中心的地铁线。反方向的乘客可走一条与购物中心结合的方便且有空调的竖向连接通道进行换乘，还可以在换乘别的公交系统回家前，在这里用餐、购物或看电影等娱乐，体验一种休闲的生活方式（图 10-7）。

8.　原则八：培育有利健康的生活环境

（1）于轨道和道路上方重建一个地平面，回馈社区一个绿色空间。
（2）将景观绿地作为公共商业区和私家住宅区之间的缓冲带。
（3）改善社区整体环境并倡导社区低碳生活方式。

　　早在 19 世纪末，有远见卓识者如英国的埃比尼泽·霍华德（Sir Ebenezer Howard）和法国的勒·柯布西耶（Le Corbusier）都曾经预言过一种被绿带环绕着、自给自足的花园城市。这些花园城市如卫星一般簇拥着市中心，并通过道路和铁路系统与中心区连接。一个多世纪后，HDTOD 通过层层多样化的绿化空间，实践了花园城市的概念。

　　HDTOD 建造在迷宫似的公共交通网络之上，市政空间的软化可以通过绿化或再造一个安全且活动不受任何空间阻隔的平台地面来实现。考虑到私密性的要求，绿化可作视线和噪声屏障，亦有助于限定不同的户外活动区域。景观绿化为社区提供树荫，同时自然降温、减少日晒、洁净空气，这对于HDTOD的可持续发展来说极为重要。

位于港铁乌溪沙站上盖的银湖·天峰，设计源自其滨海的位置，以水作为平台设计的主题。34000平方米无阻隔的公共休闲空间将住宅相互隔开，结合一系列室内公共设施，为居民提供安全的室内外活动区。居民在漫步回家的路上就可以享用到区内的花园、水景、泳池、餐厅、水疗和运动室（图10-8）。

图 10-8　港铁乌溪沙站上盖的银湖·天峰

香港另一个综合体御龙山的特点就是它的绿色平台（图10-9），架于运行中的港铁火炭站和车辆段之上，即使在平台建设期间，铁路设施的运营也没有中断。平台上主题花园与住宅区的会所设施无缝衔接。一座垂直绿化墙和一个罗马花园组成都市绿洲，带格架的柱廊由室内通向室外。加上设在十幢住宅塔楼中间层的空中花园，十分有利自然通风，整个平台为住户提供了一个完美的公共休闲空间。

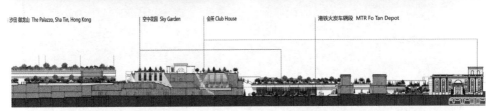

沙田 御龙山 The Palazzo, Sha Tin, Hong Kong　　空中花园 Sky Garden　　会所 Club House　　港铁火炭车辆段 MTR Fo Tan Depot

图 10-9　港铁火炭站的御龙山

9. 原则九：优化步行路径

（1）尽量减少车道的伸延，增加步行走道。

（2）减少汽车使用，增加公共交通的使用。

（3）取消专用停车位并采用叠式停车系统，以减少停车库面积。

（4）设计多层车道和车辆出入口以增加流动性和可达性。

HDTOD 可在步行范围内为住户提供多种公交方式和社区服务的便利，从而减少私家车的拥有量。不过，对车道和停车库的需求总是存在的，有些是一些应急需要，有些是因为家庭或生活方式的需要而拥有私家车。

香港运输署的一份报告显示最繁忙的城市轨道交通车站每小时人流量达 17700 人次，即每分钟通行 300 人次。为了保证 HDTOD 内居民的生活质量，设计首要是人车分行。良好的规划将服务性车道置于一层，铁路在另一层，乘客车辆则放在第三层，绿化景观和步行区域置于最上层以便人们享受阳光和新鲜空气，这样将不同区域完全分开，体现方便而怡人的环境质量。

精心设计的停车措施使有限的停车空间由晚间的住户和日间的商业餐饮停车用户两者共享。停车库出入口设置既能通过便捷的路径将用户导入，又能保证整体车流顺畅。此外，仅限步行的空间内，住户家庭可尽情欢聚。

HDTOD 有许多可移动部分，通过创造性的规划，能够如复杂的七巧板一样拼接整齐。从而保证住户或使用者得到更佳的生活质量。

香港日出康城设计了清晰的人车分行系统（图 10-10）。车站直接与购物中心相通，使所有居民可以通过精心设计的风雨连廊和天桥系统回家，而不必穿越车道。

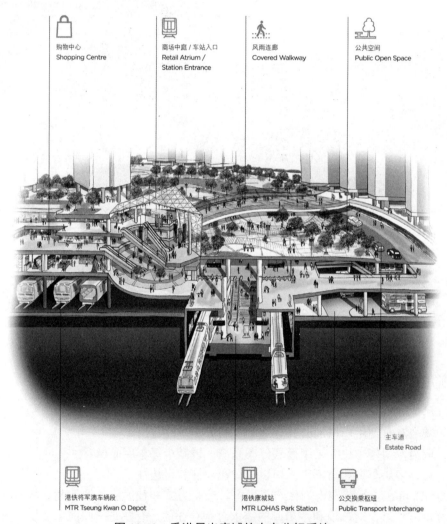

图 10-10　香港日出康城的人车分行系统

同样位于香港，屯门的珑门不但设计了一层专用的停车库以服务购物中心和居民（图 10-11）；还设计了一个停车换乘的设施供换乘西铁线的驾车者使用。采取灵活的停车管理措施，如给停车换乘者停车费打折，或停车换乘和购物中心共享停车位等，能有效减少专用车位的设置。

图 10-11　香港屯门珑门 V-City

10. 原则十：预先做好规划

（1）提供结构和基础设施系统的可能性，让上部建筑可继续发展。

（2）设计允许一定的弹性，包括荷载的冗余和备用管沟。

（3）探索在设计中包含中央服务系统和能源中心的可行性，包括中央吸尘系统，区域/中央制冷或制热中心，垃圾生物处理设施，或其他智能城市的服务系统。

HDTOD 必须在轨道交通的设计阶段，就考虑到未来上盖开发的需要，提供必要的结构和基础设施系统的支持，包括电力、燃气、排水系统、高压电缆、互联网服务等。

在香港有不少 TOD 设计项目，接手时已经是在轨道线或站点建成若干年运营后，甚至 20 年之后。其中一个著名的案例就是日出康城，它的总体规划批复和车辆段建成都在 20 世纪 90 年代。由于其发展规模庞大，在 2015 年之前已经完成建设的，还不到一半的综合用途开发。而在过去的 20 年里，许多结构和建筑规范都发生了变化，同时市场需求也起伏不定，这些都影响设计。因此，在前期规划阶段，为应对上部建筑设计的变化我们就预先额外增加荷载或设施容量。

地铁上盖开发项目的人口数量和用途范畴经常会超过一个小城镇。比如日出康城，设计容纳 62500 人（图 10-12）。从环保和经济角度看，就十分有利于规划集中供暖或供冷设施、中央吸尘系统，以及其他与智慧城市有关的服务系统。

日出康城的总体规划在 2015 年调整总户数为 25500 户，比 1999 年首次批复的规划增加了 4000 户。车辆段在 2002 年建成，而规划中建在平台上的 14 栋塔楼则一直到 12 年之后才开始建造。就是因为基础和柱网系统预留的荷载有一定冗余，因此才有可能在规划调整中增加上盖开发的总户数。

我们在港铁大围站上盖综合发展项目方案研究工作中，为车站和公交换乘枢纽的基础及结构设计提供了足够的参考信息。在公交换乘枢纽上盖为将来的购物中心开发预留了模块化的基础设施管沟，同时还为管线的垂直连接提供了足够的竖向空间。

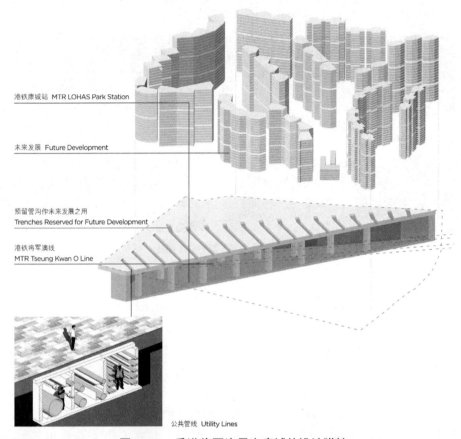

港铁康城站 MTR LOHAS Park Station

未来发展 Future Development

预留管沟作未来发展之用
Trenches Reserved for Future Development

港铁将军澳线
MTR Tseung Kwan O Line

公共管线 Utility Lines

图 10-12　香港将军澳日出康城的设计弹性

四、轨道交通 + 物业开发的商业模式促进社会经济效益

　　HDTOD 的基本特点之一就是超越了传统的"土地"概念。HDTOD 的实际基地被铁路和车站所占据，可建造的地面从轨道线上空创造出来。因为要创造一个人造的地面，所以在铁道之上进行开发建设通常花费较大。用专业术语说，就是做一个"转换平台"。那么，我们如何来平衡这个开发成本呢？关键在于一块土地所发挥的不同价值。HDTOD 的概念通过为原本的轨道用地增加了巨大的开发潜力，增加的开发价值足以平衡建造转换平台所需的成本。这类开发适用于物业价值较高的城市。

　　世界上很多地方的公交系统运营亏损或需要纳税人大量的补贴。然而，这些公交系统为了维持持续运营往往收费较高。相对而言，香港地铁票价合理并且港铁还盈利颇丰。

　　轨道交通的建造过程会涉及现有的城市物质结构并影响城市空间的使用者，因此在城市建成区建设地下或高架轨道交通的投资一般都比较高昂。轨道交通的运营者会因为开通新的线路而产生亏损，导致较高的票价。然而，高票价却往往会降低乘客数量。或者，一些地铁公司则倾向于将线路选在人口密度较低的城区通过，或减少地铁线的数量以避免较高的建设费用。这样的轨道交通线远离人们居住的地方，只能吸引较少量的乘客，最终还是需要收取较高票价以收回投资成本。

香港 70% 的人口居住在港铁服务范围内，因此这一交通系统一直受益于持续的高人流量。在 1970 年代，港铁建设之初，香港特区政府便制定政策给予地铁上盖物业开发权。香港的地铁运营收入成本比（即车票收入冲抵运营费用的百分比）是 191%，在票价相对低于世界其他一线城市的情况下，该比率则大大高于行业平均水平。相比较而言，新加坡的收入成本比为世界第二高，达 125%。我们认为，港铁的成功很大程度上应归功于轨道交通加物业开发的模式，因为车站上盖开发所提供的就业和居住功能可保证大量使用轨道交通的乘客人数。

"轨交"加"开发"为建设可持续发展的香港提供了一项有效的模式。城市轨道交通线的存在可以允许较高的开发强度，轨道交通带来的方便也会令物业价值提升，于是，若铁路公司与物业开发商合作，就可以获得财务上的保证，去继续扩展轨交网络。进一步地，轨交沿线的新兴开发又会为轨交线带来大量的客流量，形成多方共赢的局面。

总的来说，TOD 项目是城市进步的良方，能提供更佳的生活方式，惠及无数将涌入大城市的人口。为此，委托经验丰富、饶有成就的专业人士，为发展进行整体规划和设计，是至为关键的。城市轨道交通和 HDTOD 的联合能够培育一种可持续发展的生活方式，借此减少碳排放，减少能源消耗，并且遏制城市蔓延，最终大大造福社会。

本章作者介绍

吕庆耀先生现为吕元祥建筑师事务所（RLP）副主席，于 1997 年在美国康奈尔大学建筑设计学院毕业，期后加入纽约著名建筑师事务所 Fox & Fowle Architects 工作，于 2000 年回港发展，加入 RLP。他在香港、中国和纽约累积逾 20 年建筑设计、项目管理和业务发展的经验，并在 2012 年名列《透视》杂志"四十骄子"杰出青年设计师。在吕庆耀先生带领下，RLP 发展迅速和得到业界的肯定，先后获颁授多个香港及国际建筑设计奖项，并在国内拓展业务，设立多个办事处。吕庆耀先生是一个具有公民意识的建筑师，在工作以外积极参与多个非营利组织，致力回馈社会，推动各项公共事业发展，包括为香港精神活动创办人、中国香港（地区）商会——沈阳荣誉会长、中国成都市政协委员、中国北京海外联谊会理事、香港建筑师学会执业事务部会员、香港房屋委员会建筑小组委员会委员、团结香港基金顾问、香港艺术中心建筑监督团副主席及香港中乐团理事会理事等。

张文政先生现为吕元祥建筑师事务所（RLP）董事。他拥有美国南加州大学建筑设计学士学位及哥伦比亚大学高级建筑设计硕士学位。张文政先生在美国工作多年后于 1998 年加入 RLP，为公司及客户带来北美建筑风格的感悟，并将多年累积的学识运用在不同类型的复杂项目的设计中，使这些项目成为久负盛名的作品。除了国际都会外，他还参与了一系列 HDTOD 的规划和设计，包括港铁将军澳车辆段上盖开发项目（日出康城），提供 2 万个住宅单位；上海莘庄地铁站上盖综合体 TODTOWN，总建筑面积 50 万 m²，包括办公楼和购物中心，以及酒店和住宅；还有港铁屯门站上盖的商业居住综合开发项目珑门。在商业零售项目方面，张文政先生曾主持设计了山顶凌霄阁的改造翻新。此外，他还负责监督 80 万 m² 的广州玖珑湖高档住宅项目的设计工作。张文政先生为香港基督教女青年会设计的大屿山营舍项目、华润集团总部综合大楼、英皇佐治五世校舍重建及扩建项目等，均屡获殊荣。

黄佳武先生现为吕元祥建筑师事务所（RLP）董事。自 1989 年起便参与统筹及设计香港各主要开发商之发展项目，于 2002 年进入内地房地产市场并带领团队为主要的开发商提供总体规划、建筑设计和产品研究等专业服务。黄佳武先生累积多元化的专门设计，为大型的私营及公共项目提供精湛的设计，包括为香港铁路有限公司和华南城市进行与铁路有关的物业发展的规划研究；各式各样的学校和教堂；从豪华洋房以至大型住宅社区等不同形式的住宅发展等。尤其对高档住宅的室内空间规划具有丰富的经验与独到的见地。他亦透过在房地产商及政府机构的工作经验，对开发流程，特别是产品开发和设计管理拥有全面的经验和能力。黄佳武先生善于在既定的限制下，以创新的解决方案，迎合客户要求之余，达到优良质量及设计标准。他主张与自然和环境相结合的设计，参与研究，探讨环保发展，以及在大型综合项目中提供可持续发展方式。

潘嘉祥先生现为吕元祥建筑师事务所（RLP）董事。毕业于美国南加州建筑设计学院，在中国香港、中国内地、东南亚、南美洲和美国等地区累积超过 20 年的专业建筑经验。潘嘉祥先生涉足的项目多元化，并曾担任多个项目的首席设计师，包括大型综合发展、酒店、办公楼、大型住宅、大学校园及工业项目，为他累积深厚的经验，亦充分展示其敏锐的设计和项目管理才能。自 2003 年加入 RLP 以来，潘嘉祥先生领导设计团队完成了多个大型建筑规划、设计和建造项目。参与项目包括香港亚洲国际博览馆、武汉周大福金融中心、天津周大福金融中心、广州天环广场、广州保利威座等。他参与设计的香港城市大学刘鸣炜学术楼更获 2013 年度美国建筑师学会（香港分会）年度建筑设计荣誉大奖、2012 年度环保建筑大奖优异奖、2013 年度透视设计大赏和 2015 年度 FuturArc 环保先锋大奖。

梁文杰先生现为吕元祥建筑师事务所（RLP）董事及环保设计总监。他是环保建筑设计和可持续发展建筑专家，新加坡建筑师协会第一届绿色建筑师奖得主。他在香港大学建筑系以高级荣誉毕业，其后往英国剑桥大学深造环保建筑及环境设计并取得硕士学位。他拥有 20 多年执业建筑师经验，监督吕元祥建筑师事务所各项目的可持续发展设计，融汇环保设计于总体规划、新建建筑、都市活化及建筑研究之中。他积极参与专业议会、政府委员会及与学术有关的专业团体，亦经常到各地演说。梁文杰曾参与的项目包括全港首个零碳建筑——"零碳天地"、香港高等科技教育学院（THEi）新校舍、香港科学园第三期的可持续发展规划、市区重建局启德"焕然壹居"总体规划项目——焕然壹居，以及多个与可持续设计有关的个案研究，如绿色建筑环保评估标准（BEAM Plus）提升建筑被动式设计研究、新建住宅楼宇节能设计及施工要求研究等。

第四部分：香港城市居住区空间规划与楼宇设计

第十一章 香港城市气候评估与规划设计

任 超 吴恩融

一、引言

香港今日以高密度城市而闻名，然而如果查阅香港百年城市发展史，就会发现即使是追溯到 19 世纪末期的开埠之初，香港岛的居住环境也是非常逼迫的，可谓是紧凑高密度，全是因为香港地势崎岖，山地面积竟占到 82%，可供发展的平地相当稀缺。也正是因为这一原因，奠定香港今时今日紧凑高密度发展的模式。本章试从香港重大的公共卫生事件来探看城市气候要素对居住品质的重要性，以及介绍近年来香港规划设计中气候评估与应用的演变。

1. 1894 年的鼠疫

当时香港本地人居住的房屋称为唐楼，一般为 2～3 层高的石屋，窗户小，底层为商铺，上层被间隔成多个小房间住人，有的房间甚至没有窗户，屋内也没有排污系统和厕所设施 [1, 2]（图 11-1）。这种唐楼一般为砖墙结构，木制楼层，前梯后厨，栋栋相连 [3, 4]。这样的房屋可以住进 50～60 人，甚者可达 70 多人 [2]。尽管早在 1856 年香港的《建筑与妨害骚扰条例（Buildings and Nuisances Ordinance，1956）》已经立法，但此法只适用于居港的欧洲人房屋，并不适用于华人居住的房屋。

图 11-1 太平山区的唐楼及街景 [5]

在 1894 年香港爆发鼠疫 [1]，其中主要集中在中上环，而这当中太平山区的情况则最为

---

1 鼠疫，因为患者全身发黑而死，又名为黑死病。通常是由啮齿动物传播的传染病，可感染人类和动物。

严峻。估计当时在这细小的区域中约有 400 栋唐楼却居住着超过 3 万余人，由于建筑密布通风情况极差，再加上恶劣的卫生环境，自然成了鼠疫的重灾区，半年间导致逾 2000 人死亡[4, 6]。随后政府一方面开展救助鼠疫病人，另一方面开始整顿太平山区，拆除房屋（图 11-1），兴建公园。同时还颁布了《紧急法例（Closed Houses and Insanitary Dwellings Ordinance，No. 15 of 1894）》，其中为香港住宅建筑的窗户面积订下了规范，即不少于房间面积的 1/10，至今仍然沿用。其中第 9 条提出每栋住宅，必须满足每成年人不少于 30 平方尺（约 2.79 平方米）楼面面积及不少于 400 立方尺体积通风良好无遮挡的空间。如不能满足此条件即被视为过度拥挤的居住状况；第 12 条更首次订明通风和采光的要求。

然而到了二战后，当时的香港港督杨慕琦（Mark Aitchison Young）为解决长期困扰城市发展的房屋及公共卫生问题，专门从英国聘请城市规划专家为香港城市规划出谋献策，其中亚柏康比（Patrick Abercrombie）的报告（1948）[7] 也为后来香港几十年的城市发展奠定了基本理念。但令这些英国资深的规划师始料未及的是不断从中国内地涌来的难民潮，使得香港的人口从 1943 ～ 1953 年的十年间翻了近三倍急升至 236 万人[8]，因此 20 世纪 50 年代香港九龙各处的山边和路边出现由废料自行随意成片杂乱搭建的寮屋，居住环境恶劣（图 11-2），依然缺乏排污系统及防火设备，存在严重的公共卫生问题和安全隐患。

图 11-2　20 世纪 50 年代的香港寮屋 [5]

2. 2003 年的非典型肺炎

香港房屋密集紧凑的布局，这皆是因为地理环境所限，但同时也受建筑条例和规划影响。纵观过往 1903 年、1935 年及 1956 年的《公众卫生与建筑物条例（The Public Health and Building Ordinance）》以及 1959 年的《建筑物（规划）规例［Building（Planning）Regulations］》当中特别针对建筑日光采光和自然通风的要求，对于开窗、窗地比、建筑进深、建筑内部间隔、厕所开口、建筑高度、公共空间，甚至是建筑高度和街道宽度比等逐步修正和添加，以改善住宅和办公建筑室内环境和公共卫生状况[9]。但是 1987 年由于疏忽，有关街影的条例被从《建筑物（规划）规例（第 123 章）》移除，此后利用控制街道与建筑高度比的方法来规管采光和通风不复存在了。随后在 20 世纪 90 年代中期，政府条例 PNAP219 和 PNAP241 更允许厕所和厨房的设计中可以没有开窗。直到 2003 年非典型肺炎在香港爆发，短短两个月导致近 300 人死亡，1500 人感染，才迫使政府和规划设计人员重新重视建筑居住环境品质和气候要素。随后公布的《全城清洁策划小组报告——改善香港环境卫生措施》提出：在建筑物设计方面："重新注意建筑物的设计，特别是排水渠和通风系统的设计"；在城市设计方面："……落实城市设计指引，改善整体环境，尤其是通风情况，亦正研究日后的大型规划和发展计划，引进空气流通评估"；在公共屋邨管理方面："改善城市和建筑设计以提供更多休息用地、开设更多绿化地方，令空气更加流通"[10]。可以看到通风再次被提上议程。

自此的近 15 年间，政府、业界先后开展多项有关城市气候与环境的顾问项目，颁布多项技术通告和设计指引，逐步将科学研究与评估成果应用到本地城市规划、城市设计及建筑设计多个层面（表 11-1）。

香港政府及行业协会开展的有关城市气候应用的顾问项目 [11]			表 11-1
时间 / 政府部门	顾问研究	技术条例及设计指引	设计层面
2003～2005 年 规划署	《空气流通评估方法—可行性研究》	2005 年香港特区政府前房屋及规划地政局和前环境运输与工务局联合颁布：《空气流通评估技术通告》	建筑设计层面 地盘设计层面 地区规划层面
		2006 年 8 月《香港规划标准与准则—第 11 章》加入空气流通意向指引	城市设计层面
2004 至今 房屋署	《可持续公屋建设的微气候研究》	2004 年由房屋署针对其下公共屋邨的建设与设计开展相关微气候研究	建筑设计层面 地盘设计层面
2006～2009 年 屋宇署	《顾问研究：对应香港可持续都市生活空间之建筑设计》	2010 年 6 月香港特区政府可持续发展委员会向政府提出《优化建筑、设计缔造可持续建筑环境》51 项建议，包括可持续建筑设计指引	建筑设计层面
		2011 年香港特区政府屋宇署颁布：《认可人士、注册结构工程师及注册岩土工程师作业备考 APP151-优化建筑设计 缔造可持续建筑环境》及《认可人士、注册结构工程师及注册岩土工程师作业备考 APP152-可持续建筑设计指引》	建筑设计层面 地盘设计层面
2006～2012 年 规划署	《都市气候图及风环境评估标准 - 可行性研究》	2007 年香港特区政府规划署开始逐步修订及更新各地区的规划法定图则《分区计划大纲图》	地盘设计层面 地区规划层面 城市规划与设计层面
		2007 年开始于新市镇与新发展区等规划项目中应用，如：观塘市中心重建、西九龙文化区发展等	城市规划与设计层面
2010～2013 年 规划署	《有关为进行本港空气流通评估而设立电脑模拟地盘通风情况数据系统的顾问研究》	2013 年开始在规划署网站上公布地盘通风情况数据系统供公众使用	建筑设计层面 地盘设计层面 / 地区规划层面
2016～2018 年 香港绿色建筑议会	《香港绿色建筑议会都市微气候指南》	2018 年完成，该指南介绍切合香港环境的都市微气候设计策略，以及优秀案例供香港建筑业界参考	建筑设计层面

续表

时间/政府部门	顾问研究	技术条例及设计指引	设计层面
2015年 环境局	《香港气候变化报告2015》	香港在应对气候变化行动上所作的贡献，致力让香港整体规划以至个别发展项目均依从可持续发展原则，平衡社会、经济及环保方面的需要	城市规划与设计层面
2017年 环境局	《香港气候行动蓝图2030＋》	由香港特区政府16个决策局和部门共同制订的报告，详述香港2030年的减碳目标及相应措施	城市规划与设计层面 建筑能耗层面
2016～2018年 规划署	《香港2030＋：跨越2030年的规划远景与策略》	一项全面的策略性研究，旨在更新及指导全港长远规划与发展策略	城市规划层面

二、政策与应用跨越城市规划、城市设计到建筑设计

1. 空气流通评估—可行性研究

　　《空气流通评估方法》顾问项目以香港高密度城市结构及弱风环境状况下，针对建筑物户外总体通风环境，提供空气流通评估方法、标准、应用范围和实施机制[1][12]。该研究采用风速比（图11-3）为评价指标，建议采用风洞测试或者电脑数值模拟的结果进行评估和优化建筑设计方案。

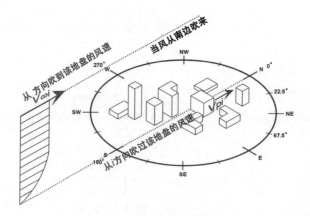

图11-3　风速比[13]

$$VR_i = \frac{V_{pi}}{V_{\infty i}}$$

　　式中　V_{pi}——该位置内从i方向吹来的行人路上的风速；

　　　　　$V_{\infty i}$——从i方向吹到该地盘的风速；

　　　　　VR_i——从i方向吹过该地盘的风速比。

1　空气流通评估区别于《建筑物条例》下的个别建筑物设计及室内自然通风设计，以及《环境影响评估条例》下的空气质量影响评估。

为了推广研究成果，香港特区政府规划署更新《香港规划标准与准则——第十一章：城市设计指引》，并编写了在地区与（建筑）地盘不同尺度下改善空气流通的意向性设计指引 [14]，利用图示的表达方法向本地规划师、建筑师和普通大众介绍改善城市通风的设计措施，如通风廊的构建和连接、利用绿化带及开敞空间的衔接增加城市通风程度、建筑裙房后退的设计等（图 11-4）。

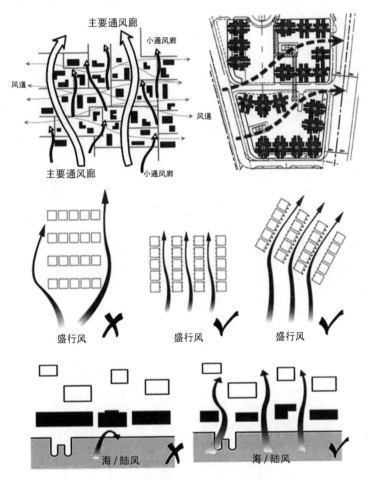

图 11-4　香港城市设计指引—摘要 [14]

另外于 2006 年 7 月发出《空气流通评估技术通告第 1/06 号》以及其附件 A《就香港发展项目进行空气流通评估技术指南》，订定出空气流通评估涉及的建筑开发项目类型和应用实施机制。目前政府的新市镇规划、新发展区以及大型公共屋邨等都纷纷开展空气流通评估，并纳入相关土地用途规划研究，用于控制建筑分布、街道走向以及地区发展强度等。私人楼宇开发方面，政府虽无强制条例执行空气流通评估，但是私人开发商一般在提交楼宇设计图则时，也会开展相应的空气流通评估，以便城市规划委员会项目评审顺利通过。

2. 都市气候图及风环境评估标准—可行性研究

城市气候图项目的研究主要针对夏季城市热岛、风环境状况以及香港居民的室外人体舒适度三个方面来开展（图 11-5）。鉴于香港复杂的城市形态和混合土地用地状况，城市气候图的绘制不仅考虑土地利用信息、地形地貌、植被信息，更重要的是选取详细精准的三维城市形态信息[15]。其评估结果绘制成城市气候分析图以及城市气候规划图[16]。城市气候规划图的城市气候信息应用于城市规划及辅助相关设计，特别是更新分区计划大纲图（Outline Zoning Plan）时有助于订定规划指标和控制土地类型、建筑开发强度和城市形态等（图11-6）。

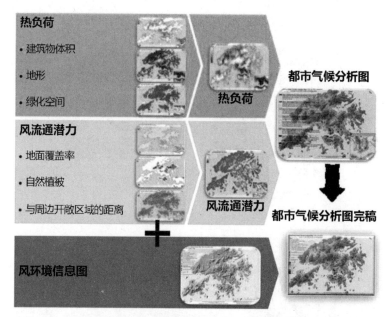

图11-5 香港城市环境气候图框架与子图层（作者自绘）[15]

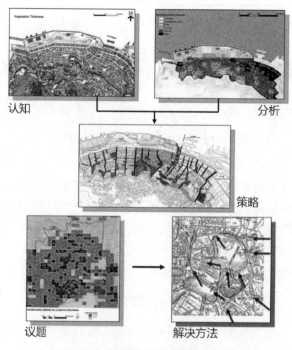

图11-6 香港都市气候图的应用

该项目的研究成果也被《香港 2030 ＋：跨越 2030 年的规划远景与策略》[1] 提及和推荐 [17]。其中提出面向规划宜居的高密度健康城市的方面，建议在进行规划与设计时须要考虑城市气候及空气流通因素（图 11-7）[17]。

图 11-7　《香港 2030 ＋：跨越 2030 年的规划远景与策略》[17]

3. 顾问研究：对应香港可持续都市生活空间之建筑设计

为了回应规划署提出需要关注和改善的香港城市生活空间问题（包括城市通风及采光设计、城市热岛效应、行人空间环境、城市绿化及保护山脊线），香港特区政府屋宇署基于顾问团队研究成果，即：控制楼宇之间的透风度促使城市内部空气流通、窄街后退确保行人区域的空气流通，提高楼盘内的绿化覆盖率以改善微气候环境及舒缓城市热岛效应 [18]，随后屋宇署编制出《APP151- 优化建筑设计　缔造可持续建筑环境》及《APP152- 可持续建筑设计指引》两个供认可人士、注册结构工程师及注册岩土工程师作业备考的建筑设计指引（图 11-8）[19, 20]。

4. 都市微气候指南

香港绿色建筑委员会于 2016 年委托顾问团队开展都市微气候研究，期望能为本地普通大众提供有关城市微气候的知识并指导城市规划师及建筑师开展微气候设计。因此该指南利用简单平实的字语普及城市气候的基本知识。主要介绍本地和其他海外（亚）热带城市的微气候应用相关政策、设计导则和成功建筑案例，确立影响人体热舒适度的主要城市微气候要素为风、热辐射、温度和降水，并根据本地楼盘所处的不同城市环境，归纳出适用于实践改善城市微气候的 31 项建筑设计策略（图 11-9）[21]。研究成果也与绿建筑环评的评分系统相衔接。

5. 有关气候变化的应用

有关香港气候变化的科学研究主要由本地学者和香港天文台的科学家开展，香港特区

1　《香港 2030 ＋》是一项政府检讨香港未来跨越 2030 年全港长远发展的策略性研究 [17]。

政府环境局于 2015 年发表《香港气候变化报告 2015》旨在呼应香港在应对气候变化方面的措施与贡献 [22]。相关政府部门也都纷纷响应 [23]。

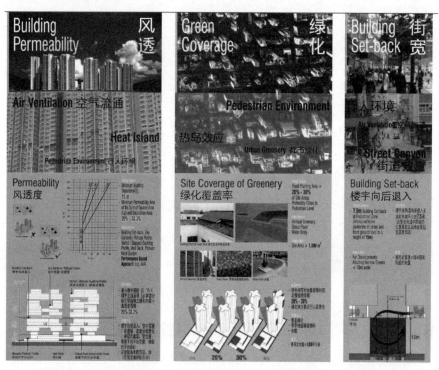

图 11-8　《对应香港可持续都市生活空间之建筑设计》的建议指引 [18]

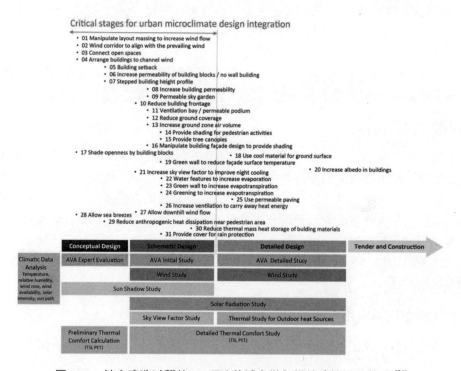

图 11-9　结合建造过程的 31 项改善城市微气候的建筑设计策略 [21]

随后，香港特区政府还颁布了《香港气候行动蓝图2030＋》以履行《巴黎协定》的条款，其中有关城市规划方面的应用主要涉及透过绿化为城市"降温"，拓展铁路网络整合城市规划、房屋及运输，改善步行环境的品质和街道景观，而在楼宇与基建方面主要推广节能及提升能源效益的措施。

香港特区政府更于近年针对气候变化开展三个政府顾问项目：(1) 水、强降雨及洪涝灾害对城市的应用及对策；(2) 气候灾害下韧性城市建设；(3) 极端气温对城市基础设施的影响。

三、结语

空气、阳光都是自然资源的一部分，虽不需要费一分一毫，但却是我们每一个人生存所不可获取的。公共卫生的疫病及灾害事件，往往是起因，推动城市规划和建设，汲取经验教训，从而作出建筑设计及城市规划上的合理改善。可是亡羊补牢，并不能让逝者复活，因此必须明确城市发展及建设项目对城市气候环境的影响评估，并将这些相关城市气候应用和改善措施循序渐进纳入规划设计和政策制定中 [24]。香港的高校研究机构在过去近15年的发展，已经形成了一个稳定的多学科研究团队，未来还将进一步开展多学科交叉有关高密度城市气候研究及应用。

致谢

特别感谢香港中文大学"卓越学术计划校长基金"，以及香港绿色建筑议会和香港大学教育资助委员会对于本团队的研究支持。

另外本文中所涉及城市气候应用的政府顾问项目均基于与香港特区政府相关部门的通力合作，特别得到规划署、香港天文台、房屋署、屋宇署、建筑署的大力支持和协助。同时也感谢奥雅纳工程顾问公司及吕元祥建筑师事务所的研究伙伴的长期合作。

最后感谢黄丝锴和李海怡作为研究助理对相关研究项目的协调和帮助。

本章作者介绍

任超博士现为香港大学建筑学院副教授，香港绿色建筑议会绿色建筑专业人士，香港特区政府空气流通评估顾问成员。研究领域为城市气候应用、生态可持续设计与规划。自2006年以来参与中国（香港、武汉、台湾、澳门等地区）、荷兰（阿纳姆）和法国（图卢兹）等地的多项政府大型顾问研究项目，评估城市风环境、通风廊道以及绘制城市环境气候图，以及编制相关规范和设计条例。编著有《城市环境气候图》（中英版）、《城市风环境评估与风道规划——打造"呼吸城市"》，同时发表国际学术期刊论文及研究报告50余篇，多次获得国际研究奖项。现担任国际城市气候学会（International Association for Urban Climate）董事会成员，以及国际学术期刊《Urban Climate》的副主编和《Cities & Healthy》的学术顾问。

吴恩融教授现为香港中文大学姚连生建筑学教授。他的重点研究领域为绿色建筑、环境与可持续建筑设计方法，以及城市规划与都市气候学。同时，吴教授在香港中文大学担任建筑学系可持续与环境设计理学硕士课程主任、未来城市研究所副所长、环境、能源及可持续发展研究所的可持续城市设计及公共卫生项目组长。作为香港特区政府的环境顾问，吴教授为香港特区政府制定了香港建筑天然采光能效的建筑规范、空气流通评估准则及其技术性方法，以及用做城市规划的香港都市气候图。吴教授曾发表超过 400 份研究论文报告以及三本专书。他更两度获得英国皇家建筑师学会国际大奖，及两度获得联合国教科文组织亚太区文化遗产保护奖。

参考文献

[1] 何佩然 . 城传立新 : 香港城市规划发展史 (1841-2015). 香港 : 中华书局 , 2016.

[2] 夏历 . 香港东区街道故事 . 香港 : 三联书店 (香港) 有限公司 , 2006.

[3] 姚松炎 . 香港鼠疫、卫生环境及建筑 . 第一届历史照片研究比赛冠军 , 2007.

[4] 查维克 . 有关香港卫生情况的查维克报告书 [互联网]. 香港 : 1882. 撷取自网页 : https://www.grs.gov.hk/ws/tc/resource/health_and_hygiene/public_health/Health_and_Hygiene_12.html.

[5] 香港政府档案处 . 香港寮屋影像 . 1953.

[6] 香港政府档案处 . 有关 1984 年鼠疫的报告 (摘自 1895 年的立法局会议文件) [互联网]. 健康与卫生 : 公共卫生 , 1895. 撷取自网页 : https://www.grs.gov.hk/ws/tc/resource/health_and_hygiene/public_health/Health_and_Hygiene_13.html.

[7] Abercrombie P. Hong Kong Preliminary Planning Report. Hong Kong: 1948.

[8] Hong Kong. Hong Kong Annual Report 1953. Hong Kong: Hong Kong Gov, 1954: 21.

[9] Ng E. Regulate for Light, Air and Healthy Living, Part II - Regulating the provision of natural light and ventilation of buildings in Hong Kong. HKIA Journal, 2004, 37: 14-27.

[10] 全程清洁策划小组及政务司长办公室 . 立法会参考资料摘要 -《全城清洁策划小组报告 - 改善香港环境卫生措施》[互联网]. 香港 : 全程清洁策划小组及政务司长办公室 , 2003. 撷取自网页 : http://www.legco.gov.hk/yr02-03/chinese/panels/fseh/papers/fe0815tc_rpt.pdf.

[11] 任超 . 第六章 : 案例研究 - 中国香港 . 任超 , 城市风环境评估与通风廊道规划 - 打造"呼吸城市". 北京 : 中国建筑工业出版社 , 2016: 113-160.

[12] Ng E. Feasibility Study for Establishment of Air Ventilation Assessment System - Final Report. Hong Kong: Department of Architecture, The Chinese University of Hong Kong, 2005.

[13] Ng E. Policies and technical guidelines for urban planning of high-density cities - air ventilation assessment (AVA) of Hong Kong. Building and Environment, 2009, 44(7): 1478-1488.

[14] PlanD. Section 11: Urban Design Guidelines. Hong Kong: Planning Department, 2005. Available from: http://www.pland.gov.hk/pland_en/tech_doc/hkpsg/full/ch11/ch11_text.htm#1. Introduction.

[15] Ng E., Katzschner L., Wang Y., Ren C., Chen L. Working Paper No. 1A: Draft Urban Climatic Analysis Map - Urban Climatic Map and Standards for Wind Environment - Feasibility Study. Technical Report for Planning Department HKSAR. Hong Kong: Planning Department of Hong Kong Government, 2008.

[16] Ren C., Ng E., Katzschner L. Urban climatic map studies: a review. International Journal of

Climatology, 2011, 31(15): 2213-2233. doi: DOI: 10.1002/joc.2237.

[17] 香港特区政府规划署 . 香港 2030 ＋：跨越 2030 年的规划远景与策略 [互联网]. 香港：规划署 , 2016. 撷取自网页：http://www.hk2030plus.hk/SC/document/2030 ＋ Booklet_Chi.pdf.

[18] HKBD. Building Design to Foster a Quality and Sustainable Built Environment. (APP-151). Hong Kong: Hong Kong Government, 2011. Retrieved from http://www.bd.gov.hk/english/documents/pnap/signed/APP151se.pdf.

[19] BD. Practice Note for Authorized Persons, Registered Structural Engineers and Registered Geotechnical Engineers PNAP APP-152: Sustainable Building Design Guidelines (Chinese Version), Building Dept. of the Hong Kong Government, 2011.

[20] BD. Practice Note for Authorized Persons, Registered Structural Engineers and Registered Geotechnical Engineers PNAP APP-152: Sustainable Building Design Guidelines, Building Dept. of the Hong Kong Government, 2016.

[21] 香港绿色建筑议会 . 都市微环境气候指南 . 香港：香港绿色建筑议会 , 2018: 118.

[22] ENB. Hong Kong Climate Change Report 2015. Hong Kong, 2015: 122.

[23] 香港特区政府 . 新闻公报：环境局发表香港气候变化报告 2015 [互联网]. 香港：2015. 撷取自网页：http://www.info.gov.hk/gia/general/201511/06/P201511060771.htm.

[24] Ng E. Towards Planning and Practical Understanding of the Need for Meteorological and Climatic Information in the Design of High-density Cities: A Case-based study of Hong Kong. International Journal of Climatology, 2012, 32(4): 582-598. doi: 10.1002/joc.2292.

第十二章　香港的绿建环评工具——绿建环评（BEAM Plus）

梁志峰

一、绿建环评的起源与背景

绿建环评（BEAM Plus）全称建筑环境评估法（Hong Kong Building Environmental Assessment Method，HK-BEAM），是目前在香港最流行的一套评估建筑物在环保表现方面的工具。它在 1996 年面世，是全世界第二套用来评估建筑物在环保表现方面的工具。而第一套则是英国的英国建筑研究院绿色建筑评估体系（BREEAM，British Research Establishment Environmental Assessment Method）。当年在香港有些地产发展商的高层来自英国，他们觉得有需要将英国建筑研究院绿色建筑评估体系引入香港，用来评估建筑物的环保表现。但由于香港位于亚热带地区，跟英国的气候截然不同。而且香港的楼宇大多是高密度的设计，且没有暖通设备，加上施工的情况不同，直接引入英国建筑研究院绿色建筑评估体系来香港并不是完美的方案。于是香港地产建设商会（The Real Estate Developers Association of Hong Kong）出资，并委任香港理工大学进行研究及编写，第一代版本的建筑环境评估法便诞生了。

建筑环境评估法完全是一套自愿的评估工具，第一代版本只有新修建办公大楼（Office New Building）及既有建筑物（Existing Building）两个版本。建筑环境评估法的版权由建筑环保评估协会（前称"香港环保建筑协会"）所有，而协会则委任商界环保协会作为建筑环境评估法评估的机构。

二、绿建环评的宗旨

绿建环评及其前期的建筑环境评估法，目的都是透过这套评估工具来改善建筑物在整个生命周期，包括规划、设计、施工、运营及最终拆卸的环保表现，达至节地、节材、节能、节水和提供优质的室内环境素质的目标。在现今的世界潮流中，绿色建筑已成为有助舒缓气候变化的一个途径。

绿建环评另一个目的是推动业界的发展和树立绿色建筑的典范。比方说，环保冷媒在 20 世纪 80 年代并不是太流行，而且价钱也比较昂贵，但是经过业界的推动，以致后来香港特区政府立法全面禁止采用对臭氧层有损害的冷媒，现在环保冷媒已十分普及。

另一个例子就是在照明设计方面的变化，上一代安装的大多是 T10 或 T8 光管，但现在设计的灯光方案，已多采用 T5 光管或发光二极管（LED）灯盘了，再创新一点就可能是在灯盘安装反射板，以提升灯管效能。

绿建环评其实跟 ISO 9001 国际品质管理系统有点相似，透过规划、执行、查核与行动（Plan–Do–Check–Act）来进行自我优化，达至持续改善（Continual Improvement）的目标。先订下一些高规范的要求，而设计团队包括建筑师、工程师、测量师、环保顾问、承建商透过不同的设计和施工方案来满足绿建环评的要求。当业界大部分的建筑物都满足到规定的要求时，便是时候去进行改版，以达到持续改善的目标。由建筑环评评估法到绿建环评的 15 年间，规范已进行了 5 次的改版。

绿建环评针对其应用的环境和社会背景，具有以下特点：

（1）针对香港及华南地区亚热带气候而制定的绿建环评工具；

（2）自愿、独立、市场为本的绿建评估制度；

（3）给业界制定基准和标准；

（4）导向和促进健康、高效、低碳和良好的室内环境质量的居所和工作间；

（5）可带来相关的经济效益（表 12-1、表 12-2）。

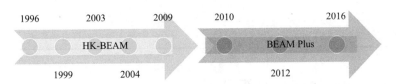

历史发展年表	表 12-1

1996 年	建筑环评评估法（HK-BEAM）推出
1999 年	修正新修建办公大楼（Office New Building）及既有建筑物（Existing Building）版本为 3/99 版本，并加入了一套住宅大厦专用（residential）的版本，此时共有三套评估工具
2003 年	把新修建办公大楼（Office New Building）及住宅大厦专用（residential）的版本合并为 4/03 先导版本，把既有建筑物（Existing Building）修正为先导版
2004 年	经过先导方案的试验和校正后，正式推出了新建建筑物 4/04（NB 4/04）和既有建筑物 5/04（EB 5/04）版本
2009 年	经过业界的广泛咨询后，绿建环评（BEAM Plus）v1.0 版正式推出
2011 年	绿建环评 v1.1 版推出，主要是作了一些字眼上的修改，并更新了对冷媒的评估要求
2012 年	推出绿建环评新建建筑物 v1.2 版（BEAM Plus NB v1.2），在节能方面加入了对住宅采用被动式设计的评估方法
2013 年	推出绿建环评室内建筑 v1.0 版（BEAM Plus Interiors v1.0）
2016 年 3 月	推出绿建环评既有建筑物 v2.0 版（BEAM Plus EB v2.0），而 2.0 版本亦可选择综合评估计划或者自选评估计划
2016 年 12 月	推出绿建环评社区 v1.0 版（BEAM Plus Neighborhood v1.0）

世界不同地区的绿建评估系统　　　　　　　　　　表 12-2

世界不同地区的绿建评估系统

地区	绿建评估工具名称
北美洲	LEED, Energy Star
欧洲	BREEAM, LEED
亚洲	中国内地:《绿色建筑评价标准》GB/T 50378—2014 中国香港: BEAM Plus 新加坡: Green Mark 日本: CASBEE
大洋洲	Green Star, NABERS
不同评估工具在世界各地的应用	
LEED:	美国、加拿大、墨西哥、中南美洲、中国、印度等
BREEAM:	英国及北欧地区
《绿色建筑评价标准》(GB/T 50378—2014):	主要在中国内地,另有香港和澳门项目

三、绿建环评的评估范畴及级别

前文所述,绿建环评共有 4 套评估工具——新建建筑、既有建筑、室内建筑以及社区,不同的评估工具涵盖了建筑物生命周期的各个阶段,从规划、设计、施工、装修、运营以及楼宇拆卸。总体来说,评估范畴可细分为 10 类,见表 12-3。

评估范畴及评估工具的适用性　　　　　　　　　　表 12-3

	新建建筑 v1.2	既有建筑 v2.0 综合评估	既有建筑 v2.0 自选评估	室内建筑 v1.0	社区 v1.0
用地与室外环境(SA)	✓	✓	✓	✗	✓
用材(MA)	✓	✓	✓	✓	✓
能源使用(EU)	✓	✓	✓	✓	✓
用水(WU)	✓	✓	✓	✓	✓
室内环境质量(IEQ)	✓	✓	✓	✓	✗
创新(IA)	✓	✓	✗	✓	✓
运营管理(MAN)	✗	✓	✓	✓	✗
绿建特性(GBA)	✗	✗	✗	✓	✗
社区(CA)	✗	✗	✗	✗	✓
室外环境质量(OEQ)	✗	✗	✗	✗	✓

绿建环评有超过 100 个评估项目：

（1）用地与室外环境（SA）——土地污染，地盘位置，交通，微气候，热岛效应，生物多样性，与附近建筑物的协调与和谐性，文物古迹保护，绿化率，施工期间的污染物排放，楼宇落成后的噪声和光污染等。

（2）用材（MA）——旧建筑使用，施工期间的木材使用及废物管理系统，环保冷媒，大厦落成后的废物设施，设计一致性，预制组件，设计上的灵活和优化，采用环保材料及本地生产材料，施工期间的废物产生与回收。既有建筑物评估亦包括运营时的废物审计等。

（3）能源使用（EU）——主动与被动式设计，内涵能源计算，能源模拟，可再生能源，采用有能源标签的电器，测试及调节，营运手册，既有建筑物评估亦包括能源审计，基准比较，重新调试等。

（4）用水（WU）——减少食水使用，水质安全，用水泄漏，雨水及中水使用，节水洁具，冲厕水管理，既有建筑物评估亦包括自我改善等。

（5）室内环境质量（IEQ）——大厦的安全与适意设备，渠管设计以减少细菌传播，水塔的设计维护，军团病的散播，垃圾房的臭味处理，室内空气质量，鲜风量，热舒适度，光环境设计，声学环境与震动管理等。

（6）创新（IA）——针对一些没有在香港建筑大量使用的创高技术，又或者是在某方面超越于绿建环评的基本要求，如节水量、节能量或施工期间的垃圾回收量等。

（7）运营管理（MAN）——针对既有建筑物评估的范畴，含绿色采购，环境，职安健和能源管理系统，业主或管理公司的环境，社会及管制信息披露，员工的培训，对建筑物外墙及屋宇工程设备的保养和维修，清洁和害虫管理，以及用户参与等。

（8）绿建特性（GBA）——针对室内建筑物的范畴，主要参评的是没有参与绿建环评新建建筑物评估或其他绿建标签的大厦。另外，也包括租赁协议的期限。

（9）社区（CA）——这是绿建社区独有的范畴，评估项目包括社区参与，可持续的生活模式，社区及经济的评估，以及企业社会责任等。

（10）室外环境质量（OEQ）——也是绿建社区独有的范畴，主要评估室外环境的热舒适度、采光、景观、噪声和空气质量等。

在评估级别方面，大多数都以铂金级、金级、银级和铜级作为评级，但在绿建环评既有建筑物自选评估计划（BEAM Plus EB v2.0 Selective Scheme）中，就采用卓越、优良、良好及满意作为评级。评级取决于：

（1）是否满足所有控制项（表 12-4）；

（2）在不同的评估工具的个别范畴取得相关百分比得失；

（3）在每个范畴所得的分数乘以相关权重，计出总得失（表 12-5～表 12-9）。

不同评估工具的控制项数量　　　　　　　　　　　　　　　表 12-4

	新建建筑 v1.2	既有建筑 v2.0 综合评估	既有建筑 v2.0 自选评估	室内建筑 v1.0	社区 v1.0
控制项数量	9	8	—	4	2

绿建环评新建建筑 v1.2 的评级方法 表 12-5

Prerequisites 先决条件	Overall Score 整体得分	Minimum Percentage of Applicable Credits / Number of Credits Achieved under 个别范畴的有效分数中最少得分百分比 / 得分		Rating 评级
		SA, EU, IEQ（%）用地与室外环境、能源使用及室内环境质量（百分比）	IA（Credits）创新（分）	
All applicable prerequisites in all aspects achieved 各范畴的先决条件均属达标	75	70	3	Platinum 铂金级
	65	60	2	Gold 金级
	55	50	1	Silver 银级
	40	40	—	Bronze 铜级

"Unclassified" rating would be given to a project if it has met all the Prerequisites in the BEAM plus rating tool but has not reached the threshold scores for Bronze rating. "不予评级" 会颁发给只达到所有先决条件而达不到铜级要求的项目

绿建环评既有建筑 v2.0 综合评估的评级方法 表 12-6

Prerequisites 先决条件	Overall Score 整体得分	Minimum Percentage of Applicable Credits Achieved under 个别范畴的有效分数中最少得分率		Rating 评级
		MAN, EU 营运管理及能源使用	SA, MWA, WU, IEQ 场地、用材及废物管理、用水及室内环境质量	
All applicable prerequisites in all aspects achieved 各范畴的先决条件均属达标	75	70	50	Platinum 铂金级
	65	60	40	Gold 金级
	55	50	30	Silver 银级
	40	40	20	Bronze 铜级

绿建环评既有建筑 v2.0 自选评估的评级方法 表 12-7

Overall Percentage of Credits Achieved & Respective Grade 总得分率与评级	70% Excellent 卓越	50% Good 良好
	60% Very Good 优良	40% Satisfactory 满意

A "Record of Achievement" with the results of all assessed aspects can be issued upon request when the project completes the assessment of two or more aspects under the Selective Scheme. 当项目完成自选评估计划中两个或以上范畴的评估，项目申请人可申请载列全部所选范畴评级结果的 "评估记录"

绿建环评室内建筑的评级方法　　　　　　　　　表 12-8

Prerequisites 先决条件	Overall Points Score 整体得分	Minimum Number of Achieved under 个别范畴最低的分数要求			Rating 评级
		MA 用材	EU 能源使用	IEQ 室内环境质量	
All applicable prerequisites in all aspects achieved 各范畴的先决条件 均属达标	75	15	18	17	Platinum 铂金级
	65	13	16	15	Gold 金级
	55	11	12	12	Silver 银级
	40	9	10	10	Bronze 铜级

"Unclassified" rating would be given to a project if it has met all the Prerequisites in the BEAM plus rating tool but has not reached the threshold scores for Bronze rating. "不予评级" 会颁发给只达到所有先决条件而达不到铜级要求的项目

绿建环评社区的评级方法　　　　　　　　　表 12-9

Prerequisites 先决条件	Overall Score 整体得分	Minimum Percentage of Applicable Credits / Number of Credits Achieved under 个别范畴的有效分数中最少得分百分比 / 得分			Rating 评级
		SA, EU, IEQ（%） 用地与室外环境、能 源使用及室内环境质 量（百分比）	CA（%） 社区（百分比）	IA（Credits） 创新（分）	
All applicable prerequisites in all aspects achieved 各范畴的先决条 件均属达标	75	70	50	3	Platinum 铂金级
	65	60	40	2	Gold 金级
	55	50	30	1	Silver 银级
	40	40	20	—	Bronze 铜级

　　与中国绿色建筑评价标准相比，绿建环评在评估范畴、评级系统等各方面都有所不同，其主要区别见表 12-10。

绿建环评与中华人民共和国《绿色建筑评价标准》GB/T 50378—2014 之比较　　　表 12-10

	绿建环评	GB/T 50378—2014
1. 评估工具	4 套：新建建筑、既有建筑、室内建筑以及社区	1 套：包含设计评价与运营评价
2. 评级	铂金级、金级、银级、铜级	一星、二星、三星
3. 主要评估范畴	（1）用地与室外环境； （2）用材； （3）能源使用；	（1）节地与室内环境； （2）节水与水资源利用； （3）节材与材料资源利用；

续表

	绿建环评	GB/T 50378—2014
3. 主要评估范畴	（4）用水； （5）室内环境质量； （6）创新； （7）运营管理	（4）室内环境质量； （5）施工管理； （6）运营管理； （7）提高与创新
4. 权重	新建建筑与既有建筑有不同的权重 新建建筑： 能源使用＞用地与室外环境＞室内环境质量＞ 用水＞用材	设计评价与运行评价有不同的权重 设计评价： 住宅：能源使用＞用地与室外环境＞用水＞室内环境质量＞用材 商业：能源使用＞用水＞用材＞室内环境质量＞用地与室外环境
5. 控制项数量	新建建筑：9 既有建筑：8 室内建筑：4 社区：　　2	30
6. 评级	铂金级：75 金级：　65 银级：　55 铜级：　40	三星：80 二星：60 一星：50

四、绿建环评的评估流程

负责绿建环评的登记评级的机构分别为香港绿色建筑议会（Hong Kong Green Building Council）（图 12-1）和建筑环保评估协会（BEAM Society Limited）（图 12-2）。申请项目的团队先向香港绿色建筑议会登记，团队要提供有关项目资料，如地盘面积、楼面面积、楼宇用途及层数，预计开工及入伙日期，项目设计团队的资料，并缴交注册费，方完成登记。

之后香港绿色建筑议会会把项目转交建筑环保评估协会，评估方面则由建筑环保评估协会负责，当团队将送审资料递交后，建筑环保评估协会的秘书处职员会审视送审资料的完整性。之后再交由独立的评估员去审视送审资料能否满足所需的技术要求，并给予相关分数，最后评级的结果会由建筑环保评估协会的技术审批委员会作最后的核实，而每张等级证书则由香港绿色建筑议会颁发。

当评级结果与申请团队的期望有落差时，申请团队可对被扣分的项目作出上诉。初次上诉由建筑环保评估协会再重新审视，如上诉成功，相关分数会作出调整。假若初次上诉失败，申请者可再作出最终上诉，而最终上诉则由香港绿色建筑议会作出处理，香港绿色建筑议会会从绿建专家中选出最终上诉小组，而最终上诉小组作出的决定为最终决定，申请者不可异议。

另外，绿建环评亦设有评分演绎的机制（Credit Interpretation Request，CIR），如申请者对任何的设计项目有不清晰的地方，或是利用另外途径去满足评审项目的要求，他们可作出 CIR 的申请。当建筑环保评估协会收到 CIR 的申请后，会转交技术评审委员会做出处理，一般会在 60 天内作出答复。

关于香港绿色建筑议会：

香港绿色建筑议会（"议会"）创立于2009年，为非营利会员制组织，致力推动和提升香港在可持续建筑方面的发展和水平。议会即连系公众、业界及政府，提高各界对绿色建筑的关注，并针对香港位处亚热带的高楼密集都会建筑环境，制订各种可行策略，从而带领香港成为全球绿色建筑的典范。议会热切追求实现可持续建筑环境的目标，而会员和业界专才的丰富经验和真知灼见，则为切实成果打稳根基。

议会的抱负：
为香港缔造更绿色的建筑环境，从而保护地球，造福香港市民。

议会使命：
为引领市场转化，致力向政府倡议绿色环境政策，并为各界引入绿色建筑作业方式和订立业界有关设计、建造与管理的专业标准，同时向香港市民推广绿色生活。

图 12-1 香港绿色建筑议会简介

关于建筑环保评估协会：

建筑环保评估协会（"协会"）为非营利公共机构。自1996年创立建筑环保评估法（BEAM）后，于2010年推出的绿建环评（BEAM PLUS），一直致力提升及发展建筑环评评估方法、评估绿色建筑环境并培训绿建专才（BEAM PROFESSIONAL）及绿建通才（BEAM AFFILIATE）。

协会愿景：
缔造一个可持续发展的社区和宜居的绿建环境，与大自然和谐共存。

协会使命：
致力管理并优化绿建环评评估工具，透过教育和培训促进业界的发展，赋予人类健康和福祉。

协会目标：
(1) 提高建筑环境在生命周期内保护环境的表现；
(2) 为建筑物使用者提供更健康、高质、耐用及高性能的工作及居住环境；
(3) 促进业界的发展，以实践协会的抱负及履行协会的使命；
(4) 推动本港生态效益及可持续发展的教育工作；
(5) 对抗气候变化，为香港可持续发展作出重要的贡献；
(6) 将绿建环评工具的好处推广至海外。

图 12-2 建筑环保评估协会简介

五、绿建环评的运营情况

绿建环评自 2010 年推出以来，由于有政府相关政策的推动，登记项目的数量远比之前的版本为多。截至 2017 年 4 月，共有大概 939 个登记项目。表 12-11 为登记项目类别的分布。

登记项目类别的分布

表 12-11

项目类型	数量	百分比
商业	167	17.8%
政府、机构或社区设施	153	16.3%
酒店	54	5.8%

续表

项目类型	数量	百分比
工业	25	2.6%
混合使用	124	13.2%
住宅	389	41.4%
其他	27	2.9%
总共	939	100%

另外，截至 2017 年 4 月，已有 481 个项目作了初步或最终评估。表 12-12 列出了已获颁绿建环评认证的项目数量。

已获颁绿建环评认证的项目数量　　　　　　　　表 12-12

项目类型	数量
商业	81
政府、机构或社区设施	71
酒店	28
工业	13
混合使用	61
住宅	217
其他	10

六、香港特区政府的政策推动

香港政府一向致力推动绿色建筑，早于 1998 年机电工程署已推出自愿性的香港建筑物能源效益注册计划，旨在推广《建筑物能源效益守则》的应用。为进一步推广建筑物能源效益，经业界广泛咨询并同意，机电工程署更制定《建筑物能源效益条例》，并于 2012 年 9 月成为法例全面实施。条例有 3 大规定：

（1）规定新建建筑物的发展商或拥有人须确认新建建筑物内的空调、照明、电力、升降机及电动梯的设计符合《屋宇装备装置能源效益实务守则》的设计规范。

（2）在进行主要装修工程时，建筑物的拥有人须确保主要屋宇设备符合《屋宇装备装置能源效益实务守则》的规范。

（3）商业建筑物的拥有人须按照《建筑物能源审核实务守则》，聘请注册能源效益评核人，每 10 年进行一次能源审核。

在政府建筑物方面，发展局和环境局于 2009 年推出了一份技术通告，内容涵盖了对新修建及既有政府建筑物在能源效益、温室气体排放、可再生能源、废物管理、水资源管理及室内空气质量方面表现的规定，除此以外，更规定所有建筑楼面面积大于 1 万平方米的新修建建筑物必须获得绿建环评的金级或以上的评级，相关技术通告于 2015 年进一步更新。

另一方面，由于公众越来越关注建筑环境及其可持续性，尤其是楼宇的高度和体积、空气流通、绿化率和能源效益的问题，香港特区政府和可持续发展委员会进行了"优化建筑设计，缔造可持续建筑环境"为题的社会参与过程。而过程的结论是政府有需要制定一套可缔造优质及可持续建筑环境的措施。于是，香港屋宇署于 2011 年推出两份《认可人士、注册结构工程师及注册岩土工程师作业备考》，分别为作业备考 APP-151《优化建筑设计缔造可持续建筑环境》及作业备考 APP-152《可持续建筑设计指引》。

APP-151 的主要元素包括：

（1）楼宇间距、楼宇后移及绿化率的指引；

（2）总楼面面积的宽免；

（3）建筑物的能源效益。

而 APP-152 则为楼宇间距、楼宇后移及绿化率作出清楚的规范。

为鼓励更多楼宇参加绿建环评，屋宇署特别在作业备考 APP-151 提到其中一项：发展项目提供的环保 / 适意设施及非强制性 / 非必要机房及设备批予总楼面面积宽免的先决条件，为业主需提交由香港绿色建筑议会所发出的正式信件，确认楼宇已圆满完成绿建环评认证注册登记，并且要在申请批准图则所显示的建筑工程的展开工程同意书前，需提交由香港绿色建筑议会所发出的绿建环评初步评估结果。建筑工程完成后，发展商亦需要于占用许可证签发日起计的 18 个月内，提交香港绿色建筑议会所发出的绿建环评认证最终评估结果。

另外，为了减少建筑废料的处理负荷以及减轻堆填区的压力，政府已推行一系列措施，鼓励业主将整幢空置的工业大厦进行活化，以改作商业或酒店用途。但碍于香港很多工业大厦都是于 20 世纪 70 年代落成的，而且建筑物体型庞大，当时通风和采光都未必能符合今时今日法例所需的要求，于是屋宇署推出《认可人士、注册结构工程师及注册岩土工程师作业备考》APP-150 改装整幢工业大厦。作业备考列明对于改装作为办公室用途的方案，如因工业大厦原有设计所限而难以提供所需的天然照明和通风，若方案具备有能源效益的人工照明及机械式通风设计，并能在绿建环评的"能源"和"室内环境质量"拿到 40% 的分数，当局会就相关建筑物（规划）条例给予变通的申请。

表 12-13 列出了香港特区政府在各份政策蓝图提及绿建环评的章节。

香港特区政府政策蓝图所提及绿建环评的章节　　　　　　　　　　表 12-13

蓝图名称	出版日期	对绿建环评的描述
香港特别行政区气候行动蓝图 2030 ＋	2017 年 1 月	除综合评价外，绿建环评的既有建筑已提供自选计划选项增加可选择性；鼓励大厦业主在翻新楼宇时考虑使用新的绿建环评既有建筑 v2.0
香港特别行政区都市节能蓝图 2015 ～ 2025 ＋	2015 年 5 月	建筑面积 5000m² 以上并备有中央制冷系统及 1 万平方米以上的新建政府建筑物，至少要求达到绿建环评金级；所有新建公共房屋至少要求达到绿建环评准金级
香港特别行政区生物多样性策略及行动计划（2016 ～ 2021）	2016 年 12 月	绿建环评的评估范围涵盖保护当地生态价值，尽量降低对淡水及地下水系统的影响，保养或扩大绿化空间等一系列认证评级标准
香港特别行政区资源循环蓝图 2013 ～ 2022	2013 年 5 月	研究绿建环评可如何扩大楼宇在建筑和使用阶段减少废物

七、绿建环评的发展与挑战

跟随时代的发展，人们除了考虑建筑物是否环保及低碳外，随着生活质量的提高，所处的大厦是否为"健康建筑"也开始受到关注。顾名思义，"健康建筑"是指在满足建筑功能的基础上，为建筑物使用者提供更加健康的环境。美国的国际 WELL 建筑研究院（International WELL Building Institute）早于 2014 年推出 WELL 建筑标准（WELL Building Standard），而我国亦于 2017 年发布《健康建筑标识管理办法》（试行）。

香港绿色建筑议会及建筑环保评估协会正在更新绿建环评新建建筑的 1.2 版本，目标是在 2018 年推出新的 2.0 版。新的版本除更新有关室内环境质量的评分项外，亦会将有关"促进健康"的元素纳入评估项目中。而在发给持份者的初稿文件中，更将"室内环境质量"评价指标改为"健康与舒适"（Health and Well-being）。

发展至今，绿建环评推出已差不多 7 年，现约有 940 个项目登记，因为有楼面面积豁免的政策诱因，大部分新建的建筑物都已登记了绿建环评新建建筑物的评估版本。而既有建筑物由于没有相关政策的推动及金钱上的诱因，所以已登记的既有建筑物项目数量一直偏低。香港现有约 42000 栋既有建筑物，其中很多在能源效益上的表现都不太理想，而在环境局发表的《香港都市节能蓝图 2015—2025 ＋》中亦提到，要减低本港的碳排放，亦必须从既有建筑物入手。由此及见，如何在资助既有建筑物的业主提升现有屋宇设备系统效能的同时，亦鼓励其参与绿建环评的认证，会是一个重大的探讨议题。

八、绿建环评案例

1. 零碳天地

建造业议会零碳天地（零碳天地）是香港首座零碳建筑，它位于九龙湾常悦道 8 号，由建造业议会和香港特别行政区政府合作建造（图 12-3）。零碳天地是一座三层高的建筑物，大楼内有绿色办公室、展览厅、多用途会议厅及绿色家居展览厅等。零碳天地在 2015 年获得绿建环评新建建筑 1.1 版本的铂金级认证，其得分为 80.3。

图 12-3　建造业议会零碳天地

（1）场地因素

1）大厦的坐向经过考虑，使得大厦可吸收最多的太阳能和最好的通风效果（图 12-4）；

2）零碳天地的户外为都市原生林，面积达 2000m² （图 12-5）。都市原生林栽种了约 220 颗逾 40 个品种的原生树和不同种类的灌木，为野生动物提供食物和庇护，以吸引它们生活于都市。都市原生林除了可生产氧气，也可帮助减轻污染，改善空气质量。

图 12-4 零碳天地的坐向　　　　　图 12-5 零碳天地的都市原生林

（2）用材

在用材方面，零碳天地使用了在提炼、制造及运输时消耗较少能源及排放较少碳的材料。例如在香港本地制造的环保砖（图 12-6）及时空地台系统，低内涵能源的锌制指示板，环保木材和混有再生物料及高煤灰含量的钢筋混凝土等。

图 12-6 香港本地制造的环保砖

（3）能源

零碳天地采用了可再生能源就地获电，屋顶安装了太阳能光伏板，以及利用废弃食油炼成的生物柴油发电（图 12-7）。

图 12-7　生物柴油发电

零碳天地的顶棚安装了高风量低转速风扇（图 12-8），其专利的刀片设计，可令大量空气移动，加速人体散热，从而有效减少使用空调的时间。

工作照明提供一个能源效益及供个人操控的照明方式（图 12-9）。工作台亦提供了暖白色的发光二极管，工作的员工应有需要时才亮灯。

图 12-8　高风量低转速风扇

图 12-9　工作照明

零碳天地的电梯配备再生转换器，回收及使用机组制动模式时产生的能量。电梯在非满载上行或满载下行时均可产电。

（4）水资源管理

零碳天地共有三个厕所，都采用了低流量洁具及中水回收，而其中一个设有厕所水循环再用处理系统及无水尿厕。另零碳天地也安装了雨水收集系统，用于景观区的灌溉。

（5）总结

零碳天地透过光伏板和以生物柴油推动之三联供系统，现场生产可再生能源，达到每年零排放的目标。零碳天地比一般国际定义的零碳建筑更胜一筹，它所生产的可再生能源多于营运所需，可以把剩余的能源回馈公共电网以抵销建造过程及主要建筑材料本身在制造和运输过程中所使用的能源。

2.　香港科学园第三期 12W 及 16W 大楼

香港科学园第三期以"生活实验室"为主要概念，建筑设计以可持续发展为原则。作为推动智能城市发展的领航项目，香港科学园第三期发展项目特别在低碳排放、具有能源效益技术和建筑可持续发展方面充分展示出如何运用创新科技，引导香港迈向更美好及可持续发展的未来。该项目的建筑群曾获得多个业界殊荣，包括绿建环评（BEAM Plus）及领先能源与环境设计（LEED）最终铂金级评级及"优质建筑大奖2016——香港非住宅项目（新项目）"的"优质建筑大奖"，其主要设计策略如下：

（1）采用被动式设计

设计顾问运用计算机系统作出各种仿真，以找出大楼最佳的坐向（图12-10）。两庭大楼的南北两边外墙较阔，而东西两边外墙则较窄，而西边外墙更采用了高度隔热的实心材料建造，且不设窗户，这样设计有效减少热力吸收（图12-11）。同时，大楼及停车场均设有中庭（图12-12），以缩减楼面深度，让更多自然光及新鲜空气进入室内空间。

图 12-10　节能的建筑坐向设计

图 12-11　大楼外墙

215

图 12-12　设有中庭让更多自然光及新鲜空气进入

（2）灯光设计

大楼采用高效能的 LED 灯及较低的背景亮度，大楼办公室亦采用自然采光设计，为在大楼工作的人提供充足光线。同时，大楼内设有人体传感器，当日光充足或没有使用者时，人工照明会自动关闭。大楼亦安装了太阳光导管（图 12-13），把自然光引到下层的室内空间。

图 12-13　太阳光导管

（3）空调系统

采用区域供冷系统，好处是每座大楼不需要安装独立的冷冻系统。区域供冷系统在不同的冷负荷下都达到节能的效果。另外，大楼内亦安装了二氧化碳传感器，能根据室内的人数及二氧化碳浓度而调节鲜风量。

另外，香港科学园第三期亦安装了储冷缸（图 12-14）。在夜间，区域空调制冷机的剩余放能，可透过改变储冷缸内的相变物料（phase-change material）形态储存冷量。在日间为空调需求高峰，相变物料透过吸收热力来还原其状态以提供空调，此装置的好处是有效平衡冷冻机组在日间及夜间的运行负荷，提高空调系统的使用效率。

（4）雨水收集

从大楼屋顶和绿化园林收集雨水，并储存在地下储水缸内，然后通过滴灌系统灌溉园林植物。采用滴灌方法，可有效减少灌溉过程中因蒸发而浪费的用水。

图 12-14　储冷缸　　　　　　　图 12-15　滴灌系统灌溉园林植物

香港科技园公司透过香港科学园第三期，为本地初创企业及跨界科技公司提供崭新的科研办公室、实验室及其他设施，协助他们建立营运基础，并同时展示如何实践可持续建筑方法，以及启发业界应用环保科技于本港建筑项目。香港科学园第三期透过结合多项绿色科技及可持续发展建筑设计，鼓励业界实施可持续发展的建筑模式，秉持使用可再生资源目标。这个项目亦有助香港科学园在园区内使用可再生能源的蓝图，驱动本港及珠江三角洲的创新绿色科技发展。

（特别鸣谢建造业议会零碳天地与香港科技园公司提供本章节的有关资料及相片）

九、总结

绿建环评是一套在香港推行的为建筑物可持续发展表现作全面评估的工具，它为建筑物在规划、设计、施工、调试、管理运作及维修各个范畴订立一套全面的规范，并由独立的评估员作出评审，评审结果受香港绿色建筑议会认可及签发认证。

绿建环评从 2010 年发展至今，已推出四款评审工具——新建建筑、既有建筑、室内建筑以及社区，涵盖不同种类的建筑物、室内设计以及整个社区。评估过程由香港绿色建筑议会进行认证登记，再交由建筑环保评估协会进行送审资料审核，最后由香港绿色建筑议会颁发认证证书。

绿建环评由于得到政府相关政策的大力推动，近年来参与评估的项目不断增多。而香港绿色建筑议会亦会定期更新不同的评估工具，提高对建筑物不同范畴的要求标准，以持续改善及整体提升建筑物在可持续性方面的表现。

香港作为一座国际性商业都市，建筑物的环境表现对城市的可持续发展起决定性的作用。绿建环评工具的不断推广以及绿建环评标准的不断提升，有助于提升香港发展的可持续性，提高其国际竞争力，同时亦能有助缓解全球的气候变化问题。

本章作者介绍

梁志峰工程师毕业于香港大学机械工程系，其后获得香港理工大学环境管理学理学硕士学位。现担任商界环保协会绿色建筑及室内空气质量总监，致力推动可持续建筑的发展，曾为多项绿色建筑项目提供顾问服务，同时向业界人士提供相关的培训。梁先生为环境工程专才，拥有超过 18 年的经验，其专业范畴包括绿筑环评、环境管理、能源及碳排放审计，以及室内环境质量。梁先生的专业资格包括：注册专业工程师、注册能源效益评核人、认证的碳排核数师、特许工程师、特许环境师、绿建专才、绿色建筑专家以及中国绿色建筑与节能（香港）委员会认可的绿建经理。

第十三章　香港绿色建筑设计与实践

梁文杰

一、背景

香港是全世界高层建筑数量最多的城市。由于历史和地理方面的原因，香港的都市发展集中于高建筑密度的九龙半岛和港岛北部，典型道路宽度通常都是 8～20m。建筑物的发展潜力取决于建筑规例、规划法规及其土地租约。建筑物（规划）规例允许非住宅建筑或综合体建筑中高度不得超过 15m 的非住宅部分的上盖面积可以高于地块允许指标。建筑高度超过 60m 且所邻街道宽度大于 4.5m 的住宅建筑和非住宅建筑的允许上盖面积分别为 33.33% 和 60%。如果建筑基地位于街道转角，相邻的三条道路的宽度都大于 4.5m，则住宅建筑允许有高达 40% 的上盖面积，而非住宅建筑的上盖面积可达 65%。按建筑用途及所邻街道数量考虑，建筑地块可获得的最大地积比率可达 8～15。在规划控制下，在一些特定的密集都市地区，允许的建筑的地积比率会稍低一些，大约介于 7.5～12。综上所述，香港已经是世界上公认其中一个最密集的都市环境。

二、挑战

高密度的城市发展和高层建筑模式，对建筑环境的生态和环境设计方面带来严峻的挑战，包括但不限于：

（1）都市气候；

（2）都市生物多样性；

（3）都市开放空间和绿化；

（4）自然通风和采光的潜力。

1. 都市气候

高密度的高层建筑环境、人为热量排放、阻碍城市通风、街道狭窄缺乏开放空间、路边空气高污染，所有这些都令城市热岛效应加剧。香港的城市热岛效应可令夏季温度上升 1.5～4℃，冬季温度上升 2～6.5℃ [1, 2]。中大型规模的绿色建筑开发可以创造机会优化建筑透风性、布局、朝向、高度和形态以便获得更佳的都市气候。关键原则是要创造和 / 或优化透风的都市肌理来改善城市的风环境。

2. 都市生物多样性

预期人口和住宅需求持续增长，加上经济发展、市民生活标准的提升，造成对优质住房、宜居公共空间和社区设施方面的迫切需求。在这样一个高度密集的城市中要满足以上需求，寸金尺土，要保护甚至优化城市生物多样性，尤其有挑战性。除了在郊野区域保护现有的生物栖息地和生态系统，还可以通过在都市地区规划设计绿色建筑，在增加空间开发容量的同时增加环境容量，植入生物多样性的目标。

3. 都市开放空间和绿化

密集的城市肌理令城市，尤其是在核心地区的公共开放空间和绿化空间十分有限。香港规划标准与准则建议在都市地区配置开放空间的最低指标是每 10 万人 20hm²，即每人 2m²。每 10 万人至少有 10hm² 的地区开放空间（提供地区级的主动和被动休闲设施，尽可能达到每处最小面积 1hm²），以及每 10 万人最少 10hm² 的邻里开放空间（社区级别的被动性休闲设施和室外座椅区域，尽可能最少每处 500m²）。除了屋顶绿化以外，垂直绿化和空中花园可以在地面以上，整合起建筑或其他构筑物上的绿化，成为都市景观中的一种新的绿化概念。

4. 自然通风和采光的潜力

香港的亚热带气候的特征是有分明的四季：温暖湿润的春季，炎热多雨的夏季，晴朗怡人的秋季，清凉干燥的冬季。在一年中较凉爽的时期，气温和湿度适宜，如环境因素许可，宜多采纳自然通风。然而，在香港典型的密集开发地块中，建筑裙房往往覆盖大部分甚至全部的基地面积，空气的自然流动和自然采光就会被阻碍。周边交通和密集建筑邻里的空气污染和噪声污染，也常常令自然通风变得不可行。绿色建筑应该尽量寻找机会，在面向城市主导风（尤其是夏天）的建筑群中或上方留出通风道，并减少裙房的上盖面积以增加公共城市空间。为了促进空气流通以带走热量和污染物，增加城市地面的建筑肌理的通透性是至关重要的。

三、机遇

香港的绿色建筑面对密集城市开发的诸多挑战，迎难而上，应对可持续发展的需要。

1. 推广绿色建筑设施

香港屋宇署、地政署和规划署联合颁布了两份作业备考，设定了激励机制，以鼓励在建筑开发中纳入绿色和创新设施，并规定了必要程序，以便在符合建筑条例，与政府签订之土地契约（包括销售／赠予／交换的条件）以及城市规划条例的规定条件下申请许可。目标是鼓励建筑设计和建造能够采取一种全生命周期的策略，对建筑物进行规划、设计、建造和运营，尽量减少能源消耗，特别是不可再生能源的消耗；并减少建造和拆除建筑时产生的废物。以下的绿色建筑设施享有宽免建筑面积：

（1）住宅建筑的阳台；

（2）住宅建筑中加宽的公共走廊和电梯大堂；

（3）公共使用的空中花园；

（4）非住宅建筑中的公共平台花园；

（5）隔声屏障和降噪声板；

（6）侧翼墙，捕风器；

（7）非结构性的预制延伸墙体；

（8）住宅建筑的设备平台。

2. 倡导基于建筑绩效的设计

（1）通过建筑外围护来减少热量交换

1995 年"建筑物（能源效率）规定"和"建筑物总热传送值（OTTV）实施守则"管控所有酒店和商业建筑外围护的热传能效要求。守则要求商业或酒店建筑的外墙和屋顶的设计和建造应令整个建筑物的 OTTV 控制在合理水平以下，其目的是减少经建筑外围护传送的热量，从而节省空调系统的耗电量。塔楼的合理 OTTV 水平在 2000 年时从 35 W/m^2 降到 30W/m^2，并在 2011 年时进一步降低到 24W/m^2。裙房的合理 OTTV 水平在 2000 年从 80 W/m^2 降为 70 W/m^2，并于 2011 年进一步降低到 56W/m^2。

2010 年吕元祥建筑师事务所及其团队受屋宇署委托，进行"住宅楼宇能源效益设计和建造规定指引"之研究。屋宇署按研究建议，在 2015 年颁布了一系列有助改进住宅建筑能效的设计和建造要求。这些要求控制住宅楼宇外围护的热传送值以改进其楼宇能效。关键指标（建筑外墙和屋顶的热传送值）应该分别小于 14W/m^2 和 4W/m^2。住宅建筑以玻璃包围的部分，例如幕墙、外包玻璃、顶棚、门窗，应该达到 50% 以上的透光率，同时反射率小于 20%。此外，还制定了促进自然通风以保证热舒适度的相关指引。

有助减少外围护热传送值的遮阳板，如果突出外墙 1.5m 及以下，可以不计入总建筑面积和建筑覆盖率数值。为判断遮阳板是否确实有帮助减少外围护热传送值的作用，对突出外墙超过 750mm 的遮阳板要提供定量分析。此外，突出少于 750mm 的遮阳板会被视为不会阻挡自然采光和通风。如未能符合以上指引之规定的设计，但经分析后确定能达到与规定相当的或者更好的节能效果，也同样会被接受。这一系列规定旨在促进采用减少围护热传送的创新设计，如果确实证明有效，则能享有地积比率和上盖面积宽免。

按香港特区政府提出的节能蓝图，计划在 2025 年以前，对商业和酒店建筑的建筑物总热传送值标准进行两次检讨，以及在 2030 年之前对住宅会所的建筑物总热传送值和住宅建筑的外围护热传送值标准也进行两次检讨。

（2）促进城市生活空间的环境可持续性

2006 年吕元祥建筑师事务所及其团队受屋宇署委托，进行"对应香港可持续发展都市生活空间之建筑设计"之研究。屋宇署按研究建议，在 2011 年屋宇署颁布"可持续性建筑设计（SBD）指引"，为促进我们城市生活空间的环境可持续性，树立了建筑设计的三个关键要素。这三个要素为建筑间距、建筑后退和绿化覆盖率。其目标是为了获得更佳的空气流通环境；改善居住空间的环境质量；提供更多，尤其是在行人区域的绿化；以减弱热岛效应。建筑间距的要求适用于总面积达 20hm² 以上的基地，或者是连续的立面投影长度达 60m 及以上的建筑。根据建筑间距的要求，建筑物连续立面的投影长度不得超过街道峡谷平均宽度的 5 倍。视基地面积大小及建筑高度，应至少保证 20% ～ 33.3% 的透风率。建筑后退的要求适用于所临街道宽度小于 15m 的建筑基地。地面以上高度超过 15m 的建筑部分不得进入距离道路中心线两边各 7.5m 之内的区域。或者，在具有对流通风，其通风廊高度大于 4.5m 的公共花园平台的情况下，地面以上高度大于 15m 的建筑部分不得突出于以街对面基地边界为底边的 45° 斜面之上。绿化覆盖率要求适用于面积为 1000m² 及以上的基地。视基地面积大小，须保证最低绿化覆盖率达到 20% ～ 30%，且其中一半应位于行人区域（基地沿街部分的地面以上 15m 垂直区域）。

如能遵守 SBD 指引、住宅楼宇能源效益设计和建造规定指引、进行 BEAM Plus 绿色建筑认证登记，满足相关环保及创新设施的准则和条件，并承诺提交绿色建筑认证和建筑能效有关文件，建筑地块可获得不超过总建筑面积 10% 的建筑面积奖励，用做环保 / 适意设施及非强制性 / 非必要机房及设备的总楼面面积宽免。

四、针对香港生态与环境规划及相关实践案例介绍

以下讨论几个吕元祥建筑师事务近年荣获著名的香港环保建筑大奖奖项的项目，探索如何平衡高密度城市发展与亚热带气候、生态环境保护及其他可持续性建筑设计和建造方面的考虑，并致力取得卓越的建筑水平。环保建筑大奖（Green Building Award）评选是香港的一个重要活动，由香港绿色建筑议会和环保建筑专业议会主办。这个奖项的评选委员会由国际及本地知名的学术和行业专家组成，旨在认可那些对可持续性发展和建成环境有杰出贡献的建筑项目。

案例研究分四个方面——场所营造、开发过程、以人为本、绩效表现，来分析这些项目如何应对挑战并把握机遇，在创造更高品质、更多价值的同时最优化资源利用并减少环境影响。

1. 建造业议会零碳天地

建造业议会零碳天地获得了 2012 年度环保建筑大奖。这是香港首座零碳建筑，也是世界上热带 / 亚热带高密度城市环境中少数几座零碳建筑之一。它还是向本地和国际建造业展示先进的生态建筑设计与技术的标志性项目，并提升香港社会对于可持续发展的生活方式的关注。

（1）场所营造

零碳天地的基地曾用做建筑工人的培训场地，全地垫高并由十多厘米的水泥板覆盖。周围环绕着高层商业建筑，基地许多部分长年处于大楼的阴影之中。城市风环境也因为周边建筑而受到显著影响。基地全年主导风向为东南风，在夏季，也有部分西南风向。基地周边街道常常因为交通繁忙而堵塞，产生不少环境滋扰、噪声和污染。

零碳天地的基地周围环绕着高层建筑，因此产生过分遮蔽的问题，尤其是基地南部完全处于 Megabox 的阴影中。全年辐照图显示，为了能够产生可再生能源，建筑物的最佳位置应位于基地西北部。屋顶上的光伏板与建筑一体化，通过倾斜度为 17° ～ 20° 的屋面上设置的光伏板尽可能多地捕获太阳能，加上屋顶绿化和良好的通风来冷却板面，令这些光伏板能高效地转化阳光为电能，并为建筑提供遮阳（图 13-1）。尽管如此，这个建筑地点位置仍然是一个明显被过分遮蔽的都市位置，所能接受的太阳能大约是无遮蔽地点的 15% ～ 30%。

图 13-1　零碳天地屋顶上的光伏板与建筑一体化

此外，零碳天地的设计团队从设计之初就对基地的热岛效应进行了评估。现场的环境数据测量始于建造工程开始之前，明确显示基地由于原先暴露在外的水泥地面且缺乏绿化，地表温度在夏季白天的 15：00 时可达 40 ～ 48℃。

为了缓减热岛效应，项目达到了 40% 以上的绿化覆盖率，由 400 多株树木（每 hm^2 超过 270 株）以及灌木、草皮和垂直绿化组成。对植物进行形态学的分析，以了解植物的形态、生长速度、成株的尺寸等要素来评估其对步行道和公共活动场地的遮阴效果。树冠大的树种相比其他植被有更大的蒸发量提供更佳的冷却效果，被选定种植于硬地区域，提供遮阴。大部分的绿化位于基地东南部，冷却基地主导风。此外，树木还成为"集碳器"（每一棵成熟的树木每年可以吸收大约 23kg 的二氧化碳）。

设计团队还进一步调查了基地所在城市地区的微气候，来决定建筑物的位置、形态和朝向等因素，以捕捉潜在的太阳能和风资源。建筑位于基地的西北部，除了尽可能避开临近建筑造成的阴影区域，以便通过光伏板获取可再生能源，还有利于建筑和开放空间能整年受到香港这一区域东南主导风的吹拂。长条形和斜坡的建筑形式，可以将东西立面缩减到最小（图 13-2）。

图 13-2　零碳天地的长条形和斜坡的建筑形式

在场地中央的"生活·一个地球"环中，规划了一个铺有可再生木材的开放广场和相邻的一个绿化平台，靠近休闲设施（咖啡馆、商店、公共洗手间、有盖户外座位等），采用了无障碍设计原则，充分考虑不同人士，不同年纪的使用需求，营造一个充满爱与关怀，切实保障人们安全、方便、舒适的现代生活环境。

为了改善公共空间的环境品质，屏蔽周边繁忙的机动车交通对基地产生的环境滋扰，并减少建造过程中的碳足迹，采用了基地内自我平衡挖填土设计，创造了环绕地块周边的高起的种植区域和基地中央较低的多功能开放空间。从拆迁工程中废物利用，把曾覆盖基地的水泥板打碎成块，用于建造景观区域的石笼墙。

本地植物品种，尤其是那些在各种生态社区里为当地动物群提供合适的食物和栖息地的植物品种，一般来说具有较高的生态价值。因此景观引入了城市本地树种林地为一个关键的生态环境设计要素。这是在香港第一个做此类设计的项目。林地区域占据了 20% 的基地面积，有助于复兴当地都市区域的生物多样性。树种选自本地的动植物栖息地，并按照三个基本标准——树木最终尺寸和形态的多样性；是否有观赏花；以及是否可以为吸引本地野生动物进入城市而提供食物和住所进行选择。

（2）开发过程

综合性的设计团队包括了来自不同领域的专家，在规范和透明的数据结构基础上的开放和互动的数据分享过程中，能够通过快速的设计过程来根据设定的绩效目标评估各项解决方案。设计团队在项目设计开始就对零碳天地的愿景和目标，依据国际案例和做法，进行了充分的界定和研究，以确定其可行性。设计过程是以实证和结果为导向，决策不是单纯以成本优先或仅考虑美观，而是根据绩效来作出决定。

该项目参照了目前最广为使用，2008 年由英国绿色建筑议会（UKGBC）提出的零碳建筑定义。零碳天地与本地电网连接，可以输出能量，用每年自身生产的可再生能源输出来抵制从城市电网使用的电能。这属于 UKGBC 定义的零碳类型 2，并且符合美国采暖、制冷与空调工程师学会 [3] 的零碳建筑定义和奥雅纳公司 [4] 的碳中性建筑定义，以及符合英国可持续住房规范 [5] 的 5 级和 6 级标准。

零碳天地更进一步地超越了 UKGBC 的零碳定义，挖掘自身可再生能源生产的潜力，用来抵消其建造过程和所用主要建筑材料的能耗，甚至运营过程中的能耗，以达到"正能"的状态。各种零碳设计方法排序中最优先的是通过使用各种先进的被动设计策略来降低能源消耗。透过采用材料精简的设计和使用再循环/本地生产材料，使用现场回收的建材资源，并使用低能耗的材料或方式建造，大大降低了材料所包含的碳足迹。

让零碳天地的太阳能和风资源的利用技术适应香港的环境条件，对项目而言是最紧要的 BIM 技术的使用促进了旨在取得零碳的协同设计过程。最终形成的曲线形的屋面形式可增加对太阳能的接受以供发电，产生驱动自然通风的压力差，并降低太阳辐射热量的吸收和最大化自然光的渗透。先进的绿色建筑设施如捕风器、生物燃料烟囱、活动天窗和小气候监测站等的建筑信息都被整合在建筑信息模型中，可以帮助设计团队确定这些设施的策略性位置、安装细节和进行十分前沿的绿色技术机电协调。建筑信息模型亦准确计算了基地挖方和填方的平衡，验证了建筑基础和地库机房及设备室的最佳挖掘方案，以及为了有利于微气候条件而塑造起伏的景观地形的设计。仰仗建筑信息模型和设计团队内的参数设计专家的工作，充分利用先进技术和承包商及早提供的有关知识，解决了曲线形屋面的复杂结构问题。为浇筑曲线形的建筑结构和准确装配曲面上起伏的光伏板，而事先确定了屋面的三维坐标，并在实际施工之前，在建筑信息模型中同步信息并协调复杂的施工界面。

（3）以人为本

该项目由建造业议会组建的特别工作组指导，由低碳／零碳开发方面的相关专家、学者和实践者组成，与项目设计团队在整个设计过程中保持了深入的联系，就愿景、目标、战略和项目设计达成共识。这些对项目的成功来说至关重要，因为这种持续的思想交流和分享，能够在建立信任、相互尊重和协作的基础上来定义目标和评估结果。

项目在设计开始后一个月内进行了地区和邻里咨询，以衡量周边邻里对项目的期望并建立对话。这样做有助于促进邻里社区对项目的支持。在可行性研究阶段亦邀请了建造业的持份者参与研讨会，以获得他们的意见和建议。这些意见和建议经设计团队详细的技术审查之后作出回应，并被记录和提交给建造业议会工作组进行进一步审议，以决定项目推进的方向。

设计团队在项目起初还进一步提出采用管理合同采购，以便承包商和供应商尽早参与设计过程中。这样就可以在施工之前，在有关技术研讨和决策中，充分考虑承包商的意见，使整个设计过程可以增加可建性。而事实证明，这一点对于在如此短的时间内完成项目来说是至关重要的。

而项目高质量的室内环境设计强调健康与舒适，采用了对流通风和自然采光设计，有效控制强光和噪声污染。建筑内部与外部，景观与社区之间，通过有外部遮阳板保护的玻璃墙面而实现了视线的联系和互动。

为尽最大可能让建成后的零碳天地成为一个核心场所，驱动行业转向更可持续发展的设计与建造，让公众转向更可持续发展的生活方式，这座建筑要能容纳预期每年4万名访客参观。这些访客会给建筑带来显著的内部热负荷，其数值高于任何现有的其他海外零碳建筑。因此，零碳天地环境控制方面的被动设计和主动系统，必须能获得较高的绩效水平，来应对这种负荷要求。

为了有效地服务于可持续生活方式的教育目的，在基地的生态化景观设计中融入了有关"一个地球"原则的信息图示。在室外场地中心，有遮盖的活动空间内可以举行各种生态主题活动沿着"一个地球"环形步道，访问者可以通过零碳天地的生动展示内容，学到许多环保原则：零碳、零废物、可持续性交通、可持续性材料、可持续性水环境、本地和有机食物、城市林地、绿色文化、本地经济和公平、健康和福利等（图13-3）。

为了强调使用者的行为对达致零碳是至关重要的，零碳天地是香港第一座要求访问者遵守"清凉商务着装守则"的建筑，以促进社会文化转向可持续的生活方式。

（4）绩效表现

零碳天地采用了被动设计策略后，估计可比目前的建筑行业能耗标准降低20%的能源消耗。这些被动设计策略包括以下内容（图13-4）。

1）建筑朝向和体型的优化

建筑的朝向和形状根据微气候进行优化。主要立面朝向东南，可以有充分机会获得自然通风所需的气流。在这个朝向的太阳角度较高，容易被挑出的屋面所遮挡0.17°～22°倾斜的屋面配合香港纬度和天空情况，增加光伏板的输出效能。

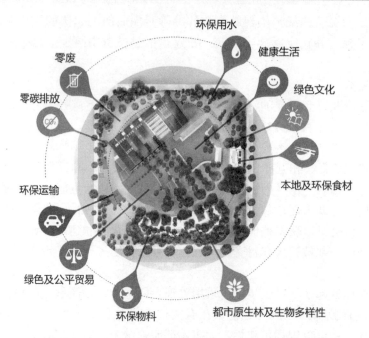

图 13-3 "一个地球"环形步道的生态化景观设计

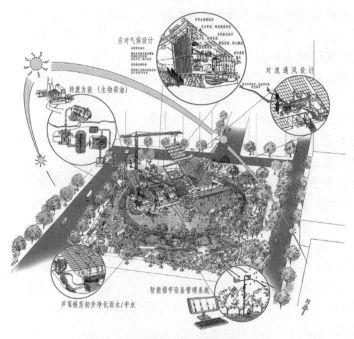

图 13-4 零碳天地的设计策略总览

建筑物倾斜的剖面形状减少了南面立面而增加了北立面，这样就可以减少南立面受阳光照射而产生的热量，同时增加透过北立面采纳的自然光。

在入口走廊和临时展示区域的大型通风平台空间，两侧全部开放，就是在盛夏也无需空调。建筑的锥形截面形状，从景观区域和周边建筑看到的建筑体量较小，但配合了基地盛行风向，在下风立面上产生较大的负压，在有风时帮助在建筑物内自然拔风。由于逐渐增高的建筑体量，在风量较小的情况下，烟囱效应亦会产生空气流动。

双层高的北窗可以收集大量自然光，以尽量减少人工照明的使用。倾斜的天花板通过反射作用，经一步放大内部亮度（图13-5）。同时，自然光与人工照明的调光系统相配合，自动调节人工照明的水平以尽量减少能耗。东南正面建筑体量设计了若干凹入部分，进一步增强空气和光线的渗透。

图13-5　双层高的北窗获取自然光照

2）混合通风设计

设计可以灵活地从密封式的空调环境转换到高透风度低热量存储的空间。目标是在整个建筑物内营造温和而均匀的空气流动，以应对香港经常高湿的环境。

在炎热的月份，由于高湿度渗透所需进行的室内除湿工作，会对机械设备和其能源使用有很高的负荷，因此，建筑外围护防止空气泄漏的气密性性能在香港的气候条件下，尤显重要。在凉爽的月份，建筑要转换成有良好的自然通风条件。零碳天地采用了一个开放式的对流通风的平面布局，配合使用高风量低速风扇，促进在整个建筑内部产生温和而均匀的空气流速。这样可以减少非夏季期间机械制冷的时间，并更有效地应对每年约占30%～40%的时间的潮湿天气。

3）高绩效的建筑围护

立面的热性能对建筑物的制冷负荷和节能性能都有显著的影响。设计对每个朝向的建筑立面，在光照策略和建筑窗墙比两方面都进行了优化，保证在获取自然光照和景观视野的同时，不会有过量的热吸收。面向常悦道的沿街立面采用了对景观和自然光相对较高的透射率（大约40%）的设计。夏季下午角度较低的阳光会被周围的建筑所阻挡，并不会对建筑造成强光影响。朝向东南的立面有较深的飘檐（大约45°角）来遮挡夏季阳光，同时又允许有对景观区域的良好视线。高性能的玻璃和其上的烧结图案，避免过多的热量进入建筑。建筑外部的遮阳条和垂直种植是一体化的。立面外墙涂更有可反射太阳热量的"清凉涂料"。屋顶有光伏板和屋顶绿化的遮盖。因此，该建筑的OTTV达到了11W/m²，比目前的法规合理OTTV水平少了约80%，降低了夏季高峰期的制冷负荷。

建筑管理系统能自动控制建筑的高窗开关并与空调设备协调运作。位于低处的窗户则由用户手动控制，以获得在使用空间内适当的通风量和风速。

展示空间和多用途空间的使用意味着建筑会经历室内热负荷的波动。裸露的混凝土板充当蓄热体，调节这些空间的温度，并通过自然通风来带走访问团人群的热负荷。

4）水循环

其他可持续设计策略，如雨水回收、灰水和污水再循环，也在项目中加以运用来尽量减少水资源的消耗和污水排放。

5）实时监控

零碳天地的绿色建筑系统受到全面监控，以优化其性能。节能减排措施的绩效以实时交互方式显示在建筑物的三维模型上。建筑物内建有 2800 多个感应点，用于报告建筑性能的各个方面。二氧化碳传感器监测使用空间内的空气质量，并根据需要调整提供给每个空间的新鲜空气量。四个微气候监测站被设置在建筑物周围，让我们更多地理解建筑物如何与周围环境相互作用，从而优化对窗户的开关及其与空调系统的连接。

2. 小西湾综合大楼

小西湾综合大楼以标志性的绿色建筑为港岛东居民提供休闲及康乐体育设施，获得了 2012 年的环保建筑大奖。乒乓球室、儿童游戏室、两个可相通的活动室及一个可容纳 450 人的社区会堂。这个项目旨在以尽量减少对地区的环境影响，同时力求在建筑品质与空间质量、成本与效益、隐私与公共领域、便利性与连接性、整合绿色设计策略与满足功能要求之间达到良好平衡。设计对传统内向的市政公共建筑类型进行重新诠释，形成更开放和更有可达性的建筑，成为一种新的建筑类型，通过创建一个"垂直街道"来与周边邻里相连接，其中整合了社区大厅、图书馆、室内游泳池和多用途场地，将其包含在一个"绿色的建筑围护"之中。

（1）场所营造

基地位于社区核心地带，周围有学校、住宅区、商业中心，并与一个巴士总站隔路相望。要营造一个社区场所，建立与社区的紧密联系，包括视觉上、实质上，生态的和环境的联系尤其重要。项目直接与现有的行人天桥系统连接，加强与现有商业中心的行人联系。布局上将大楼中庭与后方校区之间的风廊对齐，保持区域内的空气流通格局（图 13-6）。强调尊重城市建筑轮廓，保持与街道对面相邻的学校和购物中心相协调的建筑高度。

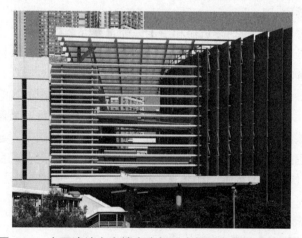

图 13-6　小西湾综合大楼中庭与后方校区之间的风廊对齐

开放和多元的建筑形态鼓励公众交流并减少能源消耗。设计旨在将人们在街道上的互动引入建筑内，通过状似木条的构件组成的遮阳幕将街道氛围由建筑外部逐渐延伸到内部（图 13-7）。可以从沿街的主入口上台阶，或通过位于上层连接了公路对面的商场和巴士总站的现有行人天桥系统进入综合大楼（图 13-8）。

图 13-7　小西湾综合大楼的外观　　　　　　　图 13-8　沿街的主入口台阶

中庭设计为"垂直街道"，为建筑创造了一个核心空间，精心布局的阳台、平台、天桥、楼梯和自动扶梯盘旋而上，为两边位于不同楼层的各功能空间建立联系。"垂直街道"使人们悠走于中庭可以观赏建筑全貌，各具形态的人性和互动空间灵活地容纳了不同的活动，令这个建筑内部的氛围十分丰富和活跃（图 13-9）。

（2）开发过程

为制定和实施可持续建筑绩效策略，在设计和建造阶段，定期举行使用者反馈的协调会。在建造的不同阶段，为各持份者举办定期的基地探访活动，以分享各自的想法。又组织了基地周边围街广告板图形设计竞赛，更与邻近学校共同进行种植活动。与用户分阶段交接检查，以确保顺利交接。项目营运后，为用户提供中央监控系统，来监测每个机电系统的能源绩效。定期与用户一起进行使用后评估检查，以更新公众意见，使用后评估。

（3）以人为本

设计巧妙的不同的设施有机地组织在两个建筑体块中——体育中心和游泳馆为一体，而社区大会堂和其他较小的活动室则容纳在另一

图 13-9　小西湾综合大楼的中庭的
"垂直街道"空间

个体块，两个建筑体块通过跨越中庭的天桥和自动扶梯相连接，通过这个中庭空间与其他公共区域十分方便地联系起来。中庭挑高的空间由天窗采光，自然光满溢，写意通风，环抱着穿梭于各个楼层的公共步行空间。这个中庭作为一个城市连接器，吸引人们来这里，在"垂直街道"上交流分享和联谊（图 13-10）。"街景"和邻里之间的视线无阻隔，实现了景观、光照和空气渗透性的建筑，其宜居性获得了增益，同时也保持了现有的城市风廊。

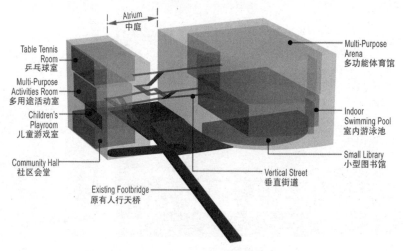

图 13-10　小西湾综合大楼的设计

（4）绩效表现

中庭由于采用自然通风，没有安装机械通风设备，且白天时有自然光照明，因此整个中庭的能源消耗极低。通过可开启窗、高效的低辐射玻璃和遮阳装置，进一步减少了建筑物的能源消耗。覆盖了 70% 的基地面积的绿色屋顶更为建筑提供隔热和保护，以阻隔灼热的夏季阳光。

自然采光被引入多用途室内体育馆和功能室，以创造在视觉上和心理上都感觉舒适的室内生活环境。自然光及人工照明的分配以及空调制冷的提供，都经过优化以配合大多数功能房间的多元化用途和灵活性需求（图 13-11）。

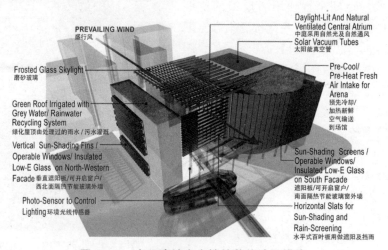

图 13-11　小西湾综合大楼的节能遮阳措施

在建筑中尽可能使用模块化设计和预制构件，比如绝缘管道和其他机电管道系统。用于安装空调系统通风管和排水管的金属构件及固定支架均在现场外预制。

所有的主要设备集中分布在两个区域以方便中央控制和维护工作。电气系统的主控制板、泳池过滤装置、消防水泵、水暖泵等都位于底层和夹层空间，而冷水机组、冷却塔和发电机组则被分别安装在 3 楼和 5 楼。

主要设备等运输和进出路线的规划不影响建筑的正常运营。同时，还配置了足够的起重能力，专门用于满足运输重型或大型设备的需要。

为了提供充足和适当的维修通道，冷却塔、空气源热泵和其他大型机电设备都会适当地设有维修平台。此外，室内游泳馆顶棚空间内设有猫道系统，便于系统维修。

3. 香港高等科技教育学院新校园

香港高等科技教育学院新校园获得 2014 年环保建筑大奖。这个新校园旨在成为一所以社区为中心的垂直绿色校园，在自然和社区融合的环境中创造和交流思想。

（1）场所营造

香港高等科技教育学院新校园位于港岛的都市地区。基地靠近维多利亚湾滨水地区，同时临近一些公共住宅物业、公园和巴士站。高架轨道交通和周边的机动车交通给基地带来噪声影响。

设计关注于如何令学校社区融入周边邻里。校园采用双塔楼的设计（图 13-12），开口向临近的公园，并引入夏季主导风。两座塔楼南北朝向，塔楼西端成为阻挡太阳光和噪声的屏障面向东面（图 13-13）。呈开放高渗透性的建筑布局，环抱景观、光照和空气，增进校园的宜居性和邻里环境素质，更令社区邻里和海湾及背景山脉的视线联系得到保护。由于塔楼面向海湾和临近的公共开放空间，令校园使用者获得优越的自然采光和景观视线，同时仔细保护附近受影响的住户的日照水平。公共绿化与校园的中庭通天绿化在多个层面上相连接。这个中庭通天绿化为整个校园取得累计 30% 以上的绿化覆盖率，为两个建筑体块之间的空间增添了人性化和柔和的景观（图 13-14）。设计引入 120 多棵树木，其中大部分是本地树种以增加生态多样性，使基地的生态价值也获得了极大的提升。

图 13-12　香港高等科技教育学院新校园的双塔楼设计

图 13-13　香港高等科技教育学院新校园西北面的外观

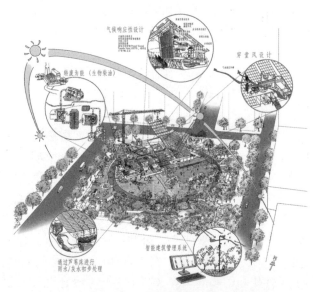

图 13-14　香港高等科技教育学院新校园的建筑布局

　　垂直校园混合了各种室内/室外的"社交共享核心"空间而向上延伸，邻里与校园的关键交通节点位于精心设置的楼层，有三个穿梭自动扶梯到达此处。自动扶梯到达点之间的楼层由可见易达的楼梯方便地连接起来，这些楼梯还连接了配备景观要素的社交空间和开放的露天平台（图 13-15）。在室外沿着常规动线的玻璃墙保持了通透的视线，访客可以通过玻璃墙看到生气勃勃的学习和教学活动场景。

　　（2）开发过程

　　建筑的环境设计已经仔细地进行了模拟，以优化各项效能。考虑到日照以及对邻里地区的视线，对邻近所有日照可能受影响住户的垂直采光系数都进行优化并取得超过 12% 的水平。光污染问题经过仔细地研究，在为保证安全而提供充足照明的同时，避免对天空和周边区域产生不必要及滋扰的光照。设计过程中，还使用了计算流体动力学分析对微气候进行评估，研究周边人行道层面上的风环境。经过测试，60 个测试点的每小时平均风速在 1.58 ～ 3.36m/s，确保周边人行区域未有因为该项目开发而过度减弱或增强风环境。为保障健康和舒适，日照分析亦显示，83% 以上的日常生活空间都能获得充足的日照，平均采光系数为1%。景观区划根据关于日晒暴露的研究，以决定植栽的类型和景观设计。

图 13-15　香港高等科技教育学院的自动扶梯和露天平台

（3）以人为本

校园旨在促进思想交流，这并不仅仅局限于学校社区，还包括与周边邻里的互动。校园的公共领域是开放无碍的。在街道层面，基地边界区域也没有围墙，并规划了绿化区域，保存现有的树木，配置新的街道家具。抬高的校园首层有遮盖的绿化广场也与周边邻里地区通过楼梯和天桥很好地连接起来。

高效和健康的学习环境是最重要的。高质量的室内环境，具有良好的日照和景观，良好的通风和较少的污染物，是有助于形成健康而有效率的学习环境的。室内空气品质通过使用低排放的装修和涂层而得到改善。热环境的舒适度通过设计高性能的建筑外围护而获得保证（总体热传导值低于19W/m² 时，比规范要求更少20%）。整个房宽的带形窗设计令建筑内部的采光和景观最大化。遮阳层板阻挡了强光和日照辐射热量，而将光线反射入室内。高性能的隔声墙板和音障板提供噪声控制措施，无须隐藏建筑结构而失去其蓄热体降温的优点。交通噪声被通透立面上的隔声条所屏蔽，同时也满足了地块周边区域的自然通风需要（图 13-16）。

建筑设计和未来绿色运营之间的协同可有效促进积极的绿色生活行为。建议用环境绩效数据显示器监测和显示由建筑管理系统收集的实时能源使用数据，并使用人性化图形化的用户界面，用做建筑系统的优化程序和反馈机制，用来减少资源消耗，传播节能信息和搜集用户反馈。数据显示器的信息通过学校的内联网公开发布，并在社区广场上设置了一个展示台。

（4）绩效表现

通过先进的建筑被动式低能耗设计和高能效的主动系统，整个项目的能源使用估计可以减少30%。校园精简的设计和建造策略避免使用假顶棚，暴露结构顶棚的蓄热体并暴露建筑管线系统以方便维护。建筑使用含有高循环回收率成分的材料（地毯、乙烯片、石膏块）和可持续木材。模块化设计和工厂拼装构件也被采用，以减少基地垃圾的产生。更通过使用蓄水池，节水浇灌系统和植栽，以及雨水回收设施来节约用水。

从生命全周期角度看，建筑空间、结构和建筑配套系统的可适应性可更有效满足功能要求的变化。项目采用的一些主要设计元素包括大柱网、有弹性的设计、细分空间和可操控的隔墙、简单的柱梁结构、抬高地板等。

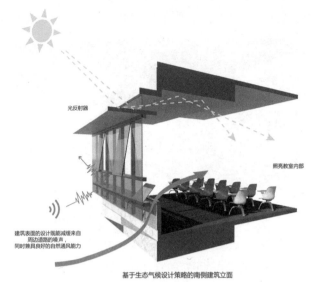

光反射器

照亮教室内部

建筑表面的设计既能减缓来自
周边道路的噪声，
同时兼具良好的自然通风能力

基于生态气候设计策略的南侧建筑立面

图 13-16　面向南面的生态设计

这个项目设计创新在于其整合社区与校园为一体，可持续和有互动性的学习环境。利用效能的设计过程，优化创意设计，可以达到学习环境自然通风、自然采光及控制噪声的目的，提升使用者的满意度。亦优化城市空气流通／减少热岛效应。

4. 启德"楼换楼"发展——"焕然壹居"

启德"楼换楼"发展——"焕然壹居"获得了 2016 年度的环保建筑大奖，这个住宅项目是市区重建局"楼换楼"方案的首个发展计划，位于启德再开发地区的门户位置，和未来的轨道交通启德站仅一箭之遥，且步行可达诸多社区休闲设施。这个项目创新之处在于融合和平衡了社会、环境及经济可持续性的诸多考量，设计着重于社区，"以人为本"和居民福利方面，以支持可持续发展的生活方式。这一发展包括三栋 22 层的塔楼，一座专门提供于长者居住的 5 层建筑，以及一个邻里商业建筑（图 13-17、图 13-18）。

图 13-17　焕然壹居　　　　　　　　　　图 13-18　焕然壹居的鸟瞰图

（1）场所营造

在启德发展区总体规划之初，已经对地块发展制定了多方面的要求并设置了较高的环境标准。这些都在"楼换楼"项目的概念设计和详细设计过程中得到贯彻，保证发展给社区和周边环境都能带来积极的影响。

从城市设计角度看，发展与周边脉络相融合，同时在步行层面引入适当的人性尺度，创造出自身特点和独特性。

从城市气候角度看，发展具有30%多的绿化覆盖率，包括了屋顶绿化（图13-19）和在不同层面上结合社区设施设置的绿墙，展示了为获得绿色生活方式而创新的高层空间绿化模式。通过设计无裙房塔楼形成垂直风槽，促进了地面步行空间的空气流通（图13-20）。

图 13-19　屋顶绿化

图 13-20　无裙房的设计促进地面步行空间的空气流通

（2）开发过程

可持续的基地规划过程包括向相邻地块通报当前的总体规划。通过关于"楼换楼"的设计论坛开展公众参与，与受市区重建影响的居民交换看法，听取他们的意见，这也在设计过程中发挥了重要作用。

（3）以人为本

混合不同尺度的住户单位可以鼓励不同年龄段的家庭生活在同一个住宅发展内，建立社区精神和"在家养老"的模式。从社会经济可持续发展角度看，这是香港都市重建的一个先进创新项目，为受到城市再开发影响的住房业主提供除现金补偿之外的另一种选择。

发展期望通过重新思考建筑模式，来展示社区精神和可持续性方法。在香港的许多住宅建筑中屋顶有着最佳的景观、采光和空气，多被用做私家单位只能被少数人享受。"楼换楼"项目采用了一种不同的方法，将居民会所设施和公共花园置于屋顶，可以为所有住户所共享。其他创新实践包括会所覆盖室外区域，布局采用凉亭式的功能房间以促进户外活动和减少能源消耗；建造一个低层建筑，以无障碍设计适合长者生活（例如轮椅传送装置和停放位、动线无障碍设计、无阻碍的卫生间设计等）来鼓励不同代际家庭在同一个住区中的和谐生活，建立社区精神和"在家养老"模式设计促进了一种完全包容的社区理念，并为长者创造了一个安全、安居和高效的家庭空间，以及透过社区农庄来促进健康的生活方式和社区精神（图13-21、图13-22）。

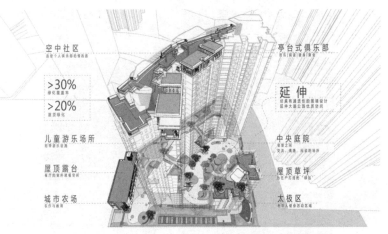

图13-21　将居民会所设施和公共花园置于屋顶，延伸生活空间

（4）绩效表现

为有效使用材料，尽量减少使用稀缺材料并尽可能使用循环利用/回收使用的材料而采取的措施包括50%以上的木材有森林管理委员会认证标签（FSC）；循环使用的木材大量用于屋顶平台和围墙达80%以上、20%以上的建筑材料是当区制造的；及简单素净的建筑设计。

从生命周期角度出发，为减少不当的材料使用而采取的措施包括结构设计尽量减少住宅单位内的隔墙，为将来室内格局调整提供更有灵活性的布局；100%的空调平台可以通过住宅单位的窗户到达，以方便维护；塔楼雨水管以外有可开启盖板方便检修和维护。

每年运营能源消耗估算是178.6kWh/m²。节约能源消耗的措施包括建筑朝向经过优化来减少对太阳热量的吸收，最大化自然采光和自然通风（93%的公寓单位为南北朝向并面向夏季主导风向）；由塔楼之间的都市通风廊提升建筑渗透性促进来自然通风；底层无裙房，促进近地面空间的空气流通，并可以向花园开放以获得自然通风；使用低排放的双层绝缘玻璃，阳台和外遮阳以减少摄取太阳热量；100%的公寓单位的起居室/饭厅设计为对流通风，其他房间则设置足够多的窗户作单边通风（图13-22）；提供1/10～1/6房间面积的可开启窗（高于规范要求的1/16房间面积）；所有的公共区域，如电梯厅、入口门厅和会所都采用自然通风和采光；所有的主要屋顶区域都有景观绿化或提供高太阳反射率的遮盖，以及使用外部遮阳以减少下面的公寓单位吸收的太阳热量；多层次的垂直绿化减少热岛效应。

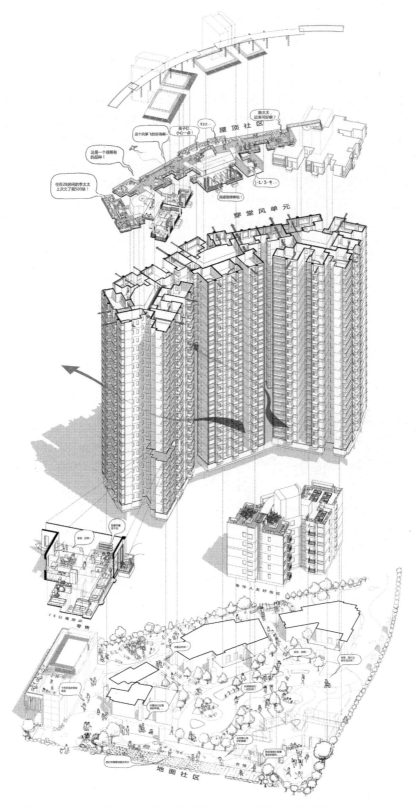

图 13-22　适合长者生活的低层建筑和"在家养老"模式设计的社区理念

为最优化室内环境品质而采取的措施包括在居住空间使用大面积的低排放双重绝缘玻璃单元来最大化自然光线／外部景观，同时减少太阳热量的吸收；用阳台延伸户内生活空间到半户外活动空间；低于 7% 的公寓单位朝向西面，这样尽可能减少住户视觉眩光的风险；使用低挥发性有机化合物及低甲醛含量的材料；在屋顶会所使用隔声双层楼板以减少传输到楼下住户单位的噪声；为残疾人士提升可达性设施和无障碍设计（例如抬高社区内都市农场的种植槽，便于轮椅使用者进行种植活动）；地块西北角的商业设施临近新的车站广场，鼓励借助步行的地面活动；在不同楼层提供多样化的娱乐设施，以改善建筑品质并让使用者受惠；为社区公共农场提供配套设施来促进充满活力的绿色生活方式。

从住户福利角度看，自然通风和自然采光通过对住宅单位、门厅和社区空间的建筑设计而得到最大化。并列的各种活动促进了社区健康的生活方式。通过户内户外空间的互动，建筑建立起使用者和他们的新环境之间的联系。

5. 高山剧场新翼

高山剧场新翼赢得了 2016 年的环保建筑大奖。这个项目加上原有的剧场将使高山剧场成为粤剧的专属演出场地，以支持中国传统表演艺术和其他表演艺术的发展。基地所在的公园绿色环境，在密集都市地区中实在十分珍贵，设计因而提出"园中有院"为主要的设计理念。竖线条的通透的门厅设计建立起建筑与周围自然环境之间的对话，并且仔细规划建筑布局以保存主要现状树木（图 13-23）。"院中有园"是设计的另一理念，建造一个公众可达的景观绿色屋顶，通过绿色小径和景观台地与公园联系，成为公园的垂直延伸。

图 13-23　竖线条的通透的门厅设计

（1）场所营造

高山剧场新翼坐落于高山道公园内，依据现有地形而建。这个项目设计的目标是创造一个建筑，令其融入公园，供人们享受文化和休闲娱乐。我们提取了粤剧的精华融入设计，将"亲近自然"的主题转化为竖向线条装饰的通透大堂，让人们在此交流互动，并从视觉上紧密接触自然光线和周边植栽。植被覆盖的室外区域分处建筑的不同楼层，形成绿色台地、屋顶花园和绿化屋面，给公众享受绿化景观，同时也让建筑融入周围的公园环境中。

此外，精心设计的立面由灰色面砖映衬着仿木外遮阳板，并与白色墙面结合在一起，成为一种对中国传统地方建筑元素的现代化表达（图 13-24）。

图 13-24　仿木外遮阳板与白色墙面结合

　　建筑的位置尽量减少对现有树木的影响，而且剧场大堂的建筑外围形状设计为沿着临近种植区域而成曲线状。绿色小径和公共绿化屋顶成为公共活动空间的延伸，而成为公园不可或缺的一部分（图 13-25）。有采光顶棚的入口广场有利于社会交往，而成为一个重要核心将原有剧场和新翼剧场连接起来（图 13-26）。

图 13-25　公共绿化屋顶成为公共活动空间的延伸

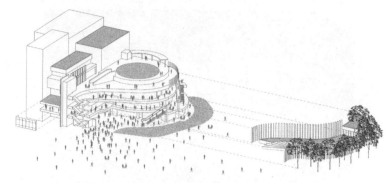

图 13-26　入口广场连接原有剧场和新翼剧场

（2）绩效表现

建筑朝向依据面向东面和南面的门厅空间，以获得自然光照。建筑物最高的部分被设计为靠着西侧边界的实体。利用西侧山坡的隔热作用，控制热量的吸收，令能源消耗最小化。

带遮阳条的幕墙优化了阳光的摄入，并通过自然采光促进建筑节能（图 13-27）。建筑的外墙热传导值（OTTV）是 $17.17W/m^2$。幕墙上设可操控窗户，以获得自然通风。

图 13-27　带遮阳条的幕墙

马蹄形的演艺厅空间令观众和舞台演出十分接近（图 13-28）。设计了具有反射和吸声作用的顶棚和墙面，并经过室内声场模拟的评估。可调光的装饰壁灯和大厅照明允许在开场入座，中场休息时灵活提供不同的模式，甚至将这种灯光的变化成为表演的一部分。

为有效使用材料而采取的措施包括，使用砌块作为内部隔断，建造过程中使用金属脚手架。该建筑被设计用做不同的功能，不但适合粤剧表演，这个剧场还可为社区组织所使用。

基地开挖产生的多余填方材料，在开挖岩石进行基础施工时，被运送到指定的开挖材料回收点。

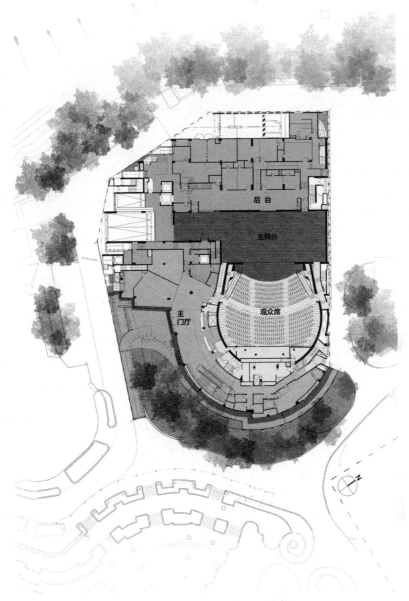

图 13-28　马蹄形的演艺厅空间

建筑体块依据基地的地形而设计。建筑物最高的部分被设计为实体，紧靠西侧边界的现状山坡。对地区通风的影响被降低到最低程度，因为最高的部分被处理成与现有山坡合为一体。台阶状的建筑形式以及马蹄形的门厅促进了建筑周围的空气流动并使建筑对地区通风走廊的影响最小。

使用低导热性的材料也使地区的热岛效应得到一定程度削减。绿色小径、台地和绿化屋顶分布在建筑的不同层面，有利于隔绝热量向室内空间渗透，并且提升空调制冷效果，减少室内能源消耗。

地面和上层地面的边缘植栽也允许有爬藤植物和悬挂植物，以获得建筑立面的垂直绿化效果。基地绿化覆盖率经优化后，达到33%。

五、结语

香港绿色建筑设计与实践，有其独特的挑战和机遇。本文透过五个香港具有指标性的绿色建筑，从场所营造、开发过程、以人为本、绩效表现四个方面，分析香港绿色建筑如何探索创新意念落实高效环保绩能，为高密度城市增加透风营造场所，优化生物多样性以利城市生态，以人为本增添绿意宜居空间，从绩效为本的策略建构低碳城市。

案例展示了新视角，香港的绿色建筑已从专注单体绿色建筑转移到着眼建构可持续社区空间，从社区协作角度出发达到与环境共生的效果。不再只是强调采用各种不同的绿色建筑设施，更强调，尤其在设计初期开始，参考初步绩效数据，评估及调整绿色建筑和规划的整合策略，更有效优化建筑环境。不再只着重减少能耗和环境影响，更转移到提倡城市再生。更强调以人为本的健康建筑策略，鼓励动态生活，营造身心舒适的室内室外环境。展望未来，大数据时代亦为绿色建筑带来新的机遇，大量不同类别的环境和用户行为传感器已能更便捷准确收集相关数据，配合智能分析能实时互动地给用户提供建议或按程序调整屋宇设备的运作，运用人工智能去优化绿色建筑的绩效。

本章作者介绍

梁文杰是环保建筑设计和可持续发展建筑专家，新加坡建筑师协会第一届绿色建筑师奖获得者。他在香港大学建筑系以高级荣誉毕业，其后往英国剑桥大学深造环保建筑及环境设计并取得硕士学位。他拥有 20 多年执业建筑师经验，监督吕元祥建筑师事务所各项目的可持续发展设计，融汇环保设计于总体规划、新建建筑、都市活化及建筑研究之中。他积极参与专业议会、政府委员会及与学术有关的专业团体，亦经常到各地演说。梁文杰曾参与的项目包括全港首个零碳建筑——"零碳天地"、香港高等科技教育学院（THEi）新校舍、香港科学园第三期的可持续发展规划、市区重建局启德"焕然壹居"总体规划项目——焕然壹居，以及多个与可持续设计有关的个案研究，如绿色建筑环保评估标准（BEAM Plus）提升建筑被动式设计研究、新建住宅楼宇节能设计及施工要求研究等。

参考文献

[1] Fung WY, Lam KS, Nichol JE, Wong MS. Derivation of Nighttime Urban AirTemperatures Using a Satellite Thermal Image. Journal of Applied Meteorology and Climatology, 2009, 48(4); 863-872.

[2] Nichol J. E., Fung W. Y., Lam K. S. and Wong M. S. Urban heat island diagnosis using ASTER satellite images and 'in situ' air temperature. Atmospheric Research, 2009, 94(2); 276-284.

[3] American Society of Heating, Refrigerating and Air-Conditioning Engineers (ASHRAE). ASHRAE Vision 2020: Producing Net Zero Energy Buildings, 2008 Jan.

[4] Pless SD, Torcellini PA. Net-zero Energy Buildings: A Classification System based on Renewable Energy Supply Options. Golden, CO: National Renewable Energy Laboratory, 2010 Jun.

[5] Department for Communities and Local Government (DCLG). Code for Sustainable Homes: A Step-Change in Sustainable Home Building Practice. York: Communities and Local Government Publications, 2006, December.

第十四章　香港公屋与居屋的规划与设计：香港房屋委员会的经验

严汝洲

一、引言

香港房屋委员会（下称"房委会"）[1] 致力帮助低收入家庭入住合适而能力可负担的优质居所。香港是个密集的城市，我们兴建高楼大厦时，致力保护宝贵资源，节约开支之余，更会推动社会参与。目前，我们的公共房屋计划为超过 200 多万人提供安居之所。

房委会是一个以关怀为本的机构，在规划、设计和提供优质公屋方面考虑周全，经常参考住户和所有持份者的意见，为住户提供舒适、绿色和健康的居住环境；无论在设计、建筑或入住阶段，我们均致力确保房屋耐用持久，方便运作及保养，且可达到持续发展的目标。

我们不仅以人为本，同时亦重视环境，因此善用自然光和自然风，节约水电。为推动创新，达到持续发展的目标，房委会须与学术机构、市场专家，以及业界持份者建立伙伴合作关系，携手进行研究和发展，提出更安全、更健康、效率更高和可更持续的设计、建筑运作模式和系统，使业界的发展更上层楼。

现根据下列主题援引例子，阐述房委会如何推陈出新，以达到持续发展的目标，在公屋发展方面，不断精益求精。

（1）规划及设计更舒适和有助社区凝聚力的居住环境；

（2）缔造可减低市区热岛效应的绿化环境；

（3）节约建材；

（4）设计卫生的水管和排水设施，节水节能；

（5）秉持可持续发展的信念推出创新设计；

（6）便利和鼓励公屋居民实践绿色生活。

1　香港房屋委员会（房委会）是根据《房屋条例》于 1973 年 4 月成立的法定机构。房委会负责制定和推行本港的公营房屋计划，为不能负担私人楼宇的低收入家庭解决住屋需要，从而达到政府的政策目标。房委会负责规划、兴建、管理和维修保养各类公共租住房屋，包括出租公屋、中转房屋和临时收容中心。此外，房委会也拥有和经营一些分层工厂大厦，以及附属商业设施和其他非住宅设施。

二、规划及设计更舒适和有助社区凝聚力的居住环境 [1]

1. 根据可持续发展的原则规划城市

一直以来，公屋都是本着以人为本，既实用又符合成本效益的理念设计。为使住户可以居家安老，我们采用通用设计。在规划、设计和建筑方面，我们致力履行"四节一环保"的措施，尽量节省地方、能源、水和物料。至于环保设计方面，我们进行微气候研究，对应环境采用"顺应自然"的楼宇设计，改良楼宇布局，善用自然通风和日光以达节能之效。此外，为给予居民舒适和健康的居住环境，发展项目地盘面积超过20%由绿化覆盖，地盘面积超过2hm² 的不少于30%由绿化覆盖。至于环保建造方法，发展项目采用机械化生产、模件式设计、预制组件／部分，以及由内地制造的精装立体预制厨房和浴室。在环保屋宇设备方面，我们采用可再生能源系统、发光二极管灯具、电动车辆充电设施、升降机再生电力装置、区域供冷系统，以及雨水收集暨根部灌溉系统。低碳建筑技术包括使用环保生化柴油、太阳能热水器、厨余处理机、预先栽种树木及电动车。房委会又设计碳排放估算模型，以便估算新设计公屋发展项目的整体碳排放量；当中，新和谐型大厦为基准大厦，启晴邨为基准屋邨。

2. 微气候研究：便利设计师顺应自然设计发展项目

为在亚热带气候提供舒适的生活环境，房委会由2004年开始应用微气候研究和空气流动评估，方便设计师以"顺应自然"的方式设计，研究和评估所得应用于新项目的规划、设计，以至入伙后各阶段的核证工作。为优化大厦的设计、坐向和布局，我们运用成效经试验证实的最新科技，包括计算器流体动力分析、风洞测试和日照模拟测试工具等，以善用天然资源，如该区的风向、天然通风、日光和太阳热能吸收等（图14-1）。除了在设计时间使用计算器模拟测试工具之外，为证实研究结果，我们也进行核证测试，包括在建筑阶段和入伙后阶段，冬夏两季在室外和室内公共地方进行模型校准和实地测量。结果显示，仿真测试结果十分准确。

3. 通用设计：多功能感应地图及两级亮度照明系统等优化措施

房委会自2002年开始在新建公屋贯彻通用设计的概念，以缔造商建一家、和谐共融的居住环境。除了基本设施外，我们更推出了下列优化措施：

（1）多功能感应地图

我们在2006年研发出多功能感应地图（图14-2），协助市民辨别方向，寻找通往住宅大厦及主要房屋设施的触觉引路径。多功能感应地图装设在公屋各个主要地点，提供视

1　每一个公营房屋发展项目在规划及设计时间须经过房屋署内部的项目设计审查小组（组员包括发展及建筑处和屋邨管理处的成员）检视，再递交房委会相关小组在各阶段审阅并批核规划和设计方案；在详细设计时间，须经过房屋署内部的详细设计审查小组检视，才进行招标。我们一直致力将"绿色"理念融入公共屋邨的规划、设计和管理，不仅要确保我们的发展项目和日常运作符合环保和可持续发展的原则，更要为公屋住户提供舒适宜人的居住环境，还须协助住户在日常生活中实践绿色理念。我们经常透过教育和推广活动，向公屋居民和屋邨管理人员灌输环保知识，鼓励他们一起建设绿色社区。

觉、触觉和话音信息，不论年纪或视力，人人均可借助该地图寻找路径。

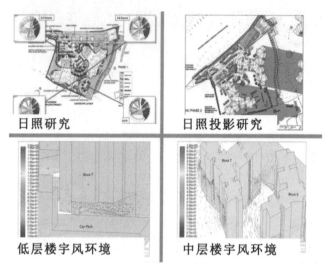

图 14-1　微气候研究

图 14-2　多功能感应地图

（2）两级亮度照明系统

既要节约能源，又要达到《设计手册：畅通无阻的通道 2008》规定的住宅大厦指定地方最低照明亮度，要在两者之间取得平衡，自 2008 年 12 月起，我们在新工程项目中应用由我们研发的两级亮度照明系统，在大厦公用地方装设两组照明系统，即长明系统和备用系统。用户可启动备用系统，在一段默认的时间增加公用地方的照明，这套系统既实用又环保，而且符合成本效益。

4. 使用减音窗和露台设计缓解噪声

香港土地有限，不少公屋发展项目都位处嘈杂的路旁。为改善居住环境、减少噪声滋扰，房委会在辖下的发展项目实施多项噪声缓解措施，包括优化大厦布局、设计不易受噪声影响的建筑物和单向设计的大厦，又在发展项目内加入商场、平台、隔声屏障等。这些措施各有优点，但不同限制往往令措施不能尽其所用。情况越棘手，我们在设计上便越要推陈出新。

毗连西九龙走廊的深水埗西邨路公屋发展项目地盘面积细小，交通噪声十分严重，一般噪声缓解措施不足应付。有见及此，我们的工程队伍研发了弧形屏障的创新设计，缓解噪声问题。工程队伍应大厦的设计、窗户的位置，以及大厦的坐向，设计出弧形屏障。为证实弧形屏障的效用，我们在内地以一幢装有弧形屏障原型的建筑物做试验，实地量度噪声。建筑物楼高三层，每层一个单位。工程队伍咨询多名内部持份者后，再把弧形屏障的设计修改为露台结构（图14-3）。期间，我们一直与环境保护署紧密联系。露台结构的最终设计铺有吸声物料，在低层的隔声量为2.5dB（A），较高层为6.4dB（A）。安装上述设施后，公屋发展项目的噪声符合规定比率大大提升。

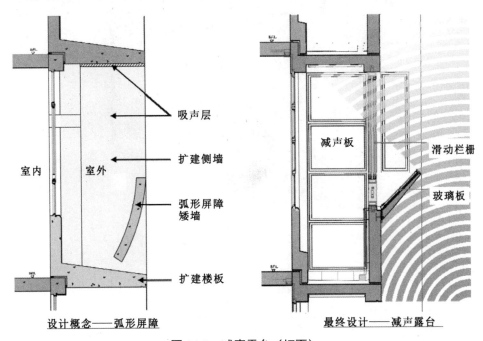

图14-3　减声露台（切面）

至于噪声极大的道路，毗邻的公屋发展项目如连接太子道东的新蒲岗公屋发展项目，露台结构不足以消减噪声的影响。如要使新蒲岗地盘改划用途地带，我们须完全符合《香港规划标准与准则》就交通噪声影响所订的70dB（A）标准。我们与环境保护署和香港理工大学一同研究减声窗的设计。减声窗由改装双层玻璃和通风口组成（图14-4）。我们在实验室以多个设计组合测试这个设计概念，所得的结果令人满意。其后，我们在新蒲岗地盘设置一间装有减声窗原型的仿真单位，以便实地量度量减声效果。在不同情况下进行的测试证实，窗框铺设吸声物料的减音窗最多可减低约8dB（A）的噪声。使用减音窗和其他噪声缓解措施后，上述公屋发展项目可完全符合噪声规定比率。其后，我们与屋宇署和房委会独立审查组合作，共同争取按此模型设计的建筑图则获得批准。

5. 社区参与：设计以关怀为本

我们让社区参与牛头角上邨第2及第3期（图14-5）重建过程的成功经验，反映房屋委员会致力与现居租户携手缔造可持续的社区。我们秉承以人为本的原则，让租户参与新接收屋邨的规划和设计。在长驻该社区非政府机构的支持下，租户参加了一连串的简介会和伙伴合作工作坊。我们听取租户的意见，把其意见纳入新屋邨的总纲发展蓝图。我们甚至于建造阶段，筹办模型制作工作坊，加深租户对单元空间的了解，好让他们预先构思如何摆设家具。在这些活动建立的互信基础上，我们创设了三个特殊用途活动区，令屋邨别具特色，而居民亦善加使用。这三个活动区分别为收藏旧屋邨文化物品的文物展览廊、环境舒适并装设长板凳类似本地餐厅的休憩区，以及设有专门切合长者需要的健体设施的健身区。

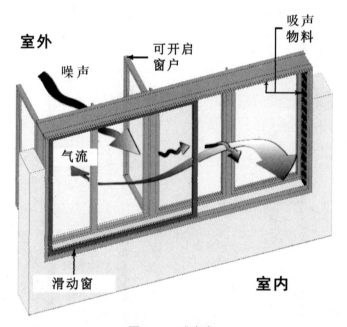

图 14-4　减声窗

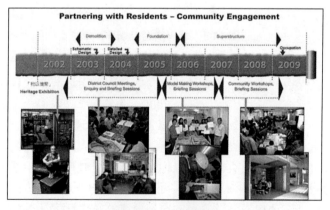

图 14-5　社区参与

我们借社区参与活动，在缔造可持续邻居的过程中，与租户建立更紧密的关系和互信。双方均透过真诚沟通、坦率交流，表达了关注和要求，同时理解对方的局限。这种建立共识的过程，改善了居住环境，缔造和谐社区，证实各方皆得以从中受惠。

我们亦很重视居民的意见，采纳居民的意见，改善公营房屋的设计和建造。除社区参与工作坊外，我们亦在所有新落成屋邨进行独立的住户意见调查，以及借协作工作坊、汇报会和经验交流会进行完工后检讨，以收集居民的意见。我们按调查和检讨的结果，设施均以人为本，改善组合式单元设计，例如扩大浴室和厨房的窗户，令采光和通风较佳；设置可调校的灶台，配合不同种类的炉具；把灶台位置改在远离可开启的窗户，以策安全；扩大空调机位和窗户，配合不同类型的空调机；在家庭单元的前外墙增设晾晒设施；在起居室增设两个双头插座等。我们采取这些措施后，得以在建筑效益、成本效益、简便易用等不同因素之间取得更佳平衡。

6. 以建筑信息模拟技术辅助所有施工阶段

建筑信息模拟技术乃构建和利用三维数码形式，演示发展项目整个生命周期内的建筑数据。这定义以美国国家标准为依据。房委会更推陈出新，在这种技术中加入时间因素，把三维提高至四维，甚至成功订立水泉澳第1期打桩工程项目现金流动仿真五维试验计划。

这种技术的应用自2006年起扩展及项目的所有阶段，从地盘发展潜力研究与规划以至设计，从建造以至项目完竣后的设施管理，均已采用这种技术。这种技术的应用，譬如设计视像化、微气候研究、视觉影响评估、冲突侦察、空间检查、结构设计／分析、能源应用研究、照明研究、建造规划、安全拆卸、安全建造和现金流动模拟，均已公认为优化公营房屋设计和建造的有用工具。我们基于所汲取的经验，利用这种技术的标准、指引和组件属类确立可持续设计的最佳工作流程，应用于多个范畴，包括建立标准组合式单元，以便有效建造模型、管理电子档案和与技术应用者之间相互沟通。

三、缔造减低市区热岛效应的绿化环境

1. 绿化天台

绿化天台系统是设于建筑物任何楼层天面防水底层上的种植／景观，以人造结构与其下地面分开（图14-6）。

图 14-6　绿化天台

绿化天台可以吸收雨水、隔热、营造野生生物生境、降低市区气温、缓解热岛效应并改善空气素质。

绿化天台系统有两大基本类型，即精致型和粗疏型。密集型绿化天台的特点是承重较大、建设费用较高、植物品种较多和需要保养护理，通常以平台花园的形式出现。粗疏型绿化天台的特点是承重较轻、建设费用低廉和保养护理甚少，因而非常适合于承载能力较小和改造翻新的天台。

2011年3月，房委会联同香港大学和一家建筑承包商开展为期两年的将军澳73B区公屋高楼绿化天台研究，旨在评定公共屋邨绿化天台的环保效益。

这项研究的目标是建立低度保养护理的绿化天台，比较两种常用绿化天台植物（松叶佛甲草／平托花生）的成长状况，借评估绿化天台的蒸散冷却和隔热效应，测试所安装绿化天台系统的环保成效，并评估空调节能效果。据所得结果显示，在炎夏的下午，绿化天台可把温度降低约12℃。

公共屋邨采用低度保养护理的绿化天台系统可行性研究，和根据研究结果所作建议，对大规模应用前研发原型和试点实习创新都十分有用。

2. 预制垂直绿化板

房委会曾进行垂直绿化板研究，垂直绿化板是2010年完竣的东区海底隧道旁地盘第4期项目下的举措（图14-7）。垂直绿化板属组件式，采用预制和饰面板概念，板上有种植层和选定的小型植物。

我们联同香港中文大学协力进行垂直绿化板技术研究，以评定：（1）不同洒水量之下植物的生长状况；（2）系统的肥力持续性和绿化板养料流失；（3）组合板用水效率；（4）品种筛选；（5）绿化板减热功能。据研究结果显示，在炎夏的下午，以绿化板覆盖墙面的温度比外露混凝土墙面的低约16℃。

图14-7 东隧旁地盘第4期垂直绿化板

3. 生物滞留雨水收集浇灌系统

收集雨水可提供可持续水源和降低发展项目对城市供水的依赖程度。都市暴雨含有各种各样的污染物，通常要经过某程度的处理方可再用。水敏感城市设计是指融合暴雨处理的园景设计，因此不仅能制造机会收集雨水，而且更增添美感和生态价值。水敏感城市设计在美国、澳大利亚等一些国家已成为行之有效的做法，在亚洲则是近年才采用。我们最近把水敏感城市设计纳入水泉澳第1期项目，以收集雨水。

生物滞留乃水泉澳第1期项目选用的水敏感城市设计，提供较高程度的处理，包括过滤、土壤微粒和植物根部吸收，以及利用植物做生物降解。生物滞留槽以滞水层、过滤层、过渡层、排水层、下排水道、指定植物、防水衬垫、冲洗保护层和溢流坑组成（图14-8）。雨水处理过程包括逐渐渗透至不同分层，最终集于下排水道。其后，经处理的雨水贮存于蓄水缸，经消毒后输送到混合缸，与来自水管减压缸的城市水混合。遇上大暴雨，以致超越处理能力，多出的雨水会溢流到暴雨渠系统。

2012年11月5日，水务署已经视察这个仿真系统，并提出宝贵意见，以示积极支持这个系统。待2014年年中这个项目完竣和这个系统试用后，预料这个系统经过完善可应用于房委会其他项目。

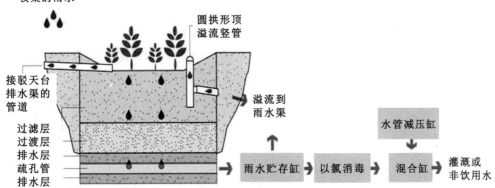

图14-8 水泉澳生物滞留雨水收集浇灌系统流程设计图

4. 生态研究和利用原生植物

房委会除尽量提高绿化率外，另一个目标在于恢复自然生境，与周围自然环境融为一体。为实现在发展项目与周边环境连接的生态系统有持续绿荫，我们在地盘可行性研究阶段委聘生态顾问对地盘生态作评估，为该区订定生态规划总纲图，并建议如何增进生物多样性和提高自然生境的生态价值。

采用当地土生土长的原生植物奠定了生物多样性的基础。所种植物料提供花蜜食物源，使该处成为吸引蝴蝶、昆虫、雀鸟及其他品种动物的良好生境。秀茂坪南邨（图14-9）和马坑小山丘（图14-10）这两个项目，分别为以可持续方式在香港保护生态和建立可持续野生生物生境的试验计划例证。

图 14-9　秀茂坪南邨项目

图 14-10　马坑小山丘项目

四、节约建材

1. 绿化海泥作原地回填

由于海泥质地松软、不易压实，并带有污染物，不适用于土方工程或其他建筑用途，因此一般会运到堆填区或海上卸泥场倾倒，这不但增加建筑成本，亦会污染环境。房委会在进行启德 1A 区的发展项目期间，挖掘出大约 15000m³ 海泥。

为处理大量海泥，房委会提出崭新的解决方法。工程人员发现把海泥掺入原位土壤和少量英泥，可强化海泥，并把污染物稳定下来，令经处理的海泥适用于回填启德地盘。这个处理方法免却倾倒海泥，既符合环保原则，又可减省运输及采购回填物料的成本。凭着对环保的热忱，我们的工程人员成功研发全港首创的海泥处理技术，而采用经处理的海泥作回填，为我们节省约 500 万元的成本。

2. 环保海泥砖

除以绿化海泥作原地回填，房委会亦与香港理工大学合作，就制造环保海泥砖进行可行性研究。参照研究结果提出的建议，我们把采用环保海泥砖纳入启德 1A 区发展项目的建筑工程合约标书。中标者委托香港大学进行制造环保海泥砖的设备测试，采用塑化剂分散海泥，使海泥彻底混合。环保海泥砖可用做铺路砖、天台地砖、花坛砖，以及半下陷开敞式停车场的防水膜的保护砖（图 14-11）。我们对传统砖块和环保海泥砖所要求的质量标准相同。

我们的工程人员凭着无限创意，以海泥制造环保海泥砖，把废物转化为原材料。这是另一项全港首创的技术，其生产过程符合环保要求。在启德 1A 区挖掘出的大量海泥，全部循环再用于该项工程。这项创新技术夺得环保建筑大奖 2012 年的大奖。

图 14-11　环保海泥铺路砖、花坛砖、天台地砖、保护砖（由左至右）

3. 广泛使用立体预制浴室

早于 20 世纪 80 年代，房委会已率先在兴建住宅楼宇时应用预制技术，采用预制外墙及楼梯，以提升工地安全、建筑质量和可持续性。采用预制技术接近 20 年后，我们开始广泛应用预制混凝土组件及预制建筑构件技术，并在 2008 年开发新型预制件组合建筑法（预制建筑法）。预制建筑法的其中一项重大突破，是研发大型立体预制组件（图 14-12）。由制造平面预制组件，进而制造立体预制组件，标志着技术上的一大进步。试验项目竣工后，我们进一步改良预制建筑法，以期广泛应用先进的预制建筑技术。我们在启德 1A 及 1B 区、苏屋邨第 1 期重建计划和洪水桥项目（正兴建超过 2 万个公屋单位），采用大量生产的立体预制浴室。在公屋发展项目采用预制建筑法所获得的技术及宝贵经验，会继续推动业内可持续建筑的发展，而且肯定有助优质及可持续的公屋发展，改善大众市民的生活环境。

图 14-12　组装立体预制浴室

4. 在预制混凝土建筑工程采用环保物料

矿渣是钢铁制造业使用高炉过程的副产品。矿渣经过快速冷却为颗粒后，研磨至所需的幼细大小，便成为一种环保建筑材料，称为"粒化高炉矿渣粉"（下称"粒化矿渣粉"，如图 14-13 所示）。从环保角度看，以粒化矿渣粉代替混凝土，可减少混凝土制造过程产生的碳排放（占全球碳排放量的 5%）。从工程角度看，采用粒化矿渣粉可提高混凝土的强度、耐用程度和抵抗侵蚀性环境的能力。

图 14-13　熔渣（左）及粒化高炉矿渣粉（右）

为体现支持可持续发展建筑的决心，房委会在一个试验建筑项目采用含有粒化矿渣粉的混凝土制造预制外墙。此举令房委会成为香港采用粒化矿渣粉混凝土施行建筑工程的先锋。由于效果理想，自 2012 年年中起，新建屋项目已普遍采用粒化矿渣粉混凝土制造预制混凝土外墙。预计所减少的碳排放量，相等于大约 16000 棵树的碳吸收量。

5. "废物"利用

（1）将挖掘出来的石块用做回填物料

我们将挖掘出来的石块用做回填物料，以填补基脚／桩帽之间的孔隙、铺砌住宅大厦地面楼板的底层，以及筑成石笼护土墙。由图 14-14 和图 14-15 所见，是东区海底隧道旁地盘第 4 期采用石块回填物料的情况。

图 14-14　以挖掘出来的石块作为回填料　　图 14-15　以挖掘出来的石块筑成石笼护土墙

（2）混凝土碎屑循环用做一般填料

拆卸工程产生的混凝土碎屑亦可循环再用，成为合适的一般回填料。由图 14-16 所见，是把苏屋邨清拆工程第 1 期地盘的混凝土碎屑，重新用做前长沙湾已婚警察宿舍打桩地盘的回填料。

图 14-16　混凝土碎屑循环用做一般填料

（3）含有再造玻璃和碎石的混凝土铺路砖

我们采用含有再造玻璃和碎石的混凝土铺路砖。图 14-17 和图 14-18 分别为将玻璃瓶循环再造的压碎机，以及用于黄大仙上邨第 3 期，含有再造玻璃和碎石的混凝土铺路砖。

图 14-17　将玻璃瓶循环再造的压碎机　　图 14-18　含有再造玻璃和碎石的混凝土铺路砖

五、设计卫生的水管和排水设施，节水节能

1. 共享 W 形聚水器系统

2003 年沙士病毒爆发，令公众关注污水渠系统的地台聚水器干涸所引致的问题。污水管系统内的病毒，可能经这些干涸管道传播至浴室／厨房，危害公众健康。房委会就此联同香港城市大学展开研究，将共享 W 形聚水器应用于污水渠系统。经过积极研究和多次测试以核实其操作稳定，并进行模拟安装，我们最终设计了这套创新的共享 W 形聚水器系统。屋宇署已原则上批准将这个创新设计应用于公屋单位，在单位的厕所及／或厨房的地台排水渠接驳共享 W 形聚水器，唯必须符合以下条件：(1) 只有洗涤盆和淋浴处的废水会收集作为补充用途；(2) W 形聚水器和地台／淋浴处之间没有装上聚水器的渠管，其长度不得超过 750mm。2008 年落成的油丽邨，是首个使用此创新收聚排水系统的公共屋邨。

2. 天面双水缸

水缸每 3 ～ 6 个月清洗一次，其间供水中断，往往对居民造成不便。每次清洗水缸通常须暂停供水约 4 小时，因此居民可能要贮存食水应急或使用食水冲厕，而缸内余水亦须抽走，造成严重浪费。房委会于 2008 年开始在所有新公共租住房屋项目引入创新的"双水缸系统"，问题得以解决。这个系统由房委会首创，不仅在定期清洗水缸时供水不会间断，还方便进行维修保养，而且可节约用水，达到保护环境的目的。我们编制了操作指南，列出清洗水缸的每个步骤，确保程序正确。2009 年落成的油丽邨，是首个采用新系统而受惠的公共屋邨，居民对这项新系统表示满意。估计 75000 户每年可节省约 280 万升水。

3. 研制发光二极管凸面照明灯具

发光二极管照明装置，大有发展潜力。这种装置具备较佳发光效能，寿命较长，而且环保，可进一步减少耗电量。为善用这项崭新科技，我们在过去数年已测试数款发光二极管凸面照明灯具原型，并在启德 1A 区大规模试用这种灯具，以评估产品的表现和可靠程度。目前，我们在出租的公屋已全面采用，并在 2016 年引入产品认证，确保产品的质量。

4. 升降机的再生电力及永磁的使用

当升降机在高负重量往下行或低负重量往上行时，可发挥发电机的作用，产生电力。运用这项先进的再生电力科技，从升降机系统收集到的再生电力会输送到电网，实时供公共装置使用。为研究可否在新房屋发展项目使用升降机的再生电力，我们正在启德 1B 区试用设有再生电力装置的升降机系统。

升降机永磁同步电动机是崭新技术，用以驱动升降机，又有节能之效。我们正在启德 1A 区安装这种电动机，进行试验。

六、秉持可持续发展的信念推出创新设计

1. 生命周期成本和生命周期评估，以及排碳量估算

房委会全面检视了国际最佳守则和方法，同时经过两年多的深入研究和征询业界意见后，在 2005 年根据国际认可原则和经验证的科学方法，成功研发出生命周期评估 / 生命周期成本的综合模型。研发所得的计算机模型，包含提供物料数量的数量模型、以香港环保点数显示数据的环保模型，以及以现值净额显示成本数据的成本模型。利用这个计算机模型，可从整个生命周期的角度，在替代物料的生命周期评估与生命周期成本两者优劣有所抵触的情况下，作出平衡的抉择。

房委会这项研究首开先河，反映其在可持续发展的工作上，坚守环保和经济两大核心元素。有关研究同时确认新和谐一型住宅大厦在正面环境影响和生命周期成本效益方面，几达最高水平。我们已逐步采用经确认的替代物料，例如安装软木造的门，以及在升降机大堂墙壁漆上丙烯漆料，代替铺砌砖饰。

此外，我们采用"排碳量估算"，在设计时间评估楼宇从建造至拆卸的二氧化碳总排放量。这个数据可用做建筑设计的控制参数，并可作为指标，反映楼宇对环境造成的整体负担。

2. 房委会 1992 年以后落成的楼宇的使用年期

我们为居民建造的楼宇是最珍贵的资产。楼宇的使用年期愈长，可继续服务社会而无须拆卸和重建的时间会愈久，从而大大推动整个社会的可持续发展进程。为此，我们在 2009 年委聘香港理工大学进行研究，评估 1992 年以后落成的租住大厦的使用年期。

为评估建筑质量，我们的研究小组从 1992 年以后落成的 600 多幢租住大厦中选出 8 幢楼宇，抽取样本进行全面的目视检查、非破坏性评估和破坏性测试（图 14-19）。

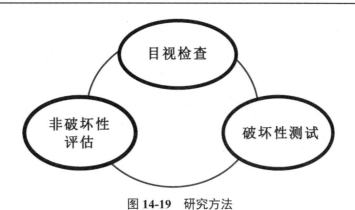

图 14-19　研究方法

研究结果显示，选定楼宇的混凝土质量甚佳，而有符合楼龄自然产生的若干程度碳化现象。一如所料，楼龄和楼宇质量造成的钢筋侵蚀，程度只属轻微。

研究小组的结论：1992 年以后落成的住宅楼宇的使用年期至少有 100 年。我们会根据这次使用年期研究，检讨楼宇资产价值，同时通过适当的维修及监察制度，保持楼宇价值和使用年期。

3. 活化再用和文物保护

旧苏屋邨建于 20 世纪 60 年代，居民生活多年，已为屋邨抹上独特而浓厚的社区和文化色彩。为保留苏屋邨原有的社区和文化价值，旧屋邨会选定部分建筑物，包括进行拆卸工程后保留的枫林楼地下一层，连同独立屋邨办事处、小白屋、燕子亭和相连的园景区，一并活化为文物建筑，以供举办社区活动，配合苏屋邨的怀旧故事主题。

枫林楼拆卸后将保留地下一层，以供活化，用做社区和展览用途。我们亦会保留若干选定的住宅单位，并在其内摆设从苏屋邨原住户中收集的旧家具和日用品，重现当年的生活面貌（图 14-20）。小白屋将活化作文化展览馆和零售商铺两种用途。旧屋邨办事处亦会保留，成为举办社区和青少年活动的场地（图 14-21）。燕子亭的顶棚壁画为旧苏屋邨景貌，现予保留，融入新园景当中，成为街坊的集体回忆（图 14-22）。

图 14-20　旧苏屋邨枫林楼的地下一层将保留作社区和展览用途

图 14-21　旧苏屋邨的小白屋和旧屋邨办事处

图 14-22　燕子亭的顶篷壁画

在 20 世纪 60 ～ 90 年代初期，香港轻工业蓬勃发展，而柴湾工厂大厦是其中一个平台，不但支撑了许多家庭的生计，对香港经济发展亦贡献良多。由于公众有强烈要求，希望保留香港最后一幢 H 形工厂大厦。因此，我们将这幢楼龄 55 年并有六层高的柴湾工厂大厦，改装成可提供约 180 个单位的公屋，同时在大厦的公共空间和文物院，保存旧有色彩，务求公众认识这幢厂厦，以及其于柴湾和香港发展中所担当的历史角色。

该项目由行政长官于 2012 年 8 月公布，随后迅速开展。古物咨询委员会于 2012 年 12 月建议将该建筑物列为二级文物，并于 2013 年年中进行文物影响评估，整个项目的工程已于 2016 年竣工。

七、便利和鼓励公屋居民实践绿色生活

1. 楼层住户进行废物源头分类

香港人口众多，废物倾卸设施快将填满，实在有必要减少制造废物，并把合用的废物循环再造。目前，政府牵头大力鼓励废物回收再造，但最重要的是还须社会全民参与，减废才有所成。政府的《都市固体废物管理政策大纲》，为本港订下 2005 ～ 2014 年十年期内的都市固体废物管理整体策略。自 2000 年起，我们按照《建筑物规例》的规定，在所有公屋标准楼层的垃圾房和物料回收室，均划定至少为 1.5m×1.5m 的面积，以摆放三个回收桶作为废物分类设施。为方便使用轮椅的伤残住户无障碍进出垃圾房和物料回收室，从 2015 年起，该房间的面积增至不超过 8m²。

2. 绿乐无穷在屋邨

自 2005 年开始，房委会与三个环保团体合作，推展"绿乐无穷在屋邨"计划，以提高公屋住户的环保意识，并促进保护和改善环境的文化。

在该计划下，全港公共屋邨每年都会就特定的环保主题举行推广活动，例如"夏日大扫除"、"回收废物"、"节约能源"、"减少使用胶袋"、"减少碳排放"、"减少都市固体废物"等。

此外，房委会亦会每年选出约 30 个公共屋邨，进行深入的教育及推广活动，并为活动配以特定的主题，例如环保生活嘉年华、环保生活问答游戏、屋邨花圃设计比赛、减少及回收废物、废物源头分类、二手物品交易广场、绿化屋邨、树木径、蝴蝶园、生态旅行、生态导览团，以及环境基建定向比赛等。目前，这些深入的活动已推广至所有公共屋邨。

上述各项活动，深受屋邨居民、邨管咨委会、区内学校和非政府组织欢迎，并且提升居民的环保意识，促进他们养成良好的环保习惯。如图 14-23 所示，运输及房屋局常任秘书长（房屋）在 2016 年举行的"绿乐无穷在屋邨"计划开展仪式中，带领房委会员工、屋邨居民和屋邨管理人员，一同承诺减少都市固体废物。

图 14-23　运输及房屋局常任秘书长于"绿乐无穷在屋邨"计划中，带领众人承诺减少都市固体废物

八、总结

香港房屋委员会承诺以关怀为本、顾客为本、尽心为本和创新为本四个基本信念，致力为社会大众提供可以负担和可持续发展的公营房屋。我们的宗旨是"关心、服务、卓越"，而"不断创新、持续改善"，亦为房委会工作文化其中一环。社会和科技正不断急速转变，我们务必在环境、社会和经济等方面求取平衡，以达到不断持续的房屋发展，并提升服务和建屋质量。

目前，香港公营房屋的需求热切，在未来十年内要兴建 20 万套公屋单元及 8 万套资助出售房屋。现时可建的住宅用地有限，建造从业员也老龄化，我们须与学术机构、市场专家和业内持份者通力合作，不断创新，推动装配式建筑和绿色建造技术。我们的目标，是提供优质和现代化的居所，并缔造安全、卫生和绿化的生活环境，以照顾不同年龄和能力人士的需要。我们提倡可持续发展的生活模式，包括环保建筑、环保生活、节约用水、节约能源，以及减少温室气体排放。

本章作者介绍

严汝洲先生是现任香港特别行政区政府房屋署发展及建筑处总建筑师，负责公营房屋发展及标准策划、项目设计和合约管理等职务。自 1990 年加入房屋署后，在不同项目中引进微气候研究、碳排放估算和社区参与规划及设计，成就可持续发展的宗旨。自 2014 年他接任总建筑师 / 发展及标准策划一职后，除负责公营房屋发展在项目管理、规划、设计和施工各阶段的监管外，他在设计、建造、质量、研发和环境各方面设立标准。他在香港的建筑业界中是一名活跃分子，不但是一位注册建筑师和认可人士，也是香港绿建环评的专家小组委员和中国绿色建筑议会香港分会的执行委员。

参考文献

[1] 香港房屋委员会网页 [互联网]. 香港 : 香港房屋委员会 , 2017. [引用于 2017 年 8 月 17 日]. 撷取自网页 : http://www.housingauthority.gov.hk.

[2] 香港房屋委员可持续发展报告 2015/2016[互联网]. 香港 : 香港房屋委员会 , 2017. [引用于 2017 年 8 月 17 日]. 撷取自网页 : https://www.housingauthority.gov.hk/mini-site/hasr1516/tc/common/index.html.

第十五章　香港建筑保护与可持续发展——活化历史建筑伙伴计划

杜睿杰

有别于大陆的历史建筑"保护"，香港称之为历史建筑"保护"，这既是两地中文用法的不同，也反映了内容和实践上的差异，香港的历史建筑"保护"包括了对历史建筑的保存、修复、诠释、活化等多重含义 [1]。保护需要动用大量的社会资源，并非所有历史建筑都必须作为历史遗物进行博物馆式的保存，很多历史建筑可以在不损害其遗产价值的情况下继续发挥实用功能，甚至在可持续发展中产生新的文化和经济效益。在城市空间有限的香港，活化无疑是平衡城市发展和历史建筑保护的一个良方。本章会以"活化历史建筑伙伴计划"为例，介绍香港过去十年在建筑保护和可持续发展上所作出的努力和尝试。

一、香港建筑保护的发展历程

1976 年香港首次颁布了《古物及古迹条例》并在同年设立了"古物咨询委员会"及"古物古迹办事处"来贯彻该条例。然而历史建筑和街区的保护在 20 世纪八九十年代的香港并未引起足够重视，如东亚的很多大城市一样，城市开发是当时经济增长的主要动力，拆旧立新才是社会主旋律。直至 2003 年，香港有 61 座建筑被列为法定"古迹"得到保护，此外有 550 座建筑被评级为"历史建筑" [2]。评级制度是古物咨询委员会在 1980 年引入的行政机制，并不具有法定地位，因此被评级的历史建筑并不受法例管制 [3]。大部分被评级建筑属私人拥有，私有产权在此受到绝对尊重。所以建筑遗产在香港只是被保留，有时被保护维修或活化再利用，偶尔会被保护 [4]。

当东亚城市在过去几十年彻底改头换面后，历史面貌的保护逐渐成了社会的共识。在香港，这一转变集中发生在回归之后的 10 年间。1998 年行政长官董建华的《施政报告》中强调了政府保护文物的决心。他说："要市民对这个地方更有归属感，更认同香港人的身份，便必须加强有关香港古迹文物的宣传，因为这正是我们的珍贵文化遗产 [5]。"历史建筑所代表的文化遗产往往是本土文化或殖民地文化，两者在英租界时期都是颇为尴尬的概念，没有被过多强调。香港回归后，身份和归属感开始被人们所关注，历史建筑保护不再只是单纯基于建筑学和历史价值，集体记忆和文化传承开始扮演更多的角色，于是越来越多的权益人参与了进来，不同利益下的矛盾也由此产生，并在 2006 年保卫天星码头和 2007 年保卫皇后码头事件中爆发。

中环天星码头和皇后码头分别始建于 1900 年前后，经过多次移建，上一代的码头都是 50 年代完工的。虽然实际年代并不久远，两个码头在香港人的记忆中却极为重要，尤其皇后码头担任着迎接来访政要和新任总督的角色而具有重要的历史意义（图 15-1）。天星码头搬迁期间引发了多次示威和占领事件，斗争失利后运动人士更为坚决的保卫皇后码头，用绝食静坐表示抗议。当时的发展局局长也是现任的香港行政长官林郑月娥亲自去码头与运动人士及市民对话（图 15-2）。尽管最终政府不顾强力反对，决定移除码头并日后重建，但皇后码头事件成为香港历史建筑保护的转折点，政府开始正视城市更新与历史保护之间的矛盾，公众也更加积极的参与其间。

图 15-1　大会堂建筑群、爱丁堡广场以及皇后码头组成的重要仪式建筑群（1963 年）[6]

图 15-2　林郑月娥在皇后码头会见抗议示威者 [7]

　　2007 年香港特区政府颁布新的保护政策，提出"以适切及可持续的方式，因应实际情况对历史和文物建筑及地点加以保护、保存和活化更新，让我们这一代和子孙后代均可受惠共享。在落实这项政策时，应充分顾及关乎公众利益的发展需要、尊重私有产权、财政考虑、跨界合作，以及持份者和社会大众的积极参与 [8]"。同年政府成立了文物保护专员办公室来协调各部门在遗产保护中的工作，并重新定位了半官方机构市区重建局的任务，将保护和再利用作为其社会责任。除已有的法定古迹宣布制度和行政评级制度以外还建立了内部监察机制，该机制下一旦政府某部门知悉某栋私人拥有的已评级建筑有拆卸或重建计划时，文物保护专员办公室及古迹办会主动联络业主，在尊重私有产权的基础上一同探讨保护活化的可能性[9]。而对于政府拥有的历史建筑，政府则推出了"活化历史建筑伙伴计划"旨在以创新的方法善用历史建筑。除此以外，政府采取的保护措施还包括对所有新基本工程项目进行文物影响评估，资助私人历史建筑的业主自行进行维修工程，检讨现行保护私人历史建筑的政策等。2016年政府成立高达5亿元的"保护历史建筑基金"用于支持以上各项措施。

二、活化历史建筑伙伴计划的模式特征

在香港活化的项目大致分两类。一般大中型的历史建筑或建筑群被政府产业署交给发展局，发展局或自己进行活化或通过不同的形式交予其他机构进行活化，例如中区警署交由香港赛马会，中环街市、茂罗街唐楼交由市区重建局，前已婚警察宿舍则以招标的形式进行活化，也有一些政府拥有的建筑被交予民政局下面的康乐及文化事务署进行活化，例如油街。另外一批中小型的历史建筑，则先后被发展局投放到"活化历史建筑伙伴计划"（本文简称"伙伴计划"）中，由政府出资，招募社会上的非营利组织对这些历史建筑进行修复改造再利用。政府希望通过"伙伴计划"用更具创意的方式保护并改造历史建筑，使它们可以继续得到善用，甚至成为独一无二的文化地标。也希望该计划的推出可以进一步带动公众积极参与历史建筑保护，并为当地社区创造就业机会。因此一批政府拥有的历史建筑被纳入修复活化的计划中，这些建筑有些具有较高历史和美学价值，如中区警署、景贤里、虎豹别墅等，有些因记录了草根阶层生活状况和近代城市发展而有着较高的社会价值，如茂罗街唐楼、湾仔蓝屋、石硖尾美荷楼、雷生春等。

每一期"伙伴计划"推出时古物古迹办事处都准备了相关建筑的历史背景资料和保护指引供申请机构参考。从第二期开始保护专员办事处还为申请机构安排了历史建筑开放日和活化计划工作坊，帮助申请机构更好地认识这些历史建筑以及活化计划的要点。而具有慈善团体身份的非营利机构需要在递交的建议书中详细描述如何有效地保存历史建筑，如何营运及财务可行性，以及如何让社会收益。申请成功的机构可以得到政府的资助，用于维修和改造工程、象征性的租金，以及开业成本和头两年的经营赤字。非营利组织支付象征性费用后可以得到建筑十年的使用权。头三年建筑的维护也由非营利组织负责。

递交的建议书由来自历史研究、建筑、测量、社会企业和财经等多个不同范畴的成员组成的"活化历史建筑咨询委员会"评审和挑选，古物咨询委员会主席担任该委员会的主席[10]。2016年这个评审委员会改组为"保护历史建筑咨询委员会"，不仅负责评审和监察伙伴计划的申请和现有项目，还要监察历史建筑维修资助计划的运作，以及就"保护历史建筑基金"如何资助与保护历史建筑相关的公众教育、社区参与及宣传活动、学术研究、顾问及技术研究，向政府提供意见。伙伴计划的评审主要考虑五个方面。首先如何有效彰显有关历史建筑的历史价值，这与活化后的用途以及是否能成为所在地区的地标密切相关。其次如何保存有关历史建筑，因为保持建筑的美学价值同时又能达到技术上的要求

不是一件易事。再次，项目的目标、服务的对象和带来的就业机会怎样才能使社会最大收益。活化后的可持续营运、财务上的自负盈亏也是考虑的方面。最后委员会还会考察申请机构的历史、管理能力和过往经验[11]。

三、活化历史建筑伙伴计划的效果及问题

从 2008 年开始，"伙伴计划"至今已经推出五期，共 23 栋建筑被纳入伙伴计划，其中大部分不属于法定古迹，皆为政府拥有。伙伴计划推出后反响强烈，第一期伙伴计划推出的 7 处建筑共收到了 114 份非营利机构递交的建议书，其中雷生春收到的建议书最多，有 30 份，最少的旧大澳警署收到 5 份建议书。最终除了旧大埔警署没有选定活化方案外，其余 6 处建筑于第二年公布保护及活化方案的结果，并陆续动工，最迟完工的前荔枝角医院也于 2014 年 2 月开始作为饶宗颐文化馆营运。目前第一期第二期活化项目已完工并投入运营，第三期活化项目也接近完工，预计 2018 年下半年可以运营。2016 年底推出的第五期伙伴计划也已经收到建议书，评审工作现在正在进行。

1. 建筑保护

从建筑保护的角度看，活化计划成果显著。前两期九个项目中有五个项目获得联合国教科文组织亚太区文化遗产保护奖。其中湾仔蓝屋建筑群的修复活化获得最高奖卓越项目奖，活化为大澳文物酒店的旧大澳警署获得优异项目奖，其余三个获得荣誉奖的项目分别是活化为萨凡纳艺术设计学院（香港分校）的前北九龙裁判法院，活化为青年旅舍的公屋美荷楼，以及活化为实践可持续生活模式的"绿汇学苑"的旧大埔警署。这些获奖项目在修复和改造过程中都较好地保留了反映建筑历史、美学和社会价值的元素。置入的新功能和为此而做的改动并未影响到历史建筑的真实性，有的反而令老建筑焕发了新的生机，增加了独特性。

例如第一期伙伴计划中的北九龙裁判法院是新古典主义风格的建筑，它的美感源自结构与比例的平衡，多过装饰性的细节（图 15-3）。萨凡纳艺术设计学院最大限度地展示了这座新古典主义建筑的美，整座建筑完好地保留了裁判法院的原貌（图 15-4），同时又在室内细节上通过各种创意的布置透露浓浓的设计氛围（图 15-5）。萨凡纳艺术设计学院对这座建筑恰如其分地修缮和改造，巧妙地将艺术学院和法院同时呈现在一个空间，带给人独一无二的体验。

图 15-3　北九龙裁判法院 [12]

图 15-4　法院内保持原貌的第一法庭 [13]

图 15-5　法院极具艺术设计感的内部陈设，完美搭配保存完好的墙砖窗框扶手 [14]

　　相比之下另一得奖项目旧大澳警署（图 15-6）被改造为大澳文物酒店则大胆得多。这座 19 世纪末建成的警署位于香港大屿山最西端临海的小山坡上，修复过程一方面妥善地保存了这座建筑的古典主义风格（图 15-7），另一方面则在屋顶上建造了一个玻璃和钢的结构作为餐饮空间，这个加建的空间在材质和风格上都与老的建筑形成强烈反差（图 15-8）。该项目的技术方面完成得非常理想，最终加建部分轻盈通透的外观并未破坏原本建筑的美感和真实性，反而起到画龙点睛的效果。

图 15-6　修复前的旧大澳警署 [15]

图 15-7　活化后的大澳文物酒店 [16]

图 15-8　活化后的大澳文物酒店的餐饮空间 [16]

　　遵循真实性的原则保留原建筑的价值同时满足新的功能和现行建筑物条例并非易事。即使是获奖项目中也有个别存在争议。第一期活化计划中的美荷楼是 20 世纪 50 年代香港特区政府为安置石硖尾大火影响的灾民而兴建的最早的徙置大厦之一，标志着香港公共房屋政策的开端，也是现在仅存的 H 形徙置楼（图 15-9）。由于当年要在短时间内安置大量灾民，因此大厦只提供居民最基本的生活设施，单位内没有厨房浴室，所有单位大门均面向长方形的开放式走廊，居民须使用设于中座（H 形中间横向部分）的公共厕所和浴室，并在单位大门外的走廊上煮食和晾晒衣物。灾后条件艰苦，人们辛勤工作守望相助，美荷楼因此记录了上一辈香港人的生活状况和精神面貌。活化成青年旅馆的美荷楼虽然保留了回廊等主要特征，升级了各种设施，并设立了生活馆再现以前的生活场面，但中座和两翼尽头处添加的玻璃窗户封闭了以前开放的走廊，鲜艳的橙色外墙取代了以前的米黄色。窗户材质尺寸和外墙颜色的改变使美荷楼有焕然一新之感（图 15-10），让人难以追忆昔日面貌，因此也有民众和媒体批评活化失真留于表面 [17]。

图 15-9　美荷楼旧貌 [18]　　　　　　　　图 15-10　活化成青旅的美荷楼 [19]

　　平衡保护和发展的难度使得活化建议书的编写和审核过程都极为审慎，如果没有一致认为合适的活化建议，评审委员会也可以不作出选择。例如第一期活化计划中的旧大埔警署收到了 23 份建议书，包括提议用做营舍、举办课程 / 活动或展览 / 办事处等，但最终因为申请机构未能解释为何其计划须在这栋建筑进行，亦未能证明其业务的长远财务可行性以及缺乏足够的技术资料，这个项目流标 [20]。旧大埔警署在第二期伙伴计划中继续推出，最终嘉道理农场暨植物园公司的方案获选，旧大埔警署被活化为推广低碳生活的教育中心"绿汇学苑"，这个项目也在 2017 年获得教科文组织的亚太遗产奖。另一个历史建筑则没有这么顺利，第三期活化计划中的景贤里是政府从前任业主手中通过土地置换抢救出来的法定古迹（图 15-11）。第三期建议书的评审最后阶段是在水墨会和时代生活集团之间作选择，前者旨在对传统和当代媒介中的水墨艺术进行展示和重新解读，后者提议将景贤里改造成一个婚庆场地 [4]。前一建议中展示艺术作品需要特殊的环境控制，而当前空间不能满足这一要求，所以将不得不在该住宅的基址上或地下加建新设施，这有悖计划推出时给出的保护方针。并且考虑到政府将为此改造出资，且租约只有十年，资金供应和这些展览空间的未来用途可能会有问题。最终景贤里被放入第四期活化计划继续招募方案，然而第四期中评审委员会还是没有就景贤里的活化建议作出任何推荐，发展局表示正研究其长远用途，不会再将景贤里安排在未来的活化计划中，现由政府管理并开放给公众参观。

图 15-11　景贤里

2. 可持续营运

从以上例子也可以看出活化建筑的可持续营运和财务上的自负盈亏是伙伴计划的目标之一。活化工程和头两年的营运由政府资助，修复完成三年之后的建筑物维护要由非营利机构负责，因此机构的筹款能力也是建议书审核中需要考虑的一个要素。政府资助第一期计划中六个项目的建设成本接近 6 亿港元，资助营运达 1500 万港元[21]。其中旧大澳警署活化为大澳文物酒店后的营运无需资助，而前九龙裁判法院活化为萨凡纳艺术设计学院的建设和营运费用都由学院自付，这也成了争议之处。前九龙裁判法院是这批建筑中最大型的一个，因此收到了来自八和会馆、某知名粤剧团等 21 家单位的申请。萨凡纳艺术设计学院在保护方面有着专业的背景，该学院在美国和法国有多个校区，对校区的保护和再利用有很多成功经验，并且对于这次活化不要求任何政府资助，这些都成了获选的原因。但是八和会馆和一些媒体公开表示不满，他们称萨凡纳设计艺术学院是一个外国机构，收取高昂学费并主要吸引海外学生，政府这样免费给他们场地，只是为了公款补贴教育商机，有失公平[22]。然而从历史建筑保护角度看这个项目无疑是成功的，法院建筑得到了很好的保护和利用，公众也可以申请参观，财政上没有动用公共资源。

通过申请阶段审慎的挑选以及运营阶段的各种支持，已经投入运营的前两期活化项目大部分已经或将按预期达到收支平衡。截至 2017 年 9 月，改造为大澳文物酒店的旧大澳警署已有 108 万人次到访，美荷楼也达到了 90 万人次的到访数[23]。2015 年下旬投入营运的"绿汇学苑"和"石屋"也分别有超过 12 万和 33 万人次的到访率。

九个项目中目前仅有一个出现严重营运困难。第一期伙伴计划中最小的项目芳园书室位于荃湾马湾田寮村，是 90 年前建成的小学（图 15-12）。这座被评为香港三级历史建筑的两层小楼总楼面面积仅 140m²，2013 年圆玄学院将其活化为旅游及教育中心暨马湾水陆居民博物馆。由于项目的业务性质及地理环境因素，当时预计每年人流 2.7 万人次，但实际平均人流仅 4000 人次。博物馆每人 10 港元的门票无法支持运营。2017 年芳园书室由政府接管，并被重新纳入第五期活化计划等待新的活化建议[24]。

图 15-12　芳园书室 [25]

3. 社会效益及公众参与

　　伙伴计划最大的优势在于社会效益和公众参与。伙伴计划通过挑选非营利机构作为"推行文物保护的代理"，将政府拥有的历史建筑以租赁形式给有关社会企业营运，是通过市场机制调动社会力量，将商业策略最大程度运用于改善社会环境而不是为外在利益相关者谋利。"善用历史建筑以服务大众"在所有的活化项目中都得到了体现。以旧大埔警署为例，这座位于大埔一处山坡上的警署建于 1899 年，是首个位于新界的警察分区总部，自新界在 1898 年成为租界之后，大埔成为整个新界区的行政中心，旧大埔警署也成为昔日殖民地政府在新界的权利象征（图 15-13）。警署占地 6500m²，总楼面面积约 1236m²，从 2006 年起开始空置逐渐破落。第一期伙伴计划中委员会没有选出最佳的活化方案，第二期伙伴计划再次征集建议书后，这里被活化为"绿汇学苑"。"绿汇学苑"利用旧警署的位置和建筑特色，创造了一个自然景观的环境（图 15-14），以推广可持续生活模式及综合保护理念，包括提供一系列启迪教育课程和培训，加深大众对生态环境和低碳生活的认识，举办工作坊推广民间工艺等。同时"绿汇学苑"给公众提供免费的导赏团，并把活化后的旧大埔警署与大埔区的主要文物古迹景点和其他生态资源结合起来。营运上"绿汇学苑"雇佣本地团体例如"匡智会"（一个为伤残人士提供就业机会的社会企业）提供房务和餐饮服务，与本地农夫和本地团体合作举办互助市集等活动为本地经济带来效益。这一系列的措施都是为了让活化项目能更多地服务当地社区和全社会。即使是作为商业用途的活化项目，例如旧大澳警署活化成的大澳文物酒店，也积极组织社区文化活动，推广保护渔村丰富的文化历史，带动大澳社区及经济发展。活化并使用了前北九龙裁判法院的萨凡纳设计艺术学院到 2017 年 9 月已举办了超过 30 万人次参加的免费公众导赏团、展览和开放日。

图 15-13 活化前的旧大埔警署 [26]　　　图 15-14 活化后的旧大埔警署 [27]

　　除了对当地社区文化经济的带动以外，伙伴计划推动了市民积极参与保护历史建筑，甚至给当地居民团体提供了直接主导历史建筑保护的机会。第二期伙伴计划中的蓝屋是位于湾仔的唐楼建筑群，由 3 栋建于 20 世纪 20～50 年代的唐楼组成，并以外墙颜色称为蓝屋、黄屋和橙屋，其中蓝屋保留了过去的砖木结构，是香港现存少有的有露台的唐楼（图 15-15）。唐楼这种"下铺上居"的建筑形式在 20 世纪 60 年代之前曾是香港普通民众最常见的居住空间。2006 年市区重建局公布了迁出蓝屋所有居民改建为旅游点的计划后，蓝屋居民、周围街坊及社会团体等成立了蓝屋保护小组，共同推出一系列蓝屋保护运动，探讨如何保留原来的生活方式更好地延续这组建筑的生命力。自下而上的努力促使政府采纳了新的政策方案，将蓝屋建筑群纳入第二期伙伴计划中，最终参与蓝屋保护运动的组织包括圣雅各布布福群会、社区文化关注组、香港文化遗产基金会及蓝屋居民权益小组成功赢得该项目，获得约 8000 万港元的建设经费。这个由当地居民共同参与保护和营运的活化项目，保留并展示传统唐楼多元化的生活模式，成为香港首个"留屋又留人"的活化项目。既保留单位让原来的 8 户居民回迁，又推出"好邻居计划"以低于市价的租金引入新租客，促进社区共荣和可持续发展。这个由草根群体自发自主保护平民建筑的项目既保留了建筑实体又保留了生活方式和它们一同代表的社会价值。蓝屋的活化也因此获得教科文组织亚太遗产奖的最高级别"卓越奖"（图 15-16）。

图 15-15 湾仔蓝屋活化前 [28]

图 15-16　联合国教科文组织网页上公布获奖所选图片代表对自下而上保护过程的认可

四、结语

香港这十余年的建筑保护发展是民众、社会活动家、压力团体、政府、市区重建局、专业人士共同努力的结果。这一热潮有基于对建筑所承载的历史价值、社会价值的认可，也有市民运动、本土意识的作用，更有着现实的经济考虑和人为因素的影响。相比欧美一些保护发展成熟的国家，目前社会意识和保护机制还在萌芽探索的阶段，很多保护行为依然带有偶然性，而不是出于详细而审慎研讨的结果[4]。尽管存在争议，"活化历史建筑伙伴计划"无论从过程上还是结果上都是较为成功的尝试，切合香港当前的发展状况和社会需求。

伙伴计划的最大局限主要还是在于伙伴计划的建筑通常都是政府财产，非私人所有，所以可以进行活化的建筑有限，仍有很多历史建筑得不到有效保护。截至 2018 年香港的法定古迹有 117 处，获评级的历史建筑有 968 幢，其中 80% 以上为私人所有[29]。私人财产权一直是香港保护面对的主要挑战之一，其他挑战还包括现行建筑条例和建筑保护的矛盾，以及区域性保护的欠缺等。在建筑保护和可持续发展这条路上香港特区政府和全社会还在进行不断的探索，以进一步完善该体系。

本章作者介绍

杜睿杰博士于柏林工业大学取得城市设计硕士学位，于香港中文大学取得建筑学博士学位。现为香港恒生管理学院高级研究助理。主要领域为建筑遗产保护、历史性城市研究、创意文化产业。近年多次参与香港及大陆历史建筑与城市保护及研究项目。

参考文献

[1]　何培斌，杜睿杰．浅谈香港"活化历史建筑伙伴计划"．设计新潮，2014，(1)．

[2]　Chui HM, Tsoi TM. Heritage Preservation: Hong Kong & Overseas Experience [Internet]. 2003. [cited at 2018 June 20]. Available from: http://www6.cityu.edu.hk/construction_archive/major_reference_pdf.aspx?id=265.

[3]　古物咨询委员会．检讨《古物及古迹条例》（第 53 章）下的古迹宣布制度与古物咨询委员

会的评级制度之间的关系. 2008 年 11 月 26 日. 委员会文件：AAB/78/2007-08.

[4] 何培斌. 偶然性保护——历史建筑保护的理性之路. 新建筑, 2014(3).

[5] 香港特别行政区政府新闻公报. 施政报告全文 [互联网]. 1998 年 10 月 7 日 .[引用于 2018 年 6 月 20 日]. 撷取自网页：http://www.pland.gov.hk/pland_tc/tech_doc/tp_bill/pamphlet2004/index.html.

[6] 土木工程拓展署. 重置皇后码头 [互联网]. 2016 年 3 月 9 日 . [引用于 2018 年 6 月 20 日]. Available from: http://www.queenspier.hk/tchi/QP%20History.html.

[7] 香港民间誓保皇后码头. 大纪元 [互联网]. 2007 年 7 月 30 日 . [引用于 2018 年 6 月 20 日]. Available from: http://www.epochtimes.com/b5/7/7/30/n1786725.htm.

[8] 立法会参考资料摘要. 文物保护政策 [互联网]. 档号：DEVB(CR) (W)1-55/68/01. [引用于 2018 年 6 月 20 日]. 撷取自网页：http://www.legco.gov.hk/yr07-08/chinese/panels/ha/papers/ha-devbcrw1556801-c.pdf.

[9] 立法会发展事务委员会. 文物保护措施进度报告. 2015 年 6 月 23 日会议讨论文件 . CB (1)987/14-15(05).

[10] 新闻公报. 政府公布委任活化历史建筑咨询委员会成员 [互联网].2014 年 5 月 14 日 .[引用于 2018 年 6 月 20 日]. 撷取自网页：http://www.info.gov.hk/gia/general/201405/14/P201405140639.htm.

[11] 香港特别行政区发展局. 活化历史建筑咨询委员会主席谈活化历史建筑伙伴计划首批建筑甄选结果 [互联网]. 2009 年 2 月 17 日 . [引用于 2018 年 6 月 20 日]. 撷取自网页：https://www.devb.gov.hk/tc/publications_and_press_releases/speeches_and_presentations/index_id_4877.html.

[12] By Chong Fat. Public domain. [Internet]. [cited at 2018 June 20]. Available from: https://zh.wikipedia.org/wiki/%E5%8C%97%E4%B9%9D%E9%BE%8D%E8%A3%81%E5%88%A4%E6%B3%95%E9%99%A2#/media/File:HK_NothKowloonMagistracy.jpg.

[13] By Wing1990hk. CC BY 3.0. [Internet]. [cited at 2018 June 20]. Available from: https://zh.wikipedia.org/wiki/%E5%8C%97%E4%B9%9D%E9%BE%8D%E8%A3%81%E5%88%A4%E6%B3%95%E9%99%A2#/media/File:North_Kowloon_Magistracy_No_1_Court.jpg.

[14] SCAD Hong Kong. Heritage Public Tour [Internet]. [cited at 2018 June 20]. Available from: https://visitscadhk.hk/tc/unesco.html.

[15] 第一期活化计划. 旧大埔警署 [互联网]. [引用于 2018 年 6 月 20 日]. 撷取自网页：https://www.heritage.gov.hk/tc/rhbtp/buildings.htm.

[16] 大澳文物酒店 [互联网]. [引用于 2018 年 6 月 20 日]. 撷取自网页：http://www.hkheritage.org/tc/gallery_hotel.asp.

[17] 东方日报. 活化美荷楼面目全非 [互联网]. [引用于 2018 年 6 月 20 日]. 撷取自网页：http://orientaldaily.on.cc/cnt/news/20100227/00176_010.html.

[18] 第一期活化计划. 美荷楼 [互联网].[引用于 2018 年 6 月 20 日]. 撷取自网页：https://www.heritage.gov.hk/tc/rhbtp/buildings.htm.

[19] By Qwer132477. CC BY-SA 3.0. [Internet]. [cited at 2018 June 20]. Available from: https://zh.wikipedia.org/wiki/%E7%BE%8E%E8%8D%B7%E6%A8%93#/media/File:Shek_Kip_Mei_

Estate_2013_part6.JPG.

[20] 第二期活化计划 . 提问摘录 [互联网]. [引用于 2018 年 6 月 20 日]. 撷取自网页：https://
www.heritage.gov.hk/tc/rhbtp/question_and_answer2.htm.

[21] 第一期活化历史建筑伙伴计划进度 (截至 2018 年 2 月 26 日) [互联网]. [引用于 2018 年
6 月 20 日]. 撷取自网页：https://www.heritage.gov.hk/tc/doc/rhbtp/Progress_on_Batch_I_(as_
at_26_Feb_2018)chi.pdf.

[22] 香港网络大典 . 八和落选北九风波 [互联网]. [引用于 2018 年 6 月 20 日]. 撷取自网页：
http://evchk.wikia.com/wiki/%E5%85%AB%E5%92%8C%E8%90%BD%E9%81%B8%E5%8
C%97%E4%B9%9D%E9%A2%A8%E6%B3%A2.

[23] 立法会发展事务委员会 . 文物保护措施进度报告 . 2017 年 10 月 31 日会议讨论文件 . 立法
会 CB(1)117/17-18(04) 号文件 .

[24] 香港特别行政区政府新闻公报 . 芳园书室纳入第五期活化历史建筑伙伴计划 . 2017 年 1 月
5 日 .

[25] 第五期活化计划 . 芳园书室 [互联网].[引用于 2018 年 6 月 20 日]. 撷取自网页：https://
sc.devb.gov.hk/TuniS/www.heritage.gov.hk/tc/rhbtp/buildings5.htm.

[26] By Tksteven. CC BY 3.0. [Internet]. [cited at 2018 June 20]. Available from: https://zh.wikipedia.
org/wiki/%E7%B6%A0%E5%8C%AF%E5%AD%B8%E8%8B%91#/media/File:Old_Tai_Po_
Police_Station_2012.JPG.

[27] By Tksteven. CC BY 3.0. [Internet]. [cited at 2018 June 20]. Available from: https://zh.wikipedia.
org/wiki/%E7%B6%A0%E5%8C%AF%E5%AD%B8%E8%8B%91#/media/File:Green_hub_
main_building_2015.jpg.

[28] 第二期活化计划 . 蓝屋建筑群 [互联网]. [引用于 2018 年 6 月 20 日]. 撷取自网页：https://
sc.devb.gov.hk/TuniS/www.heritage.gov.hk/tc/rhbtp/buildings2.htm.

[29] List of the 1,444 Historic Buildings with Assessment Results (as at 21 June 2018) [Internet]. [cited
at 2018 June 20]. Available from: http://www.aab.gov.hk/form/AAB-SM-chi.pdf.